Entwicklung eines Instrumentariums
zur Erfolgsanalyse von Innovationsprojekten

Europäische Hochschulschriften
Publications Universitaires Européennes
European University Studies

Reihe V
Volks- und Betriebswirtschaft

Série V Series V
Sciences économiques, gestion d'entreprise
Economics and Management

Bd./Vol. 2503

PETER LANG
Frankfurt am Main · Berlin · Bern · Bruxelles · New York · Wien

Thomas Winkler

Entwicklung eines Instrumentariums zur Erfolgsanalyse von Innovationsprojekten

PETER LANG
Europäischer Verlag der Wissenschaften

Die Deutsche Bibliothek - CIP-Einheitsaufnahme

Winkler, Thomas:

Entwicklung eines Instrumentariums zur Erfolgsanalyse von Innovationsprojekten / Thomas Winkler. - Frankfurt am Main ; Berlin ; Bern ; Bruxelles ; New York ; Wien : Lang, 1999
(Europäische Hochschulschriften : Reihe 5, Volks- und Betriebswirtschaft ; Bd. 2503)
Zugl.: Bern, Schweiz, Univ., Diss., 1998
ISBN 3-631-34969-6

ISSN 0531-7339
ISBN 3-631-34969-6

Meinen Eltern

Geleitwort

Mit den Ursachen des Erfolges von Innovationsvorhaben beschäftigt sich die Literatur seit dem Beginn der Siebzigerjahre. So verweist A. Gerstenfeld 1976 anhand eines zwischen 1974 und 1975 gesammelten Datenmaterials auf die besondere Bedeutung des Market Pull bei Innovationen. Etwa zur gleichen Zeit behandelt N. Thom die innovationsfördernden Gestaltungsmöglichkeiten in Betrieben, und J. M. Utterback untersucht zusammen mit T. J. Allen, J. H. Hollomon und M. A. Sirbu die unternehmensexternen Einflüsse auf die Innovationsprozesse von 5 Industrien in Europa und Japan.

Zu den frühen mathematisch orientierten Analysen gehört eine Studie von R. G. Cooper (1985), der mit Methoden der Faktor-Analyse ein Modell mit 77 Variablen auf 18 Einflußfaktoren wie z.B. „Marketing Knowledge and Proficiency" und „Product Uniqueness/Superiority" reduziert.

In der vorliegenden Arbeit wird für eine Unternehmung der Luft- und Kältetechnik die Wirksamkeit von Erfolgsfaktoren nicht nur bezüglich Stärke und Zuverlässigkeit analysiert, sondern auch im Hinblick auf die Relation von Aufwand und Nutzen. Dies ist ein Aspekt, der in modellbasierten Analysen bisher kaum Berücksichtigung gefunden hat. Als Methode wird dabei die Regressionsanalyse gewählt.

Für Unternehmen, die an einer systematischen Auswahl und Pflege der Erfolgsfaktoren für Innovationen interessiert sind, liefert die Arbeit viele wertvolle Anregungen, und zwar von der Erfassung der Daten bis hin zu den Methoden der Erarbeitung und Absicherung signifikanter Zusammenhänge.

Bern, im Mai 1999 W. Popp

Vorwort des Autors

Die vorliegende Arbeit entstand im Rahmen meiner Dissertation am Institut für internationales Innovationsmanagement der Universität Bern (Schweiz) und wurde im Dezember 1998 an der Rechts- und Wirtschaftswissenschaftlichen Fakultät der Universität Bern eingereicht und angenommen.

Die Entstehung dieses Werkes wurde von mehrerer Personen maßgeblich gefördert, denen ich an dieser Stelle sehr herzlich danken möchte.

In besonderem Maße gilt dies für meinen akademischen Lehrer, Herrn Professor Dr. Werner Popp, der mir die Promotion ermöglicht und durch zahlreiche Anregungen und fruchtbare Diskussionen wesentlich zum Gelingen der Dissertation beigetragen hat.

Ebenso darf ich mich bei Herrn Professor Dr. Richard Kühn für die freundliche Übernahme des Korreferates bedanken.

Darüber hinaus bin ich meinen Eltern dankbar, die durch ihre Erziehung eine wichtige Basis für die Entstehung dieser Arbeit gelegt haben.

Bedanken möchte ich mich bei Frau Christa Grossniklaus, Marcus Winkler, Hilda Maria Lang, Verena Pauli und Volker Beneke, die alle - in unterschiedlicher Weise - zur Fertigstellung dieses Buches beigetragen haben.

Mein besonderer Dank geht an meine Frau Sabine. Ihre konstruktiven Anregungen haben einen maßgeblichen Einfluß auf das Gelingen dieser Arbeit gehabt. Ihr liebevolles Verständnis war mir in jeder Phase eine unschätzbare moralische Hilfe und Ansporn zugleich.

München, im Mai 1999 Thomas Winkler

Inhaltsübersicht

Inhaltsverzeichnis

Abbildungsverzeichnis

Tabellenverzeichnis

Abkürzungsverzeichnis

Abb.	Abbildung
BVW	Betriebliches Vorschlagswesen
bzw.	beziehungsweise
CAQ	Computer Aided Quality Assurance
CIM	Computer Integrated Manufacturing
d.h.	das heißt
et al.	et alii
etc.	et cetera
evtl.	eventuell
e.V.	eingetragener Verein
FMEA	Fehlermöglichkeits- und Einflußanalyse
F&E	Forschung und Entwicklung
f.	folgende
ff.	fortfolgende
ggf.	gegebenenfalls
Hrsg.	Herausgeber
IEEE	The Institute of Electrical and Electronics Engineers
i.d.R.	in der Regel
i.e.S.	im engeren Sinne
inkl.	inklusive
Jg.	Jahrgang
Kap.	Kapitel
Nr.	Nummer
QFD	Quality Function Deployment
S.	Seite(n)
Sp.	Spalte(n)
Tab.	Tabelle
usw.	und so weiter
u.a.	unter anderem
VDI	Verein Deutscher Ingenieure
vgl.	vergleiche
Vol.	Volume
vs.	versus
z.B.	zum Beispiel

1 Einleitung

1.1 Bedeutung des Innovationsmanagements

Veränderte Rahmenbedingungen wie die Beschleunigung der technologischen Entwicklung, der verschärfte Wettbewerb sowie die Verkürzung der Produktlebenszyklen[1] lassen Innovationen mehr und mehr in den Mittelpunkt des Managements von Unternehmen rücken.[2] Immer häufiger wird in der Theorie und in der Praxis auf die Bedeutung neuer Produkte, Verfahren und Organisationslösungen für den Unternehmenserfolg hingewiesen.[3]

Das Management vieler Unternehmen ist davon überzeugt, daß durch die Einführung von Neuprodukten eine Verbesserung der Wachstumsaussichten und der Renditesituation erreicht werden kann.[4] Den Chancen einer erfolgreichen Neuproduktinnovation stehen jedoch die Risiken des Mißerfolges gegenüber. Nicht alle Innovationsprojekte kommen zur Markteinführung,[5] und nicht alle am Markt eingeführten Neuprodukte sind erfolgreich[6].

Das Risiko eines Fehlschlags bei der Entwicklung und Vermarktung eines neuen Produktes ist zwar als erheblich zu bezeichnen, die Entscheidung jedoch, keine Neuproduktentwicklung zu betreiben, kann noch viel risikoreicher und schwerwiegender sein.[7] Das Unterlassen von Innovationstätigkeiten mag kurzfristig lukrativ erscheinen, da Entwicklungskosten vermieden und Gewinne erhöht werden, mittel- und langfristig aber kann dies dazu führen, daß das Unternehmen aufgrund veralteter Produktprogramme in Existenzschwierigkeiten gerät.

Produktinnovationen setzen vielfach die Veränderung und Neugestaltung von Prozessen voraus, die zur Erstellung neuer Produkte führen. Prozeßinnovationen standen in der Vergangenheit gegenüber Produktinnovationen häufig im

---

1 Vgl. Oppenländer, 1993, S. 8.

2 Vgl. Trommsdorff, 1990, S. 1 f.

3 Vgl. Pleschak/Sabisch, 1996, S. III.

4 Vgl. hierzu z.B. die Studien von Booz, Allen & Hamilton, 1982, S. 4 und Köhler, 1987, S. 79.

5 Booz, Allen & Hamilton sprechen davon, daß nur jede siebte Produktidee bis zur Markteinführung vorangetrieben wird (vgl. Booz, Allen & Hamilton, 1982, S. 14 f.).

6 Die in der Literatur angegebenen Mißerfolgsquoten schwanken aufgrund von Unterschieden in den betrachteten Produktbereichen, in den Mißerfolgsdefinitionen und in der Art der untersuchten Unternehmen zwischen Werten von 19% und 90% (vgl. Perillieux, 1987, S. 3 und die dort angegebene Literatur sowie Brockhoff, 1993, S. 3 f.). Zu den Flopraten von Innovationsprojekten vgl. auch Eichhorn, 1996, S. 6 ff.

7 Vgl. z.B. Fritz, 1986, S. 135.

Hintergrund, was z.B. dazu führte, daß deutsche Unternehmen heute im Vergleich zu japanischen Unternehmen deutliche Wettbewerbsnachteile haben.[8] Bei der Neuproduktentscheidung ist es deshalb notwendig, Produkt- und Prozeßinnovationen simultan in die Entscheidungsfindung einzubeziehen.

Die vorangegangenen Ausführungen zeigen den wesentlichen Beitrag, den Innovationen zum Erfolg eines Unternehmens leisten können. Innovationen sind ein notwendiges Mittel zur Sicherung der Überlebens- und Ertragsfähigkeit des Unternehmens auf lange Sicht und können für dessen Existenz entscheidend sein.[9] Es ist deshalb für jedes Unternehmen von großem Interesse, die Faktoren zu kennen, die zu erfolgreichen Innovationen führen, um so ein aktives Innovationsmanagement zur langfristigen Sicherung der betrieblichen Existenz betreiben zu können.

1.2 Problemstellung, Abgrenzung und Vorgehensweise

Damit das Management eines Unternehmens die Erfolgsfaktoren für Innovationsprojekte erkennen kann, kommen verschiedene Vorgehensweisen in Betracht, die hinsichtlich der Informationsgrundlage stark voneinander abweichen. Einerseits ist es durch eine Analyse von Sekundärdaten möglich, Rückschlüsse aus Fremdstudien zu ziehen, die in der Struktur oder Branche vergleichbare Innovationen untersuchen. Andererseits können - verhältnismäßig zeit- und kostenaufwendig - Primärdaten zu im Unternehmen selbst durchgeführten Innovationsprojekten erhoben werden. Vergleicht man die Aussagekraft der beiden Methoden, so ist eindeutig die Erhebung von Primärdaten vorzuziehen, da die Ergebnisse empirischer Fremdstudien meist nur begrenzt übertragbar sind[10] und Innovationsprobleme häufig von unternehmensspezifischer Art sind.[11]

In der Literatur findet sich bislang zwar eine Vielzahl von empirischen Studien zu den Erfolgsfaktoren von Innovationen[12], deren Ergebnisse sind jedoch aufgrund mangelnder Vergleichbarkeit kritisch zu betrachten. Die Ergebnisse gelten „im Durchschnitt" für „bestimmte Innovationsprojekte" in „speziellen Märkten".[13] Ein Unternehmen kann die so ermittelten Ergebnisse und Erfolgsfaktoren deshalb nur in sehr wenigen Fällen übernehmen.

In einem ersten Ansatz hat Cooper ein Modell entwickelt, welches die Auswahl der Erfolgsfaktoren für ein Einzelunternehmen unter Einbeziehung von Primär-

---

8 Vgl. Pleschak/Sabisch, 1996, S. 20.
9 Vgl. Gälweiler, 1990, S. 227.
10 Vgl. Specht/Beckmann, 1996, S. 31.
11 Vgl. Gälweiler, 1990, S. 233.
12 Vgl. hierzu Kapitel 4 dieser Arbeit.
13 Vgl. Specht/Beckmann, 1996, S. 31.

daten ermöglicht.[14] Im Rahmen des Projektes NewProd wurden die Erfolgsfaktoren der Gesamtstudie mittels Faktorenanalyse explorativ ermittelt,[15] ohne dabei jedoch ein explizites theoretisches Modell als Grundlage zu berücksichtigen. Das untersuchte Unternehmen bewertet dann selbst durchgeführte Projekte anhand dieser in der Studie NewProd definierten Erfolgsfaktoren. Durch das Einsetzen der Daten von verschiedenen Projekten des Unternehmens in das Modell werden die unternehmensspezifischen Erfolgsfaktoren ermittelt. Die Ergebnisse zeigen dabei die Erfolgsfaktoren von in der Vergangenheit durchgeführten Innovationsprojekten auf. Nach Cooper können die Ergebnisse des Modells im Rahmen der Projektbewertung als Planungsinstrument eingesetzt werden. Zukunftsorientierte Aspekte und das Verhältnis des Veränderungsaufwands für die jeweiligen Erfolgsfaktoren werden nicht berücksichtigt. Weiterhin werden die Ergebnisse von nur einer Studie als Grundlage des Modells herangezogen.

Ein weiterer Ansatz, welcher die Analyse des technischen Innovationsmanagements für einzelne Innovationsprojekte eines Unternehmens ermöglicht, wurde in England von Chiesa, Coughlan und Voss entwickelt.[16] Aufbauend auf ein aus der Literatur abgeleitetes Modell des technischen Innovationsprozesses werden Erfolgsfaktoren in einem zweistufigen Ansatz ermittelt: Basierend auf „Scorecards" wird eine erste schnelle Einschätzung der Erfolgsfaktoren erstellt, die Ergebnisse werden dann in einer weiterführenden Analyse vertieft und beurteilt.[17] Die Erfolgsfaktoren werden dabei einzeln und überwiegend qualitativ analysiert. Eine Berücksichtigung des zukunftsorientierten Veränderungsaufwandes findet auch hier nicht statt. Weiterhin werden nur einzelne Projekte betrachtet und keine Erfolgsfaktoren für das Unternehmen ermittelt.

Ein wissenschaftlich fundiertes und praktisch einsetzbares Instrumentarium, mit dem das Management die spezifischen Erfolgsfaktoren eines Einzelunternehmens in einem simultanen Ansatz ermitteln kann und das gleichzeitig zukunftsorientierte Aufwand-Nutzen-Aspekte im Hinblick auf die Erfolgsfaktoren berücksichtigt, existiert bislang nicht.[18] Die vorliegende Arbeit hat sich daher die

---

[14] Vgl. Cooper, 1985, S. 34 ff.

[15] Die explorative Datenanalyse beantwortet dabei die Frage, ob „hinter" einer Anzahl betrachteter Indikatoren sinnvoll zu interpretierende Faktoren entdeckt werden können, auf die die Indikatoren reduziert werden können (vgl. Wittenberg, 1991, S. 55).

[16] Vgl. Chiesa/Coughlan/Voss, 1996, S. 105 ff.

[17] Vgl. auch Kapitel 2.2 zu einer ausführlicheren Beschreibung dieses Modells.

[18] Vgl. den Überblick über die empirische Erfolgsfaktorenforschung in den Meta-Analysen von Weiß/Neyer, 1990; Hauschildt, 1993a; Johne/Snelson, 1988; Montoya-Weiss/Calantone, 1994 und Lilien/Yoon, 1989.

Entwicklung eines solchen theoretisch fundierten Instrumentariums zum Ziel gesetzt.

Die Ergebnisse früherer Studien der empirischen Erfolgsfaktorenforschung werden dabei als Grundlage zur Ableitung der Erfolgsfaktoren für das Einzelunternehmen herangezogen. Neben der Analyse bereits durchgeführter Projekte werden in einer Priorisierung von Erfolgsfaktoren zukunftsorientiert Aufwand-Nutzen-Verhältnisse berücksichtigt. Die Veränderung eines Erfolgsfaktors kann z.B. mit weniger eingesetztem Aufwand mehr Nutzen erbringen als die eines anderen. Dies ermöglicht auch in einem sich schnell ändernden Umfeld, die wesentlichen Erfolgsfaktoren zu ermitteln und zu priorisieren.

Das Instrumentarium soll dem Management auf der Basis unternehmensspezifischer Daten Informationen zur künftigen Planung und Gestaltung von Innovationen liefern und somit langfristig die Innovationsfähigkeit des Unternehmens verbessern.

Im Mittelpunkt der Arbeit steht die projektbezogene Betrachtung von Innovationen, eine Vorgehensweise, die sich zur Planung, Durchsetzung und Beurteilung von Innovationen als zweckmäßig erwiesen hat.[19]

Produkt- und Prozeßinnovationen werden als sich gegenseitig ergänzende Prozesse betrachtet, wobei Produktinnovationen oftmals nur auf der Basis von Prozeßinnovationen durchgeführt werden können.[20] Das Instrumentarium ist für beide Arten von Innovationen einsetzbar, was um so wichtiger ist, da nach Gälweiler in der Zukunft die Bedeutung von Prozeßinnovationen immer mehr zunehmen wird.[21] Aus Gründen der Vereinfachung wird im folgenden jedoch hauptsächlich von Produktinnovationen gesprochen, das Gesagte gilt jedoch auch für Prozeßinnovationen.[22] So ist für Prozeßinnovationen grundsätzlich der gleiche Phasenverlauf wie bei Produktinnovationen gültig, bestimmte Teilphasen - wie z.B. die Produktentwicklung - werden dabei jedoch nur bei Bedarf betrachtet. Sozial- und Wissensinnovationen werden nicht explizit mitbetrachtet, da dies zu einer sehr viel höheren Komplexität des Sachverhalts führen

---

[19] Die projektbezogene Betrachtung von Innovationen steht in dieser Arbeit zwar im Mittelpunkt, gleichzeitig werden aber auch andere Perspektiven, wie z.B. die der betrieblichen Funktionen berücksichtigt. Vgl. hierzu Popp, 1995, S. 59.

[20] Vgl. Thom, 1980, S. 38.

[21] Vgl. Gälweiler, 1990, S. 237.

[22] Auf eine Unterscheidung von Produkten und Prozessen kann im folgenden auch verzichtet werden, da nur erfolgsrelevante Charakteristika Gegenstand der Analyse sind. Das ist prinzipiell davon unabhängig, ob ein innovatives Produkt oder ein innovativer Prozeß betrachtet werden soll (vgl. Brinkmann, 1997, S. 32 f.).

würde, zumal der Verlauf dieser Innovationsarten sich vom Phasenablauf von Produkt- und Prozeßinnovationen maßgeblich unterscheiden kann.

Das Modell wird - unabhängig von Branche und Unternehmensgröße - für Bereiche konzipiert, in denen ein „physisch anfaßbares" Produkt entsteht. Da für den Dienstleistungsbereich andere Voraussetzungen hinsichtlich der Phasen und Erfolgsfaktoren des Innovationsprozesses gelten,[23] wird dieser nicht betrachtet.

Nach einer kurzen Definition der begrifflichen Grundlagen des Innovationsmanagements werden in Kapitel 2 verschiedene Phasenmodelle des Innovationsverlaufs beschrieben. Weiterhin wird der aktuelle Stand der Forschung zur Erfolgsmessung bei Innovationsprojekten dargestellt.

Die Entwicklung eines konzeptionellen Bezugsrahmens und Phasenmodells als Basis des Instrumentariums wird im Kapitel 3 durchgeführt. Dabei werden die Phasen der Konzeption, der Entwicklung, der Produktion und des Absatzes abgeleitet und deren wesentliche theoretischen Inhalte aufgezeigt. Dies geschieht auch für phasenübergreifende Aktivitäten innerhalb einer sogenannten Strategischen Begleitphase.

Den einzelnen Inhalten des Modells werden in Kapitel 4 Studien aus der empirischen Erfolgsfaktorenforschung gegenübergestellt, um so Hinweise darauf zu erhalten, welche Modellinhalte bei der Analyse der Erfolgsfaktoren eines Einzelunternehmens zu fokussieren sind. Weiterhin werden in diesem Kapitel Erfolgsmeßkriterien abgeleitet, die eine Unterteilung in erfolgreiche und nicht erfolgreiche Innovationsprojekte ermöglichen.

Auf dieser Grundlage erfolgt in Kapitel 5 die Erstellung und Beschreibung des Instrumentariums zur Erfolgsanalyse von Innovationsprojekten, das in Kapitel 6 einer ersten empirischen Überprüfung in einem Industrieunternehmen unterzogen wird. Dafür wird zunächst ein Fragebogen erstellt, anhand dessen ein Unternehmen den Verlauf und den Erfolg von Innovationsprojekten beurteilen kann. Die Auswertung des Datenmaterials umfaßt die Prüfung der internen Konsistenz der Variablen, eine multiple Regressionsanalyse zur Ermittlung des Erfolgsbeitrags einzelner Variablen, eine zukunftsorientierte Aufwand-Nutzen-Schätzung sowie eine abschließende Priorisierung der Erfolgsfaktoren. Schließlich wird das Instrumentarium in einem Exkurs erweitert, indem es für

---

[23] Eine ausführliche Diskussion der Erfolgsfaktoren im Dienstleistungsbereich findet sich z.B. in De Brentani, 1989, S. 239 ff. De Brentani zeigt in diesem Artikel die Überschneidungen und Unterschiede der Erfolgsfaktoren im Dienstleistungsbereich und dem Bereich, in dem ein „physisch anfaßbares" Produkt entsteht, auf.

die Erfolgsanalyse bei unterschiedlichen Gruppen von Innovationsprojekten innerhalb eines Unternehmens modifiziert wird.

In Kapitel 7 werden abschließend die zentralen Ergebnisse dargestellt. In einem Ausblick werden weitere Einsatzmöglichkeiten des Modells diskutiert.

2 Definitionen und Grundlagen

Das Ziel dieses Kapitels ist die Definition und Einordnung von Begriffen aus dem Bereich des Innovationsmanagements, die für die vorliegende Themenstellung von besonderer Relevanz sind. Dadurch wird ein begriffliches Instrumentarium entwickelt, mit dem man die weiterführenden Aussagen dieser Arbeit in einen fest umrissenen Rahmen einordnen kann. Weiterhin werden verschiedene Ansätze der Phasenunterteilung des Innovationsprozesses und die Erfolgsmessung von Innovationsprojekten diskutiert.

2.1 Innovation

Der Begriff der „Innovation" ist durch seine vielfache Verwendung in Alltagssprache und Wissenschaft auf äußerst uneinheitliche Art und Weise definiert und interpretiert worden,[1] weshalb eine abschließende Definition von Innovation hier nicht möglich und zweckmäßig erscheint. Statt dessen soll der Innovationsbegriff anhand von drei Dimensionen erläutert werden, die bei einer Gesamtbetrachtung das bestimmen, was eine Innovation ausmacht bzw. ausmachen soll.[2] Im folgenden werden die Dimensionen Inhalt, subjektiver Bezugspunkt sowie prozessualer Verlauf von Innovationen dargestellt[3].

Bei der inhaltlichen Dimension stellt sich die Frage: Was ist neu? In der Literatur findet sich zu diesem Kriterium in erster Linie die Betrachtung unterschiedlicher Innovationsgrade bzw. Erfindungshöhen[4] sowie die Diskussion verschiedener Innovationsarten. In Anlehnung an Thom können Innovationsarten wie folgt untergliedert und definiert werden:[5]

- Produktinnovationen sind Erneuerungen im Leistungsprogramm einer Unternehmung.

---

1 Ein Überblick über verschiedene Definitionsweisen von Innovation findet sich z.B. bei Hauschildt, 1993, S. 5 f.

2 Vgl. zu diesem Ansatz der Innovationsdefinition Müller/Schienstock, 1978, S. 22 ff. und Hauschildt, 1993, S. 4 ff.

3 Die teilweise in der Literatur vorgeschlagene normative Dimension der Innovation (d.h. eine Innovation liegt dann vor, wenn sie von Erfolg gekrönt ist) wird aufgrund ihrer vergangenheits- statt zukunftsorientierten Sichtweise nicht als Kriterium aufgenommen (vgl. hierzu Hauschildt, 1993, S. 19 ff.).

4 Vgl. z.B. Hauschildt, 1993, S. 11 ff.

5 Vgl. Thom, 1976, S. 41 ff., Thom, 1980, S. 32 ff. und Thom, 1992, S. 8, wobei in den beiden letztgenannten Quellen von Verfahrensinnovationen anstelle von Prozessinnovationen gesprochen wird. Manche Autoren unterscheiden noch zusätzlich organisatorische und Wissensinnovationen, Marktinnovationen sowie Unternehmensgründungen (vgl. z.B. Pleschak/Sabisch, 1996, S. 22 ff. und Kupsch/Marr/Picot, 1991, S. 1077).

- Prozeßinnovationen haben Veränderungen in den betrieblichen Prozessen der Leistungserstellung zum Inhalt.
- Sozialinnovationen beziehen sich auf die Veränderung von Leistungsfähigkeit und Leistungsbereitschaft der Mitarbeiter eines Unternehmens.

Bei dieser Unterteilung muß betont werden, daß die Innovationsarten meist nicht einzeln, sondern gemeinsam auftreten und interdependent sind, da eine Innovationsart eine andere bedingen bzw. voraussetzen kann. „So kann z.B. eine Produktinnovation eine Umstellung im Fertigungsverfahren und der Ablauforganisation bewirken sowie spezielle Schulungen bestimmter Betriebsangehöriger voraussetzen. Sozial- und Verfahrensinnovationen können folglich instrumental für Produktinnovationen sein.“[6]

Im Rahmen der subjektiven Dimension ist nach dem Bezugspunkt der Innovation zu fragen: Neu für wen? Je nach theoretischem Ansatz können dieser Bezugspunkt beliebige Individuen, also z.B. Experten, Führungsinstanzen eines Unternehmens, die Branche, eine national abgegrenzte Volkswirtschaft oder die ganze Menschheit sein.[7] Für eine betriebswirtschaftliche Arbeit ist es zweckmäßig, den Bezugspunkt auf Unternehmensebene festzulegen[8] und als Innovation diejenigen Produkte und Prozesse zu betrachten, die innerhalb einer Unternehmung zum ersten Mal eingeführt werden.[9]

Aus prozessualer Sichtweise ist zu beantworten, wo eine Innovation beginnt und wo sie endet. Betrachtet man Innovationen als Erneuerungsprozesse, so lassen sich diese idealtypisch in verschiedene Schritte bzw. Phasen gliedern. So wurden, um die Komplexität der Problemlösungs- und Entscheidungsprozesse im Rahmen des Innovationsprozesses zu reduzieren, zahlreiche Phasenmodelle entwickelt, die den Innovationsprozeß in zeitlich sequentiell oder simultan verlaufende Teilphasen unterteilen. Der folgende Abschnitt gibt einen Überblick über wesentliche in der Literatur dargestellte Phasenmodelle des Innovationsprozesses.

---

6 Thom, 1980, S. 38.

7 Vgl. Hauschildt, 1993, S. 13 ff. Eine ähnliche Unterteilung in individuelle, unternehmensbezogene, industrieökonomische und volkswirtschaftliche Perspektiven nimmt Schülin vor (vgl. Schülin, 1995, S. 17 f.).

8 Vgl. Vonlanthen, 1995, S. 35; Meissner, 1989, S. 16; Hauschildt, 1993, S. 16.

9 Vgl. Hauschildt, 1993, S. 16.

2.2 Innovationsprozeß

Innovationen entstehen in einem mehr oder weniger umfangreichen Prozeß, der sich in mehrere Schritte unterteilen läßt.[10] Phasenmodelle sollen den Ablauf des Innovationsprozesses strukturieren und die einzelnen Teilaufgaben des Prozesses verdeutlichen.[11]

Bei den Phasenmodellen zum Innovationsprozeß herrscht in Literatur und Praxis keine Einigkeit bezüglich der Anzahl, des Inhalts und der Abgrenzung einzelner Phasen.[12] Als allgemeine Einwände gegen innovationsspezifische Phasenmodelle werden in der Literatur genannt, daß z.B. in der Realität die Phasen nicht exakt gegeneinander abzugrenzen sind, iterative Rückkopplungen zwischen einzelnen Prozeßstufen stattfinden und oftmals auch einzelne Stufen übersprungen werden.[13] Trotz dieser Argumente sollte beim betrieblichen Innovationsprozeß von einer Phaseneinteilung ausgegangen werden, da einzelne Phasen durch spezifische Aktivitäts-, Informations- und Koordinationsschwerpunkte gekennzeichnet sind.[14] Allgemeingültig kann deshalb nur ein grobes Modell entwickelt werden, welches dann unternehmensspezifisch und situativ zu detaillieren oder zu modifizieren ist.[15] Letztendlich ist jedoch jede die phasenbezogene Darstellung des Innovationsprozesses eine idealtypische Vereinfachung der Wirklichkeit.[16]

Die einzelnen Phasenmodelle in der Literatur, von denen im folgenden einige beispielhaft vorgestellt werden, sind teils analytisch abgeleitet, teils empirisch gewonnen worden und unterscheiden sich grundlegend durch die Perspektive der Betrachtung, durch die Anzahl, den Inhalt und die Abgrenzung der einzelnen Phasen, sowie durch die Innovationsarten, deren Prozeß sie betrachten[17].

Die Betrachtungsperspektiven lassen sich differenzieren nach Einzelprojektperspektive und Unternehmensperspektive, bei der die Gesamtheit der Innovationsprojekte eines Unternehmens erfaßt wird. Wie der folgende Überblick über

---

[10] Vgl. Pleschak/Sabisch, 1996, S. 24 f.

[11] Vgl. Morner, 1997, S. 87 ff.

[12] Nach Thom ist die Uneinigkeit in der Literatur über die zweckmäßigste Abgrenzung der Phasen von Innovationen nur ein Beleg dafür, daß die im einzelnen gewählte „Phasierung" vom Untersuchungs- bzw. Gestaltungszweck abhängig ist (vgl. Thom, 1980, S. 45).

[13] Vgl. Michel, 1987, S. 10 f. Weitere Einwände gegen Phasenmodelle finden sich z.B. in Thom, 1980, S. 45.

[14] Vgl. Michel, 1987, S. 11.

[15] Vgl. Herzhoff, 1991, S. 25.

[16] Vgl. Schülin, 1995, S. 32.

[17] Vgl. Herzhoff, 1991, S. 21 und Michel, 1987, S. 10.

die innovationsspezifischen Phasenmodelle zeigen wird, betrachtet die Mehrzahl der Modelle den Innovationsprozeß auf der Einzelprojektebene.

Die gröbste Untergliederung des Innovationsprozesses und damit die Mindestanzahl an Phasen für einen Innovationsprozeß sind die Ideengenerierung und Ideenrealisierung.[18] Beide Phasen resultieren nach Ansicht von Thom schon allein aus der Definition des Innovationsprozesses. Diese zweiphasige Gliederung kommt häufig in Studien zur Analyse der Innovationsfähigkeit zum Einsatz;[19] sie kann jedoch als relativ grob bezeichnet werden, da die Entscheidung über die Annahme einer neuen Idee nicht ausreichend berücksichtigt wird.[20]

3-Phasen-Modelle können als „klassische" Modelle des Innovationsprozesses bezeichnet werden[21]; auf ihnen liegt in der Literatur zum Innovationsmanagement ein eindeutiger Schwerpunkt, wobei hier stellvertretend die Modelle von Thom und Kieser betrachtet werden sollen. Thom fügt zwischen die oben erwähnten rudimentären zwei Phasen noch die Ideenakzeptierung ein. Abbildung 1 zeigt das Phasenmodell nach Thom und die Spezifizierung der jeweiligen Hauptphasen.

Phasen von Innovationsprozessen		
Hauptphasen		
1. Ideengenerierung	2. Ideenakzeptierung	3. Ideenrealisierung
Spezifizierung der Hauptphasen		
1.1 Suchfeldbestimmung	2.1 Prüfung der Ideen	3.1 Konkrete Verwirklichung der neuen Idee
1.2 Ideenfindung	2.2 Erstellung von Realisationsplänen	3.2 Absatz der neuen Idee an Adressat
1.3 Ideenvorschlag	2.3 Entscheidung für einen zu realisierenden Plan	3.3 Akzeptanzkontrolle

Abbildung 1: Phasenmodell für betriebliche Innovationsprozesse nach Thom
Quelle: Thom, 1980, S. 53

Die dargestellten Phasen finden nach Thom für alle Innovationsarten Anwendung, d.h. für Produkt-, Prozeß- und Sozialinnovationen. In anderen Veröffentlichungen werden diese drei Phasen häufig als Hauptphasen von Innovations-

---

[18] Vgl. Thom, 1980, S. 51 ff.; Kühner, 1990, S. 120.
[19] Vgl. Herzhoff, 1991, S. 21.
[20] Vgl. Thom, 1980, S. 52.
[21] Vgl. Herzhoff, 1991, S. 21.

prozessen übernommen, erfahren jedoch je nach Untersuchungszweck eine individuelle weitere Unterteilung in Unterphasen.[22]

Das Modell von Kieser besitzt eine dem Ansatz von Thom sehr ähnliche Struktur, bezieht sich jedoch nur auf den Geltungsbereich von Produktinnovationen:[23]

1. Ideengewinnung
    - Sammlung und Erzeugung von Ideen
    - Auswertung von Informationen
2. Ideenbewertung
    - Grobauswahl
    - Wirtschaftlichkeitsanalyse
3. Ideenimplementierung
    - Technische Entwicklung
    - Produkt- und Markttests
    - Markteinführung.

Als Kritik an dem Modell von Kieser sei angemerkt, daß z.B. die Feinauswahl im Rahmen der Ideenbewertung nur quantitativ bei der Wirtschaftlichkeitsanalyse berücksichtigt wird.[24] Weiterhin berücksichtigt das Modell keine Rückkopplungen, und die Aktivitäten verlaufen sequentiell und nicht parallel.

Ein erweitertes Modell für Produktinnovationen, speziell für naturwissenschaftlich-technologische Innovationen, findet sich bei Geschka[25] (siehe Abbildung 2).

Bemerkenswert an diesem Modell ist insbesondere die Phase der Innovationsanregung[26], d.h. die Generierung einer grundsätzlichen Idee, die sich als Synthese neuer technologischer Möglichkeiten auf Anbieterseite und unbefriedigter Bedürfnisse auf Nachfragerseite ergibt. Als Kritik ist jedoch zu erwähnen, daß in dem Ansatz zu keinem Zeitpunkt ein Abgleich der Innovationsidee bzw. Lösungskonzeption mit den Zielen des Unternehmens vorgenommen wird.

---

[22] Vgl. Schülin, 1995, S. 31.
[23] Vgl. Herzhoff, 1991, S. 21 und Kieser, 1974, S. 153.
[24] Vgl. Kieser, 1974, S. 153 ff.
[25] Vgl. Geschka, 1983, S. 824.
[26] Vgl. Herzhoff, 1991, S. 22.

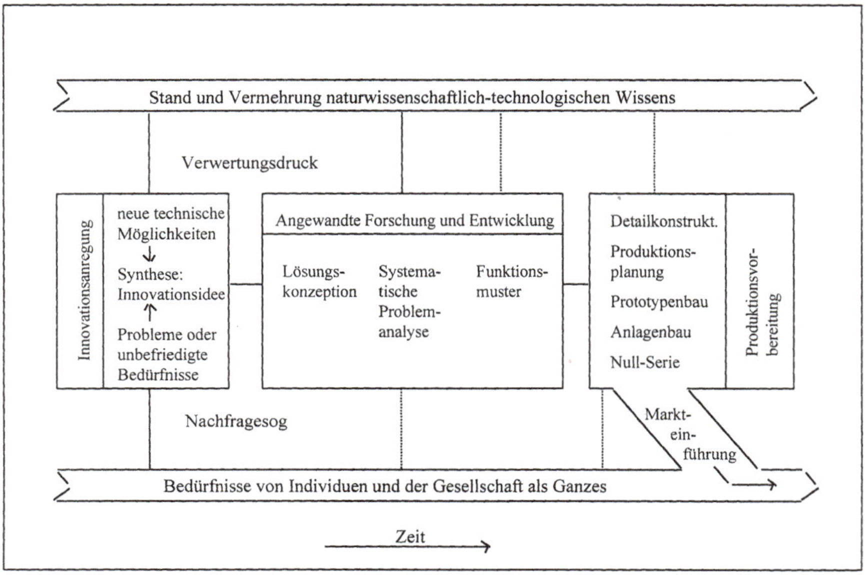

Abbildung 2: Prozeß der technologischen Innovation nach Geschka
Quelle: Geschka, 1983, S. 824

Ebenfalls speziell für Produktinnovationen sind die beiden folgenden Phasenmodelle entwickelt worden. Es handelt sich hierbei um das Phasenmodell der Produktinnovation nach Schmitt-Grohé (vgl. Abbildung 3) sowie um das Phasenmodell des VDI-Gemeinschaftsausschusses Produktplanung (vgl. Abbildung 4). Beide Modelle sind durch eine sehr große Detailgenauigkeit gekennzeichnet und kommen somit dem realen Ablauf von Produktinnovationen sehr nahe,[27] was jedoch auch bedingt, daß bei der Anwendung auf den Einzelfall eine oftmals größere Anzahl von Modifikationen notwendig wird.

Als Kritik am Modell von Schmitt-Grohé kann der fehlende Einbezug der Unternehmensplanung genannt werden. Die Kernstufen sind abstrakt und bieten für den Einzelfall nicht immer eine ausreichende Detailgliederung, z.B. bezüglich der Ideenprüfung. Das Phasenmodell des VDI vernachlässigt den häufig parallelen Verlauf der Aktivitäten bei der Produktrealisierung und der Produktbetreuung. So verlaufen z.B. Entwicklungs-, Konstruktions-, Fertigungs- und Markteinführungsaktivitäten oftmals parallel und nicht sequentiell. Weiterhin ist anzumerken, daß beide Modelle nicht das Risiko im Innovationsprozeß berücksichtigen.

[27] Vgl. Thom, 1980, S. 47 ff.

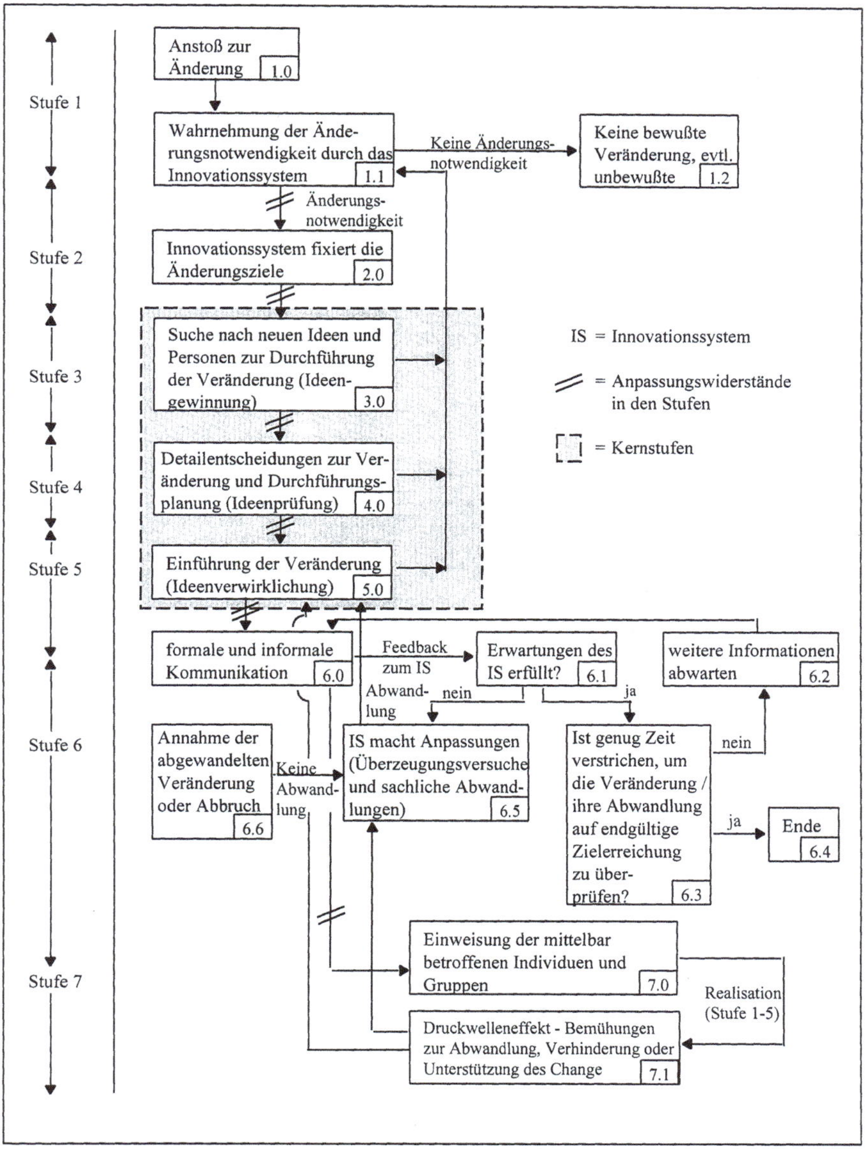

Abbildung 3: Phasenmodell der Produktinnovation nach Schmitt-Grohé
Quelle: Schmitt-Grohé, 1972, S. 51; zitiert nach Thom, 1980, S. 48

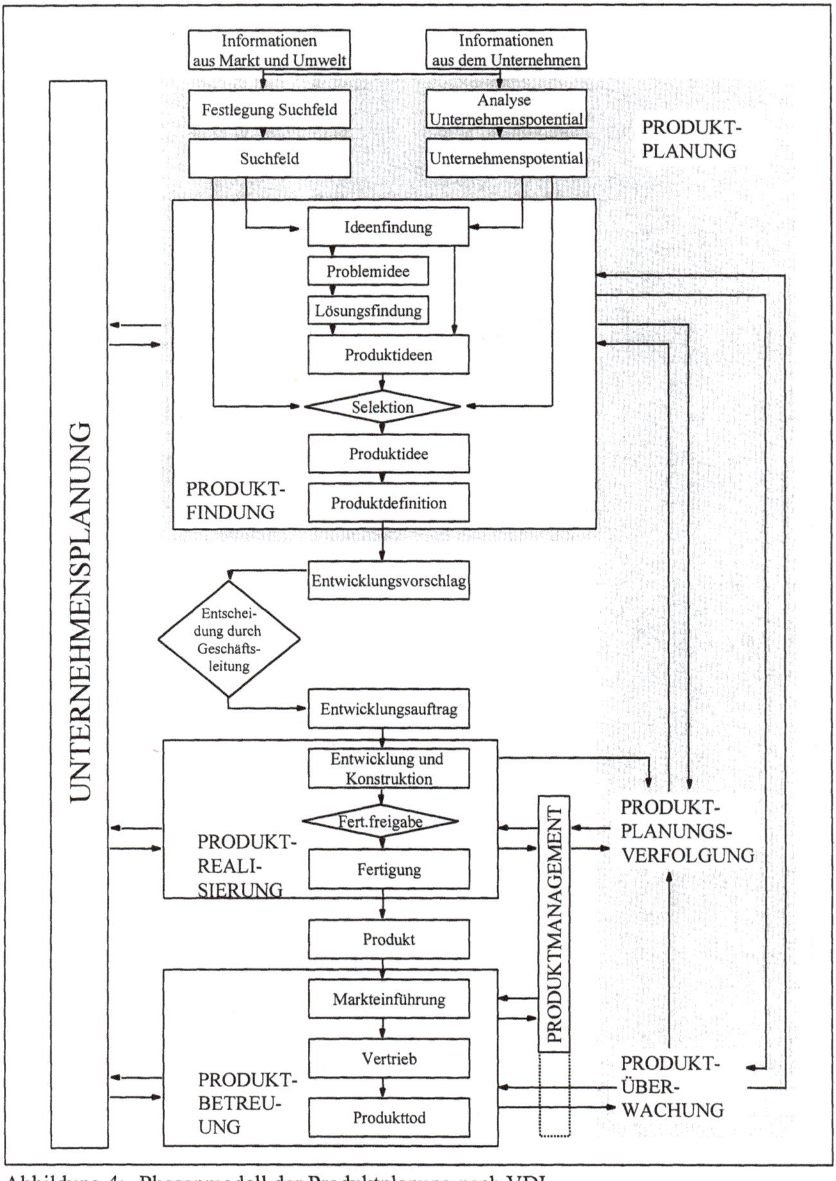

Abbildung 4: Phasenmodell der Produktplanung nach VDI
Quelle: VDI-Gemeinschaftsausschuß Produktplanung, 1976, S. 11 und VDI-Gesellschaft Konstruktion und Entwicklung, 1978, S. 4; zitiert nach Thom, 1980, S. 49

Die bisher dargestellten Phasenmodelle betrachten den Produktentwicklungsprozeß, ohne dabei marktbezogene Aspekte ausreichend zu beachten. Ein Phasenansatz, der die Produktentwicklung und Marketingkonzeptentwicklung parallel betrachtet, wurde von Kühn entwickelt.[28] Der Ansatz baut auf das Ablaufschema von Kieser auf und verbindet ein produktorientiertes mit einem marktorientierten Vorgehen. Nach Kühn kann die Marktorientierung die Technologieorientierung zwar nicht ersetzen, eine reine Technologieorientierung führt jedoch zu steigenden Risiken. Nur mittels einer differenzierten Integration von Technologie- und Marktorientierung in einem systematischen Planungsansatz können die Erfolgschancen für Neuproduktentwicklungen steigen.[29]

Im Rahmen des Phasenmodells von Kühn wird das strategische Marketingkonzept (die Marketingstrategie) als mittelfristiger Rahmenplan definiert, der für den Marketing-Mix als Ganzes Prioritäten setzt und Entwicklungsrichtlinien für das Marketing fixiert, indem er Etappenziele (Zwischenziele) vorgibt sowie Grundideen und Größenordnungen des Mitteleinsatzes festlegt.[30] Eine ausführlichere Darstellung der Inhalte und des Verlaufs des Marketing-Konzeptes erfolgt in Kapitel 3.5.2. Abbildung 5 zeigt eine überblicksartige Darstellung des aus Marketingsicht erweiterten Modells für Produktentwicklungen von Kühn für das Beispiel einer Teilmarktinnovation in einem Markt der Reifephase.[31]

Die Vorteile des Phasenmodells von Kühn liegen in der integrierten Betrachtung von Technologie- und Marktorientierung. Bereits bei der Grobevaluation von Produktideen werden dabei „oberste“ Entscheidungen zur Markt- und Marktsegmentstrategie sowie zur Angebotspositionierung durchdacht und zumindest grob gefällt. Weiterhin sind weniger Innovationsfehlleistungen durch extrem produktorientiertes Denken zu erwarten.[32]

Die Produkt- und Marketingkonzeptentwicklung sollte möglichst parallel gesteuert und durch eine Projektgruppe durchgeführt werden, so daß sich Technologie- und Marktorientierung gegenseitig ergänzen.[33] Als Kritik an dem Modell ist anzumerken, daß der Phasenverlauf überwiegend sequentiell vonstatten geht und Rückkopplungen nicht zwischen allen Stufen möglich sind.

---

[28] Vgl. Kühn, 1987, S. 142 ff.

[29] Vgl. Kühn, 1987, S. 141.

[30] Vgl. Kühn, 1987, S. 144.

[31] Vgl. zu den Arten von Produktinnovationen und den Marktlebenszyklen Kühn, 1987, S. 135 ff.

[32] Zu den unterschiedlichen Fehlleistungen bei der produktorientierten Vorgehensweise vgl. Kühn, 1987, S. 139 f.

[33] Vgl. Kühn, 1987, S. 144 f.

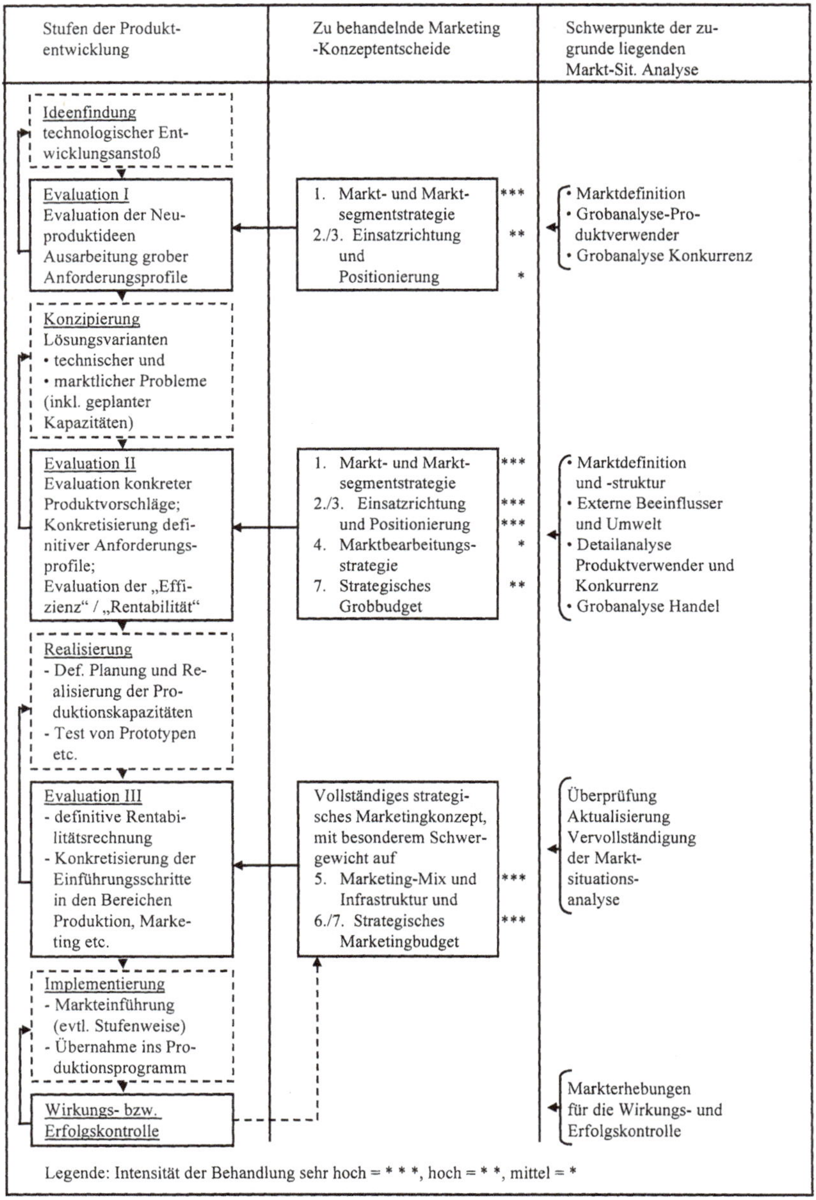

Abbildung 5: Aus Marketingsicht erweiterte Produktentwicklungsverfahren nach Kühn (Teilmarktinnovation / reifer Markt)
Quelle: Kühn, 1987, S. 146

Die bisher vorgestellten Modelle - mit Ausnahme der beiden letztgenannten - sehen den Innovationsprozeß mit der Einführung des Produktes am Markt bzw. dem Einsatz eines neuen Verfahrens als beendet an. Man spricht hierbei auch von einer Betrachtung der Innovation im engeren Sinne.[34] Setzt sich die Innovation am Markt durch, so findet im Anschluß an die Innovation im engeren Sinne eine weitere Verbreitung der Neuerung, d.h. eine Diffusion, statt.[35] Eine Beobachtung der Diffusion kann Wettbewerber dazu veranlassen, die Neuerung zu imitieren und dadurch den Diffusionsprozeß der ursprünglichen Neuerung zu beeinflussen. Diese Sichtweise entspricht einer Betrachtung des Innovationsprozesses im weiteren Sinne. Das folgende Schaubild verdeutlicht den Unterschied zwischen der engeren und weiteren Sichtweise des Innovationsprozesses.

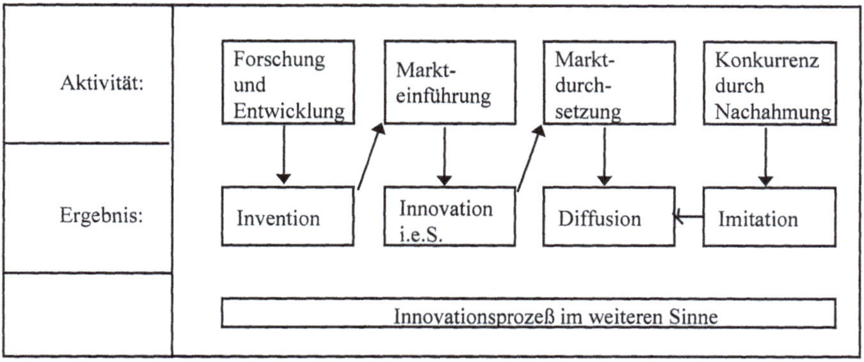

Abbildung 6: Innovationsprozeß im weiteren Sinne nach Brockhoff
Quelle: Brockhoff, 1994, S. 30

Ob eine Sichtweise des Innovationsprozesses im engeren oder weiteren Sinne zu präferieren ist, wird in der Literatur kritisch diskutiert.[36] Die vorliegende Arbeit folgt in der Beurteilung der Innovation im weiteren Sinne Hauschildt: „Ob aber der Innovationsprozeß auch noch den laufenden Verwertungsprozeß einschließen soll, dürfte strittig sein. Hier liegt eine Aufgabenstellung, die sich deutlich von den vorangehenden unterscheidet. 'Irgendwann' muß das Innovationsprojekt in die tägliche Routine überführt werden. Dieses ist der Zeitpunkt, an dem die Zuständigkeit des Innovationsmanagements endet und die des funktional oder divisional zuständigen Managements beginnt."[37]

---

[34] Vgl. Brockhoff, 1994, S. 28.
[35] Vgl. Brockhoff, 1994, S. 28. Vgl. zur Diffusion auch Kapitel 3.5.1 dieser Arbeit.
[36] Vgl. Vedin, 1980, S. 17.
[37] Hauschildt, 1993, S. 19.

Mit dem Phasenmodell von Booz, Allen & Hamilton soll ein Ansatz vorgestellt werden, der aus der Unternehmenspraxis entwickelt wurde. Die erste Version dieses Modells stammt aus dem Jahr 1968 und ist in Tabelle 1 dargestellt.[38]

Phasenbezeichnung	**Wesentliche Inhalte**
Exploration	Suchen, Sammeln, erste Bewertung innovativer Ideen
Screening	Screening anhand von Marktpotential, Projekt / Unternehmens-Fit und relativer Bewertung der verschiedenen Projektalternativen zueinander
Business Analysis	Durchführung einer präziseren Schätzung für Marktvolumen, Marktwachstum, Marktanteil, Umsatz- und Absatzzahlen
Development	Entwicklung des Produktes zur Marktreife
Testing	Durchführen von Produkttests und Markttests zur Überprüfung der Akzeptanz durch den Kunden
Commercialization	Endgültige Festlegung der Marketingstrategie und endgültige Entscheidung pro oder contra Markteinführung

Tabelle 1: Phasenmodell von Booz, Allen & Hamilton
Quelle: angelehnt an Booz, Allen & Hamilton, 1982, S. 3

Booz, Allen & Hamilton fügten ihrem Modell im Jahre 1982 noch die Phase des New Product Strategy Development hinzu, die vor der Explorationsphase eingeordnet ist.[39] Diese Phase der Strategieentwicklung führt zu einer gezielten Ideensuche in der Explorationsphase sowie einer Vorauswahl der Ideen anhand von in der Strategie vorformulierten Maßstäben. Durch das Element der Strategieentwicklung wird dem ursprünglichen, auf Einzelprojektebene angesiedelten Modell eine Phase auf Unternehmensebene hinzugefügt.

Auch Berthel kritisiert das Fehlen einer globalen Perspektive in vielen Phasenmodellen und entwickelt in seinem Modell zusätzlich zur Einzelprojektbetrachtung eine umfassende Sichtweise von Innovationsprozessen auf Gesamtbetriebsebene.[40] Dabei sind den Phasen auf Einzelprojektebene die strategische Phase der Suche und Analyse des Innovationsbedarfs auf Gesamtbetriebsebene vorangestellt und die Phase der Wirkungskontrolle nachgestellt.

---

[38] Vgl. Booz, Allen & Hamilton, 1982, S. 3.

[39] Vgl. Booz, Allen & Hamilton, 1982, S. 11.

[40] Vgl. Berthel, 1982, S. 314.

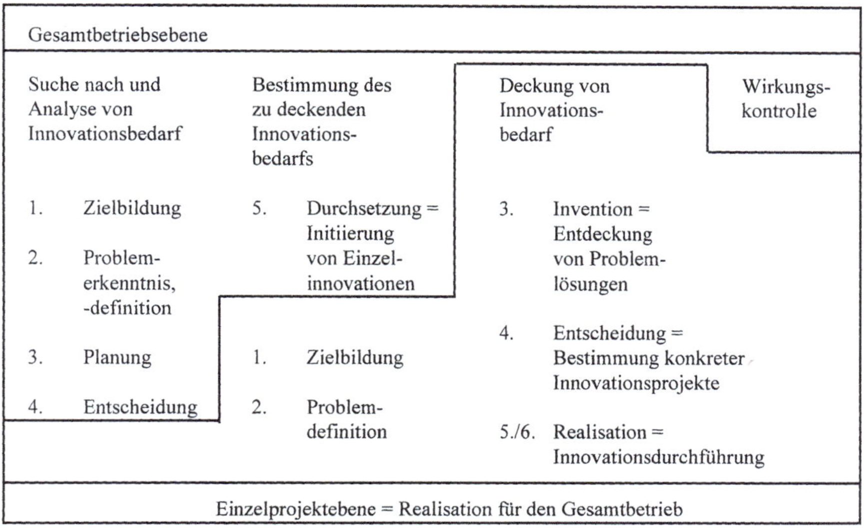

Abbildung 7: Innovationsprozeß nach Berthel
Quelle: Berthel, 1982, S. 314

Als Kritik an den beiden letztgenannten Modellen ist anzumerken, daß diese von einer grundsätzlichen Sequentialität des Innovationsprozesses ausgehen und Rückkopplungen und Überlappungen der einzelnen Phasen vernachlässigen.

Als neueres Konzept zur Phasenunterteilung des Innovationsprozesses ist das Modell von Pleschak und Sabisch zu nennen (vgl. Abbildung 8), das die idealtypische Struktur des Innovationsprozesses darstellt.[41]

„Zwischen den einzelnen Stufen bestehen vielfältige Rückkopplungen, von denen aus Gründen der Übersichtlichkeit der Darstellung nur die wichtigsten in der Abbildung enthalten sind.“[42]

Auch dieses Modell geht - wie die meisten der hier beschriebenen Phasenmodelle - überwiegend von einem sequentiellen Verlauf des Innovationsprozesses aus und berücksichtigt nicht, daß die einzelnen Elemente des Innovationsprozesses auch parallel ablaufen können. So wird in der Praxis z.B. mit der Produktionseinführung nicht erst nach Abschluß von Forschung und Entwicklung begonnen, sondern die ersten Produktionsvorbereitungen können bereits relativ früh in der F&E-Phase anfangen.

---

[41] Vgl. Pleschak/Sabisch, 1996, S. 24 ff.
[42] Pleschak/Sabisch, 1996, S. 24.

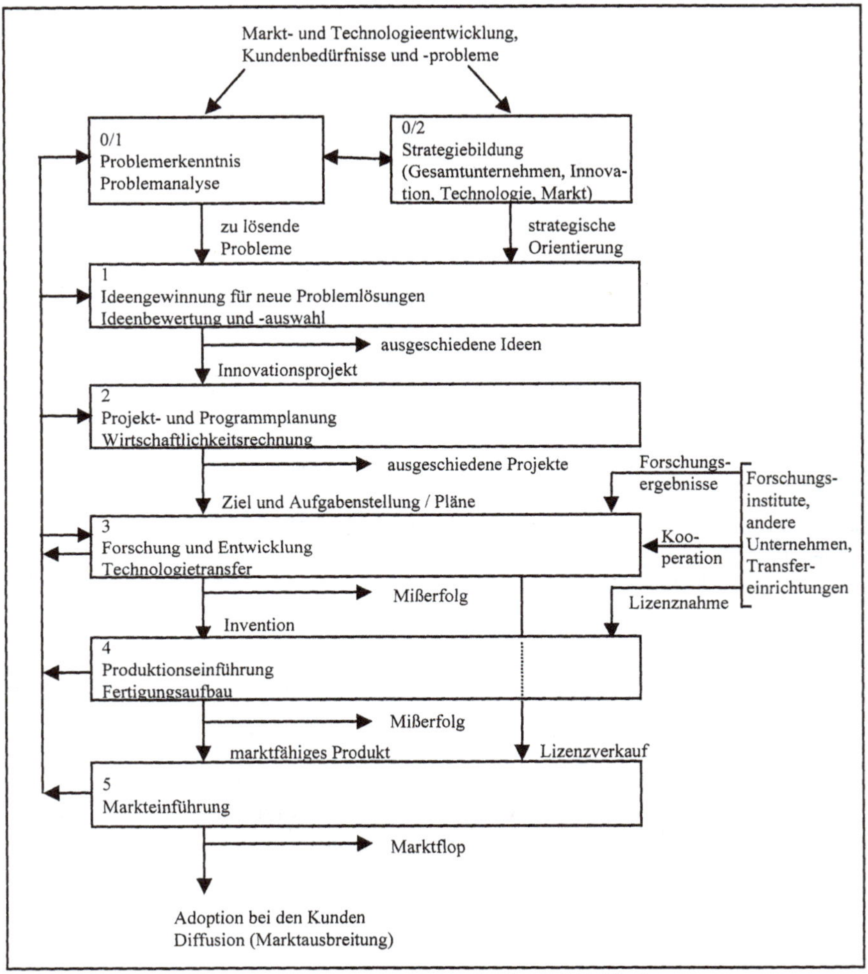

Abbildung 8: Ablauf des Innovationsprozesses nach Pleschak/Sabisch
Quelle: Pleschak/Sabisch, 1996, S. 24

Zur Entwicklung eines Audits für Innovationen konzipierten Chiesa, Coughlan und Voss ein integrales Modell des Innovationsprozesses, das Rückkopplungseffekte im Innovationsprozeß explizit berücksichtigt (vgl. Abbildung 9).[43]

[43] Vgl. Chiesa/Coughlan/Voss, 1996, S. 105 ff.

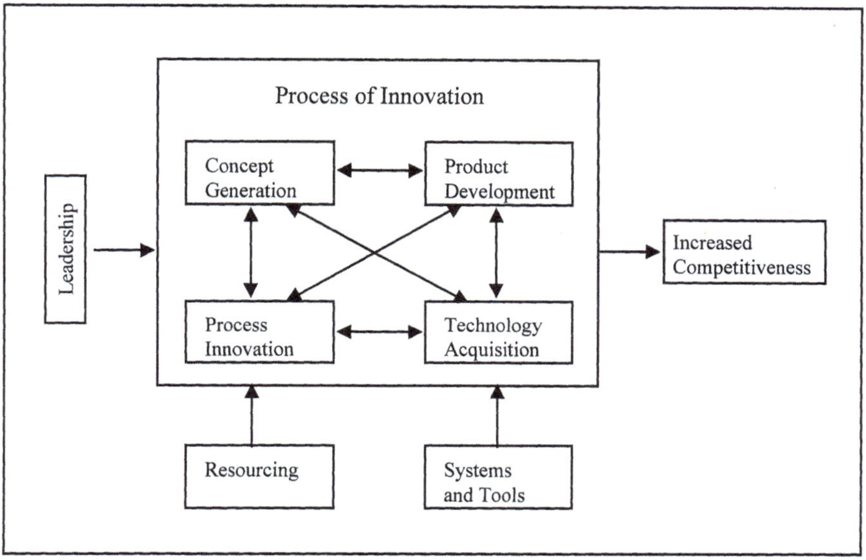

Abbildung 9: The process-based model of innovation
Quelle: Chiesa/Coughlan/Voss, 1996, S. 108

Das Modell von Chiesa, Coughlan und Voss verfolgt einen flexiblen, integralen Ansatz; die Prozesse sind nicht auf Funktionen, Hierarchien oder Organisationseinheiten beschränkt. Das Modell baut auf einer Input-Output-Betrachtung auf, bei der die Einsatzfaktoren „Leadership", „Resourcing" und „Systems and Tools" (auch „Enabling Processes" genannt) mittels des Innovationsprozesses (dem „Core Process") zu einer Verbesserung der Wettbewerbsfähigkeit führen.

Als Kritik an dem Modell sei die Vernachlässigung der strategischen und marktbezogenen Dimensionen genannt, die nicht explizit dargestellt werden. Weiterhin sind in diesem Modell keine Rückschlüsse auf den zeitlichen Verlauf der Kernprozesse zu ziehen. Obwohl die Phasen in der Realität nicht sequentiell verlaufen, wiederholen sich doch gewisse zeitliche Abläufe in vielen Fällen.

Zusammenfassend ist festzuhalten, daß sich in der Literatur bislang kein eindeutiger Phasenverlauf von Innovationsprozessen herausgebildet hat. Die Auswahl des Verlaufs und damit die Abfolge der Phasen ist vielmehr vom jeweiligen Untersuchungszweck abhängig. Für ein Phasenmodell ist jedoch generell die Anforderung zu formulieren, daß für eine realitätsnahe Abbildung auch Phasenüberschneidungen und Rückkopplungen möglich sind. Keines der hier vorgestellten Phasenmodelle erfüllt diese Anforderung vollständig, weshalb für die vorliegende Arbeit ein eigenes Phasenmodell zu entwickeln sein wird.

Abschließend sei nochmals betont, daß die Bildung eines Phasenmodells durchaus mit Schwierigkeiten verbunden und somit kritisch zu betrachten ist. Thom konstatiert, daß es sich letztlich um das Problem handelt, „ein aussagefähiges Beschreibungsmodell für den Innovationsprozeß zu finden, das Innovation nicht als ein „black-box"-Phänomen behandelt oder sie nur einer ex-post-Analyse zugänglich macht, sondern ein entscheidungstechnisch verwendbares Modell zu entwickeln, das die Zeitdimension [...] realitätsnah abbildet."[44]

2.3 Strategisches Innovationsmanagement

Innovationsmanagement läßt sich sowohl aus einer systemtheoretischen als auch aus einer prozessualen Sichtweise betrachten.[45] Im zuerst genannten Fall liegt der Betrachtungsschwerpunkt auf der bewußten Gestaltung des Innovationssystems, wobei nicht nur einzelne Prozesse, sondern auch die Institution, innerhalb der die Prozesse ablaufen, betrachtet werden.[46] Die zweite Sichtweise legt ihren Schwerpunkt auf die im Verlaufe des Innovationsprozesses notwendigen Entscheidungen und auf die Durchsetzung der Entscheidungen bzw. der Innovation als solcher. Da die Themenstellung dieser Arbeit generell eine prozessuale ist, soll Innovationsmanagement nach Hauschildt als „dispositive Gestaltung von einzelnen Innovationsprozessen"[47] definiert werden.

In der Literatur ist hinreichend belegt, welche Aufgaben das Management eines Unternehmens zu erfüllen hat. Eine Berechtigung für ein spezielles Innovationsmanagement kann nur dann gegeben sein, wenn sich die dispositive Gestaltung von Innovationen vom Management betrieblicher Routineprozesse unterscheidet bzw. das Management von Innovationen erhebliche Zusatzanforderungen an die Unternehmensleitung stellt.[48]

Managementaufgaben lassen sich allgemein im sogenannten Management-Kreis[49] darstellen (vgl. Abbildung 10). Das Management als dispositiver Faktor setzt Ziele, plant, entscheidet über die Realisierung verschiedener Planungsalternativen, realisiert und kontrolliert die Übereinstimmung der Realisation mit den Zielen. Die einzelnen Aufgaben folgen dabei keinem sequentiellen Ablauf, sondern sind durch Interdependenzen und Rückkopplungen miteinander ver-

---

44 Thom, 1980, S. 51.
45 Vgl. Hauschildt, 1993, S. 23 f.
46 Zur systemtheoretischen Sichtweise vgl. die umfassende Darstellung von Uhlmann, 1978, S. 82 ff.
47 Hauschildt, 1993, S. 23; vgl. auch Schrader, 1996, S. 745.
48 Zu allgemeinen Managementaufgaben vgl. z.B. Heinen, 1991, S. 1 ff.; Wöhe, 1986, S. 87 ff.
49 Vgl. Schubert, 1972, S. 43 f.

knüpft. Voraussetzung zur Erfüllung der Managementaufgaben ist der Informationsaustausch, d.h. die Kommunikation.

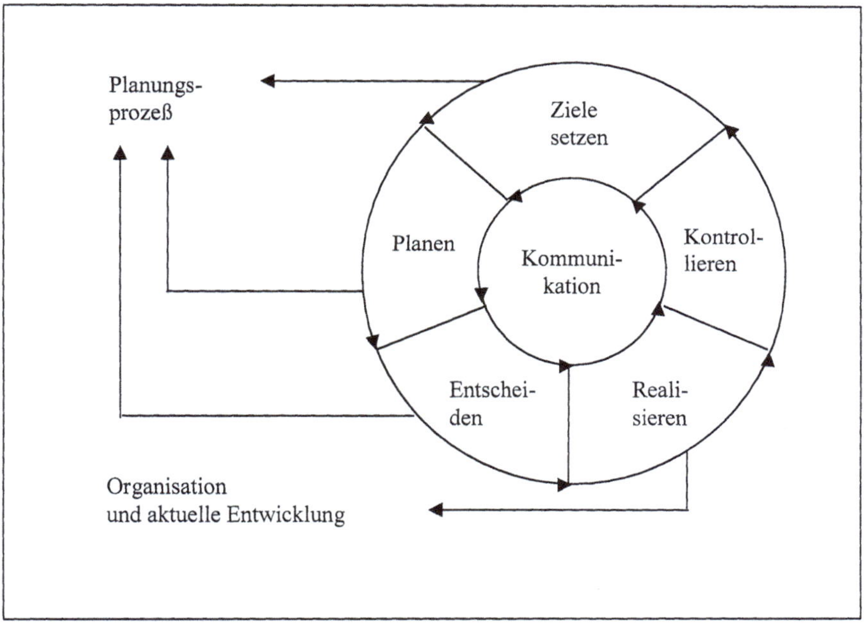

Abbildung 10: Management-Kreis
Quelle: Wöhe, 1986, S. 89 und Schubert, 1972, S. 43

Aus den vorangegangenen Ausführungen wurde deutlich, daß „Management" eine doppelte Bedeutung besitzt. Es kann im funktionalen Sinne als ein Bündel von Aufgaben und im institutionalen Sinne als der mit dem Aufgabenbündel betraute Personenkreis verstanden werden.[50]

Der Anspruch auf eine spezielle Betrachtung des Innovationsmanagements ergibt sich nun aufgrund vier dominanter Merkmale von Innovationsaufgaben:[51]

---

[50] Vgl. Staehle, 1991, S. 65.

[51] Diese in der Literatur meistbeachtete Merkmalsbeschreibung innovativer Aufgaben geht auf Thom zurück, der die Merkmale Neuigkeitsgrad, Unsicherheit und Risiko, Komplexität und Konfliktgehalt als dominante Merkmale von Innovationsaufgaben bezeichnet. Diese Merkmale werden in anderen Arbeiten durch den Faktor Durchsetzungsprobleme ergänzt, der in enger Beziehung zum Konfliktpotential steht. Vgl. Thom, 1980, S. 23 ff.; Meissner, 1989, S. 77 ff.; Vonlanthen, 1995, S. 36 f.; Schülin, 1995, S. 17 ff.; Herzhoff, 1991, S. 13 ff.

- Neuigkeitsgrad,
- Komplexität,
- Konfliktpotential sowie
- Unsicherheit und Risiko.

Der Neuigkeitsgrad läßt sich als Kontinuum auffassen, an dessen einem Ende die objektive Neuheit (einer Aufgabe oder Idee) und an dessen anderem Ende die Routineaufgabe steht.[52] Im Hinblick auf das Objekt wird in der Literatur dabei oft nach Basis-, Verbesserungs- und Routineinnovationen differenziert.[53]

Innovationen sind keine isolierten Handlungen und bedingen damit eine hohe Komplexität. „Sie lassen sich als eine Abfolge verschiedener Teilentscheidungen und Ausführungshandlungen kennzeichnen, die keineswegs nur chronologisch-linear verlaufen (Nichtlinearität als Komplexitätsursache)".[54] Auch sind in den Prozeß verschiedene Aufgabenträger involviert, die unterschiedliche Merkmale aufweisen (Arbeitsteiligkeit als Komplexitätsursache).[55]

Bedingt durch die Komplexität, insbesondere aufgrund der Arbeitsteiligkeit, ist der Konfliktgehalt bei Innovationsprozessen sehr hoch. Die Konflikte können dabei in die Dimensionen sachlich-kulturell, sozio-emotionell und wertmäßig-kulturell unterschieden werden.[56]

„Innovationsinvestitionen sind durch ein hohes Maß an Unsicherheit gekennzeichnet, das letztlich in ihrer Neuartigkeit für den innovierenden Betrieb (Mangel an Erfahrungswerten) begründet ist."[57] Das Merkmal des Risikos kann anhand folgender Risikoarten, die insgesamt das Gesamtrisiko im Innovationsprozeß darstellen, näher beschrieben werden:[58]

- Technisches Risiko: Kann für das gestellte Problem eine technische Lösung gefunden werden?
- Zeitrisiko: Ist es möglich, den geplanten Zeitpunkt für die Markteinführung einzuhalten?
- Kostenrisiko: Sind die im Rahmen des F&E-Prozesses anfallenden Kosten einzuhalten, z.B. die direkten F&E-Kosten, die Kosten anderer beteiligter Funktionsbereiche und die Produktions- und Wartungskosten?

---

52 Vgl. Herzhoff, 1991, S. 13.
53 Vgl. Herzhoff, 1991, S. 13.
54 Thom, 1980, S. 28 f.
55 Vgl. Thom, 1980, S. 29.
56 Vgl. Krüger, 1973, S. 76 ff. und konkret zur Innovation Thom, 1980, S. 29 ff.
57 Thom, 1980, S. 27.
58 Vgl. Specht/Beckmann, 1996, S. 26 ff.

- Verwertungsrisiko: Sind die Unsicherheiten, die sich mit der Einführung des Produktes am Markt ergeben, abzuschätzen, z.B. die Akzeptanz des Produktes bei den potentiellen Käufern, der zu erzielende Preis und sich ändernde rechtliche Rahmenbedingungen?

Die einzelnen Risikoarten sind nicht überschneidungsfrei und müssen stets im Zusammenhang gesehen werden. So besteht z.B. zwischen Zeit- und Kostenrisiko eine enge Beziehung, da eine verlängerte Projektdauer erhöhte Gesamtkosten verursachen kann.[59]

Im Interesse eines wirtschaftlichen Projekterfolges ist es notwendig, alle Möglichkeiten zu nutzen, um das Risiko eines Innovationsprojektes einzuschränken. Dabei ist jeweils zu bewerten, ob das einzugehende Risiko wirtschaftlich vertretbar ist.[60]

Analysen des Risikos können zu mehrdimensionalen Systemen mit Klassifizierungen des Risikos nach den betrieblichen Funktionen, wie z.B. Absatz-, Entwicklungs- und Kooperationsrisiken führen.[61] Das Risiko wird dabei nicht nur als Varianz einer variablen Größe, wie z.B. des Gewinnes, definiert, neuere Risikobegriffe unterscheiden vielmehr zwischen Chancen und Gefahren, je nachdem ob die Abweichungen von gesetzten Erwartungen in einer für das Unternehmen günstigen oder ungünstigen Richtung auftreten.[62] Da die Evaluationen von Chancen und Gefahren im Zeitablauf Veränderungen unterliegen, empfiehlt es sich, das Risiko stets dynamisch zu überprüfen und im Rahmen des Managements über einen rollierenden Prozeß zu steuern.[63] Durch Risikodämpfung, unter der die Dämpfung von Gefahrenpotentialen und Erhöhung von Chancenpotentialen verstanden wird, kann das Risiko begleitend optimiert werden. Einfache Möglichkeiten der Risikooptimierung ergeben sich aus der Projektverschiebung bzw. Projektelimination, dem Projektaustausch, der Redimensionierung von Projekten sowie der Wahl geeigneter Projektmischungen.[64]

Von besonderer Bedeutung für das Innovationsmanagement ist weiterhin die strategische Komponente: „Innovationsmanagement ist im Gegensatz zum Management von Routineprozessen undenkbar ohne klare strategische Orientierung. Um Produkte, Verfahren, betriebliche Organisationsstrukturen und andere Objekte zielgerichtet zu verändern und dauerhafte Wettbewerbsvorteile für das

---

[59] Vgl. Specht/Beckmann, 1996, S. 27.
[60] Vgl. Pleschak/Sabisch, 1996, S. 126.
[61] Vgl. Popp, 1995a, S. 5.
[62] Vgl. Popp, 1991, S. 104.
[63] Vgl. Popp, 1991, S. 104.
[64] Vgl. Popp, 1995a, S. 9 ff. und Popp, 1989, S. 134.

Unternehmen zu erzielen, bedarf es stets einer langfristigen Grundorientierung aller damit verbundenen Prozesse."[65]

Die Begriffs- und Definitionsvielfalt in der Literatur des strategischen Managements läßt eine Konzentration auf wesentliche Merkmale sinnvoll erscheinen. Die etymologischen Wurzeln hat der Strategiebegriff im altgriechischen Wort „strategos", das übersetzt Heeresführer bedeutet.[66] Merkmale des strategischen Denkens sind Ganzheitlichkeit, langfristige Orientierung, Zielorientierung, Entwicklung eines Vorgehensplans und Konzentration der Mittel.[67] Die wesentliche Charakteristik der strategischen im Vergleich zur nicht strategischen Entscheidung ist die signifikant höhere Wirkungspotenz in bezug auf das entscheidungs- und steuerungswirksame Erreichen weiter reichender Zeithorizonte.[68]

Aufbauend auf das Konzept des Integrierten Managements[69], das in normatives, strategisches und operatives Management unterscheidet, legt das strategische Management die Konkreten, langfristig orientierten Handlungsprogramme fest, die der Realisation der normativen Vorgaben dienen soll. Das normative Management umfaßt dabei die Gestaltung und Vermittlung der Unternehmensphilosophie und -identität, das operative Management hat die Umsetzung der strategischen Programme im Rahmen der alltäglichen Geschäftsaktivitäten zur Aufgabe.[70]

Aufgrund der prozessualen Betrachtungsweise von Innovationen sollen in dieser Arbeit unter strategischem Innovationsmanagement sämtliche Aktivitäten verstanden werden, „die der Optimierung des Innovationsprozesses im Hinblick auf strategische Zielsetzungen dienen."[71] Aus dieser Definition ergibt sich eine übergreifende Einflußnahme des strategischen Innovationsmanagements auf alle Phasen des innovativen Prozesses.

---

65 Pleschak/Sabisch, 1996, S. 57.

66 Ursprünglich war Strategie die Kunst der Staatsführung und bedeutete, Denken, Entscheiden und Handeln an den übergeordneten oder obersten Zielen oder Zielvoraussetzungen zu orientieren. Die Einengung des Strategiebegriffs im griechischen auf den Militärbereich fand erst später statt (vgl. Gälweiler, 1990, S. 65 f.).

67 Vgl. Schülin, 1995, S. 54 ff.

68 Vgl. Gälweiler, 1990, S. 56.

69 Vgl. Bleicher, 1991, S. 1 ff.

70 Vgl. Bleicher, 1991, S. 1 ff. und Fritz, 1993, S. 7 ff.

71 Schülin, 1995, S. 67.

Allgemein lassen sich nach Schendel und Hofer die strategischen Managementaufgaben eines Unternehmens in folgende vier wesentliche Komponenten unterteilen.[72]

- Ausrichtung auf das Erzielen von Wettbewerbsvorteilen gegenüber Konkurrenten,
- Festlegung des Geschäftsbereichs der Unternehmung, mit dem zentralen Element der Produkt/Markt-Abstimmung,
- Bereitstellung von Ressourcen und Entwicklung spezifischer Fähigkeiten zur Durchsetzung von Strategien und
- Nutzung von Synergieeffekten.

Dabei sind für jeden Aufgabenbereich weiterhin die Schritte Zielformulierung, Umweltanalyse, Strategieformulierung, Strategiebewertung, Strategieimplementierung und Strategiekontrolle zu durchlaufen. Nachfolgend seien einige typische Entscheidungsfelder im strategischen Innovationsmanagement aufgezählt:[73]

- Grundsatzentscheidung zur Innovationstätigkeit in Verbindung mit der Unternehmensentwicklung: Durchführung von oder Verzicht auf Innovationen,
- Intensität der Innovationstätigkeit im Unternehmen (u.a. Anteil der F&E-Aufwendungen am Umsatz, Dauer und Wechsel der Innovationszyklen),
- Alleingang oder Kooperation bei Innovationen,
- eigene Entwicklungstätigkeit oder Übernahme von Entwicklungsergebnissen anderer (u.a. durch Lizenznahme),
- Timingstrategien: Führerstrategie oder Folgerstrategie (frühe oder späte Folgerschaft),
- Eingliederung oder Ausgliederung von Innovationsaufgaben im Unternehmen,
- Komplexität der Innovationsprozesse (z.B. Verbindung von Produkt-, Organisations-, Verfahrens- und Marktinnovationen),
- Entwicklung des Innovationspotentials im Unternehmen (z.B. Mitarbeiterpotential mit einem spezifischen Know-how, F&E-Technik, Kooperationsbeziehungen zu anderen Unternehmen und Einrichtungen, innovative Organisationsstrukturen),
- Grad der Innovationsfähigkeit des Unternehmens,
- Aufbau von Synergiebeziehungen zwischen strategischen Geschäftseinheiten,

---

[72] Vgl. Schendel/Hofer, 1979, S. 11ff.

[73] Vgl. Pleschak/Sabisch, 1996, S. 57.

- Konzentration der Innovationsaktivitäten auf besonders aussichtsreiche Schwerpunkte,
- Auswahl der erfolgsversprechendsten strategischen Innovations- und Technologiefelder.

Das strategische Innovationsmanagement umfaßt eine integrale, dynamische Betrachtung von verschiedenen strategischen Dimensionen. Die Wahl derselben hängt jeweils von der zu lösenden Problemstellung ab, in der Regel beziehen sich die strategischen Dimensionen auf Produkt- und Kundengruppen, betriebliche Funktionen, Regionen und auf die Zeit.[74] Je nach Situation ist zu entscheiden, welche der Dimensionen im Vordergrund stehen, ob auf einige verzichtet werden kann oder ob weitere Dimensionen einzuführen sind. Für welche Dimension auch immer Maßnahmen ergriffen werden, es ist stets mit Folgewirkungen im strategischen Raum zu rechnen.[75] Bei der in dieser Arbeit vorherrschenden Betrachtung von Innovationsprojekten ist also auch zu berücksichtigen, daß Entscheidungen, wie z.B. der Ressourceneinsatz bei einem Projekt, nicht ohne eine simultane Betrachtung anderer Innovationsprojekte erfolgen kann.

In der betriebswirtschaftlichen Literatur existiert mittlerweile eine Vielzahl von Ansätzen, die dazu dienen sollen, in die allgemeinen strategischen Planungsüberlegungen innovationsrelevante Aspekte zu integrieren. Insgesamt sind dabei im Hinblick auf das jeweilige Ziel der Konzeptionen unterschiedliche Schwerpunkte festzustellen: Während ein großer Teil sich vorwiegend mit der Verteilung der F&E-Ressourcen auf einzelne Projekte beschäftigt, versuchen andere Konzepte primär, das richtige Timing des Zeitpunkts festzulegen, zu dem das Produkt auf den Markt eingeführt wird.[76] Weiterhin sind die Ansätze danach zu unterscheiden, ob eine rein deskriptive Intention verfolgt oder die Ableitung von Handlungsempfehlungen beabsichtigt wird. Im Kapitel 3.6 wird ein kurzer Überblick über wesentliche Konzeptionen gegeben sowie die Beschaffung von innovationsrelevanten Ressourcen thematisiert.

Eng verbunden mit dem strategischen Innovationsmanagement ist die Innovationsstrategie. Diese umfaßt nach Pleschak und Sabisch alle strategischen Aussagen für die Entwicklung und Vermarktung neuer Produkte und Verfahren, für die Erschließung neuer Märkte, für die Einführung neuer Organisationsstrukturen und sozialer Beziehungen im Unternehmen.[77]

---

[74] Vgl. Popp, 1995b, S. 224.
[75] Vgl. Popp, 1995b, S. 224.
[76] Vgl. Perillieux, 1987, S. 135 f.
[77] Vgl. Pleschak/Sabisch, 1996, S. 58.

Innovationsmanagement steht in engem Zusammenhang mit den Bereichen des F&E-Managements[78] und des Technologiemanagements und kann gegen diese Begriffe wie folgt abgegrenzt werden:[79] Innovationsmanagement bezeichnet das Management aller Aktivitäten des Produktentstehungs- und Markteinführungsprozesses. Das F&E-Management ist integraler Bestandteil des Innovationsmanagements, indem es die Prozesse von der Grundlagenforschung bis zur Produkt- und Prozeßentwicklung zum Inhalt hat. Das Technologiemanagement ist wiederum integraler Bestandteil des F&E-Managements und hat zur Aufgabe, die naturwissenschaftlichen Kenntnisse und Fähigkeiten, die zur Lösung technischer Probleme notwendig sind, aufzubauen und aufrechtzuerhalten.

2.4 Innovationserfolg

Der Ausgangspunkt dieses Abschnitts über den Erfolg von Innovationen ist die Frage, warum und in welchen Situationen ein Unternehmen eine Bewertung von Innovationsprojekten durchführen sollte.

„Bewertung ist die Ermittlung und Beurteilung des Grades der Erfüllung vorgegebener Zielstellungen".[80] Die hinsichtlich ihres Erfüllungsgrades erst nach Projektabschluß beurteilbare, übergeordnete Zielstellung von Innovationsprojekten liegt in der Verbesserung der wirtschaftlichen Situation des Unternehmens sowie in der Erhöhung seiner Leistungs- und Wettbewerbsfähigkeit. Hierfür eignen sich insbesondere Zielsysteme, d.h. Ordnungen mehrerer Ziele, die mehrdimensionale Zustände unterstützen.[81] Die Verbesserung der Wirtschaftlichkeit wird dabei auch im Hinblick auf die Fragestellung überprüft, ob sich die infolge der Innovation getätigten Investitionen[82] gelohnt haben.

Ein typisches Investitionsprojekt wird in Erwartung einer gewissen vorab definierten Rentabilität getätigt, was für Innovationsprojekte nicht unbedingt gelten muß. Hauschildt beschreibt den letzteren Fall als „Gewinnverwendung", bei der vom Unternehmen ohne konkrete Absicht auf Erzielung eines späteren Erfolges ein gewisses Budget an finanziellen Mitteln für ein Innovationsprojekt zur Verfügung gestellt wird.[83] Sowohl die Investorenbetrachtung als auch die „Gewinnverwendung" sind Grenzfälle und stellen die Endpunkte eines Kontinuums dar, wobei die meisten Innovationsprojekte irgendwo zwischen diesen beiden

---

78 Zum F&E-Begriff vgl. Brockhoff, 1996, S. 539 ff. und Popp, 1988, S. 735.

79 Vgl. zum folgenden Specht/Beckmann, 1996, S. 17 f.

80 Pleschak/Sabisch, 1996, S. 169.

81 Vgl. zu Zielsystemen und Zielbeziehungen Dellmann, 1995, Sp. 2246 f.

82 Aufgrund ihres meist hohen Kapitaleinsatzes werden Innovationen in der Literatur häufig als Investitionen bezeichnet. Vgl. Cordero, 1990, S. 185 sowie Hauschildt, 1991, S. 452.

83 Vgl. Hauschildt, 1993, S. 315 ff.

Endpunkten angesiedelt sein dürften. Die Grenzfälle selbst stellen dagegen eher die Ausnahme dar, denn es ist bei einem durch höchste Unsicherheit gekennzeichneten Innovationsprojekt weder eine typische Investitionsrechnung mit einer exakten Quantifizierung aller Ein- und Auszahlungsströme denkbar, noch kann man sich ein Unternehmen vorstellen, für das der Erfolg eines Innovationsprojektes lediglich eine angenehme Begleiterscheinung darstellt. Mit Ausnahme des Grenzfalls der „Gewinnverwendung", bei der keine deutliche Absicht besteht, einen Erfolg zu erzielen, ist eine Erfolgsmessung von Innovationsprojekten in allen anderen Fällen, in denen auch nur eine entfernte Erfolgsabsicht besteht, unverzichtbar.

Neben der Bewertung von Innovationsprojekten nach Projektabschluß sind auch bereits während des Innovationsprozesses eine Reihe von unterschiedlichen Zielstellungen auf ihren Erfüllungsgrad zu überprüfen.[84] Dazu gehören u.a.:

- Bewertungen bei der Findung von Innovationsideen,
- Bewertungen im Verlauf des Produktentwicklungsprozesses, welche die Erfüllung der im Pflichtenheft festgelegten Ziele sicherstellen,
- Bewertungen im Hinblick auf die Kosten des Fertigungsprozesses,
- Bewertungen bei der Projektierung von Fertigungsstätten.

Zusammenfassend dient die Bewertung von Innovationen während und nach Abschluß von Innovationsprojekten der Sicherung eines höchstmöglichen Innovationserfolges und erfüllt im wesentlichen drei Funktionen:[85]

- die in den vorangegangenen Ausführungen bereits beschriebene Kontrollfunktion durch Soll-Ist-Vergleiche,
- die Vorbereitung von Entscheidungen während des Innovationsprozesses sowie von Entscheidungen in bezug auf zukünftige Innovationsprojekte und
- die Beeinflussung der Innovationskonzepte und Gestaltungslösungen.

Untersucht man den Stand der Forschung zur Messung des Innovationserfolges nach Projektabschluß, so ergibt sich ein sehr uneinheitliches Bild: Unter dem Oberbegriff des Innovationserfolges finden sich sowohl technische als auch wirtschaftliche sowie nicht näher spezifizierte Erfolgsmaße, was dazu führt, daß

---

[84] Vgl. Pleschak/Sabisch, 1996, S. 183 ff.
[85] Vgl. Pleschak/Sabisch, 1996, S. 171 f.

aufgrund der unterschiedlichen Meßdimensionen eine vergleichende Interpretation der Ergebnisse nicht oder zumindest schwer möglich ist.[86]

Nach einer Analyse von 35 großzahligen Studien, in denen eine Messung des Innovationserfolges vorgenommen wird, schlägt Hauschildt eine systematische Erfassung einzelner Aspekte des Innovationserfolges vor, wobei neben der Meßdimension des Innovationserfolges die Kriterien Meßbereich, Meßzeitpunkt, Referenzgrößen der Messung und Meßsubjekt zu berücksichtigen sind.[87]

⇒Meßdimensionen:
Einen Überblick über die Dimensionen des Innovationserfolges zeigt Abbildung 11.

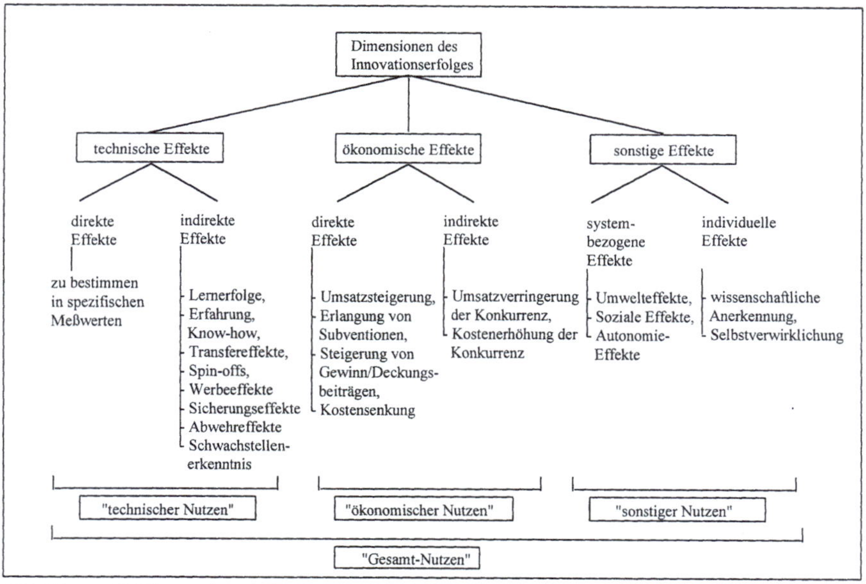

Abbildung 11: Dimensionen des Innovationserfolges
Quelle: Hauschildt, 1993, S. 323

Die einzelnen Dimensionen des Innovationserfolges sind voneinander nicht unabhängig und aus betriebswirtschaftlicher Perspektive auch keinesfalls als

---

86 Eine Vergleich verschiedener Meßkonzepte des Innovationserfolges in wissenschaftlichen Untersuchungen findet sich z.B. in Hauschildt, 1993, S. 318 ff. Vgl. auch Kapitel 4.3 dieser Arbeit.

87 Vgl. zu den folgenden Ausführungen Hauschildt, 1991, S. 466 ff. sowie Hauschildt, 1993, S. 320 ff.

gleichwertig einzustufen. Denn „aus *betriebswirtschaftlicher* Sicht ist eine Innovation letztlich erst dann erfolgreich, wenn sie nachhaltig einen *Gewinn* erbringt, der über einem definierten Mindestausmaß liegt. *Technische* Erfolge sind allenfalls notwendige, nicht aber hinreichende Zwischenresultate auf dem Weg zu diesem wirtschaftlichen Erfolg.“[88]

Der Innovationsgrad - also die technisch bestimmte Höhe der Innovation - ist demgegenüber ein Urteil, das zumeist im zwischenbetrieblichen Vergleich, seltener im innerbetrieblichen Zeitvergleich gefällt wird. Ein so bestimmter Innovationsgrad ist nicht zwingend mit ökonomischem Erfolg verknüpft und gilt allenfalls als ein Indikator der technischen Innovationsleistung. „Innovationsgrad und technischer Innovationserfolg sind unter anderer Beleuchtung Maße der *Effektivität*, verstanden als Maß für das Erreichen eines gewünschten Outputs. [...] Daneben stehen Maße der *Effizienz*, zu verstehen als Meßwerte der Wirtschaftlichkeit bei der Erreichung dieses Ziels. Sie beziehen sich auf den Input.“[89] Die finanziell definierten Output- und Input-Werte werden im Gewinn saldiert, Effektivität und Effizienz fließen also im Gewinn zusammen.[90]

Da in der Realität die technischen Aspekte der Innovation dem Gewinnziel nicht untergeordnet werden, wird es nach Hauschildt notwendig, diese beiden Zielinhalte in eine übergeordnete Dimension zu überführen.[91] Die Bildung einer übergeordneten, nicht näher spezifizierten Nutzenfunktion unter dem Stichwort „Gesamtnutzen“ ermöglicht, über alle direkten und indirekten technischen, ökonomischen und sonstigen Effekte eine Bewertung abzugeben.[92] Abbildung 12 verdeutlicht diese Zusammenhänge.

⇒Meßbereich:
Innovationserfolg kann sich entweder auf eine Mikroebene, d.h. auf ein einzelnes Innovationsprojekt, auf eine Makroebene, d.h. auf mehrere Projekte, oder auf eine Semi-Mikro-Ebene beziehen. Auf der Semi-Mikro-Ebene sind Erfolgsmessungen für technisch verwandte Produktinnovationen (Produkt-Familien) oder für Projektserien einzuordnen. Beispiele für die Erfolgsmessung auf Makroebene sind die Messung auf Unternehmensebene, auf Ebene der F&E-Abteilung oder auch die volkswirtschaftliche Messung des Innovationserfolges von Branchen, Nationen oder Wirtschaftsblöcken.

---

88 Hauschildt, 1993a, S. 300.
89 Hauschildt, 1993a, S. 300 f.
90 Vgl. Hauschildt, 1993a, S. 301.
91 Vgl. Hauschildt, 1993a, S. 301.
92 Vgl. Hauschildt, 1993, S. 325.

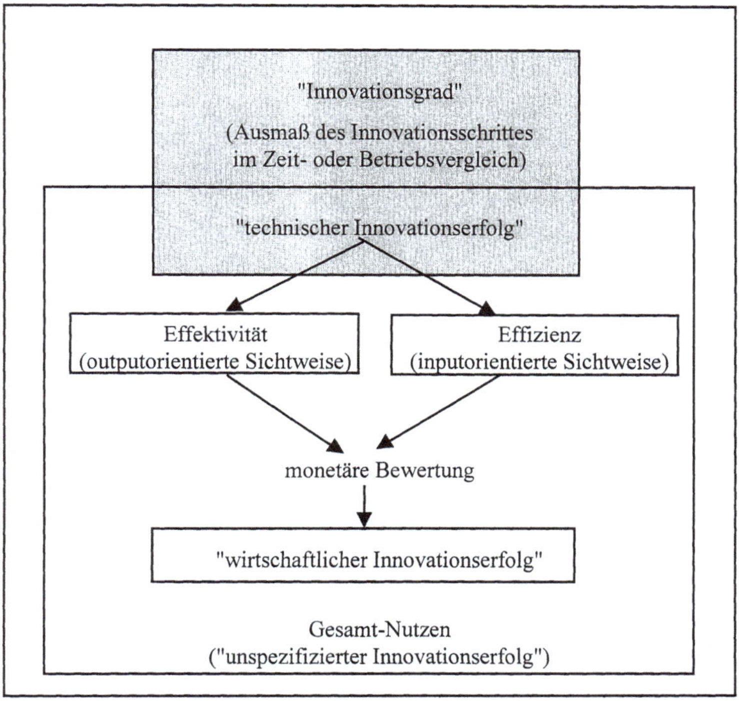

Abbildung 12: Varianten des Innovationserfolges und die Ansätze ihrer Quantifizierung
Quelle: Hauschildt, 1993a, S. 300

⇒Meßzeitpunkt:

Nach Ansicht von Hauschildt liegt im Meßzeitpunkt eines der schwersten Defizite der empirischen Innovationsforschung, da die meisten Studien zu diesem Kriterium entweder überhaupt keine Angabe machen oder lediglich eine pauschale Frist (z.B. drei Jahre nach Markteinführung) ansetzen. Als eine Art kleinster gemeinsamer Nenner ist lediglich festzustellen, daß der Meßzeitpunkt von ökonomischen Erfolgen irgendwann im Zeitraum nach der Markteinführung zu liegen hat.[93] Generell kann die Erfolgsmessung zu einem „sehr frühen" Zeitpunkt (bei Idee, Entdeckung, Erstpublikation), zu einem „frühen" Zeitpunkt (bei Konstruktion, „Erfindung"), zu einem „zentralen" Zeitpunkt (bei Vorstellung eines Prototyps, Patentierung), zu einem „späten" Zeitpunkt (bei Markteinführung

---

[93] Für den technischen Erfolg ist jedoch schon zum Zeitpunkt der Markteinführung eine Beurteilung des Erfolges möglich (vgl. Brinkmann, 1997, S. 38).

führung, Produktpräsentation) oder zu einem „sehr späten“ Zeitpunkt (bei Erreichen oder Überschreiten des Gipfels im Produktlebenszyklus) erfolgen.[94]

⇒Referenzgrößen der Messung:
Als Vergleichsmaßstäbe sind denkbar: der Vergleich des Innovationserfolges mit alternativen Innovationsmöglichkeiten, mit einem angestrebten Ziel[95] oder mit bestimmten Zuständen wie der Vergleich mit früheren Zeitpunkten (Zeitvergleich), mit anderen Betrieben (Betriebsvergleich) oder mit einem fiktiven Zustand. Als Vergleichsmaßstab werden in der empirischen Erfolgsfaktorenliteratur vom Unternehmen zuvor definierte Sollgrößen, Vergleichswerte aus anderen Innovationsprojekten innerhalb des Unternehmens bzw. der Strategischen Geschäftseinheiten oder Vergleichsgrößen von Wettbewerbern genannt.[96]

⇒Meßsubjekt:
Zu unterscheiden sind Insider (z.B. Betroffene oder Nichtbetroffene, Techniker oder Kaufleute, Generalisten oder Spezialisten) und Outsider (z.B. Sachverständige oder Nichtsachverständige). Diese können einzeln oder als Gruppe, im letzteren Fall mit oder ohne strukturierten Beurteilungsprozeß, über den Innovationserfolg urteilen.

Die hier genannten Kriterien geben einen Anhaltspunkt über Entscheidungsfelder der Erfolgsmessung von Innovationsprojekten. Im Rahmen der vorliegenden Arbeit wird der Erfolg als ökonomischer Nutzen auf Mikroebene zu einem „sehr späten“ Zeitpunkt gemessen. Dabei werden Vergleiche mit angestrebten Zielen durchgeführt; die Meßsubjekte, die über den Innovationserfolg urteilen, sind Insider.[97]

Bedingt durch die hohe Komplexität, die Unsicherheit, das Risiko und die schwierige Abgrenzbarkeit der Innovation,[98] erscheint eine statische Messung des Innovationserfolges aber als nicht ausreichend. Vielmehr sind im Verlauf der Prozeßabschnitte eines Innovationsprojektes erfolgsbezogene Meilensteine zu definieren, welche eine prozeßbegleitende Erfolgsmessung ermöglichen. Prozeßbegleitende Ansätze zur Erfolgsmessung haben den Leitgedanken, daß im Ablauf eines Innovationsprozesses bestimmte Teilleistungen erbracht werden müssen, bevor nachfolgende Leistungen sinnvoll in Angriff genommen

---

94 Vgl. Hauschildt, 1993, S. 325 ff.
95 Dies ist nach Hauschildt der einzig rationale Meßvorgang (vgl. Hauschildt, 1993, S. 329).
96 Vgl. Chiesa/Coughlan/Voss, 1996, S. 115.
97 Vgl. die Ausführungen in Kapitel 4.3.
98 Hauschildt formuliert sogar überspitzt: „Die Entscheidung für die Innovation ist eine Sequenz nicht erfolgter Abbruchentscheidungen.“ (Hauschildt, 1993, S. 331; im Original fett gedruckt).

werden können.[99] Kritisch anzumerken bleibt die mangelnde empirische Überprüfung der prozeßbegleitenden Erfolgsmessung. Beispielhaft sei hier auf die Ansätze von Hauschildt[100] und Chiesa/Coughlan/Voss[101] verwiesen.

Nach der Definition der begrifflichen Grundlagen und Diskussion ausgewählter Themenstellungen erfolgt im nächsten Kapitel der Aufbau des im Rahmen dieser Arbeit verwendeten Phasenmodells.

---

[99] Vgl. Hauschildt, 1993, S. 332 f.
[100] Vgl. Hauschildt, 1993, S. 334.
[101] Vgl. Chiesa/Coughlan/Voss, 1996, S. 105 ff.

3 Integrales Phasenmodell des Innovationsprozesses

3.1 Funktion eines Bezugsrahmens und Modellanforderungen

Unter einem konzeptionellen Bezugsrahmen wird ein Konzept verstanden, in dem die theoretischen Grundlagen für eine empirische Untersuchung entwickelt werden. Aktivitäten zur Beschreibung und Erklärung von Ereignissen und Vorgängen in komplexen realen Systemen können so besser generiert und gegliedert werden.[1] Generelle Aufgabe eines Bezugsrahmens ist es, Aussagen über ein Untersuchungsobjekt strukturiert in einen theoretischen Zusammenhang zu stellen und dadurch die Beschreibung und Erklärung von zu untersuchenden Phänomenen zu unterstützen.[2]

Im Rahmen dieser Arbeit steht die pragmatische Funktion des Bezugsrahmens im Vordergrund, bei der versucht wird, die Komplexität des Innovationsmanagements zu reduzieren. Im forschungsstrategischen Bereich kann ein Bezugsrahmen insofern von Nutzen sein, als die darin enthaltenen Begriffe für die Hypothesengenerierung förderlich sind.[3] Weiterhin können bei empirischen Untersuchungen mittels der Begriffe situative Abgrenzungen vorgenommen werden, die als Entscheidungsgrundlage dienen können.[4]

Der konzeptionelle Bezugsrahmen zur Analyse des Innovationserfolges soll im wesentlichen folgende Funktionen erfüllen:

- Entwicklung einer einheitlichen Terminologie als begriffliche Grundlage für die weitere Analyse,
- Darstellung von Komponenten, die einen Bezug zur untersuchten Problematik haben und zu deren Beschreibung und Erklärung beitragen, und
- Aufbau einer Bezugsbasis für die kritische Diskussion der Untersuchungsergebnisse mit dem Zweck der Ableitung von Handlungsempfehlungen.

Der Bezugsrahmen für die vorliegende Arbeit wird in den verbleibenden Abschnitten des Kapitels 3 sowie in Kapitel 4 aufgebaut. Um den Erfolg eines Innovationsprojektes analysieren zu können, ist eine Reduktion der Komplexität des Innovationsprozesses erforderlich. Dies erfolgt durch die Gliederung des Innovationsprozesses in einzelne Phasen. Die Überprüfung, welche Faktoren

---

[1] Vgl. Silberer, 1979, S. 39.

[2] Vgl. Chmielewicz, 1970, S. 87 ff.

[3] Vgl. Kirsch, 1971, S. 241 ff. und Zahn, 1979, S. 130 ff. zur Diskussion der pragmatischen und wissenschaftstheoretischen Funktion eines konzeptionellen Bezugsrahmens. Auch Grochla nimmt eine ähnliche Unterteilung der Funktionen eines Bezugsrahmens bezogen auf Praktiker und Theoretiker vor (vgl. Grochla, 1975, Sp. 2913).

[4] Vgl. Michel, 1987, S. 153.

innerhalb der einzelnen Phasen von der bisherigen Erfolgsfaktorenforschung als erfolgsrelevant eingeordnet wurde, sowie die Definition von Erfolgsmeßkriterien schließen den Aufbau des Bezugsrahmens ab.

Im Rahmen der Darstellung ausgewählter Phasenmodelle des Innovationsprozesses in Kapitel 2.2 wurde deutlich, daß die Verwendung eines bestimmten Phasenmodells vom jeweiligen Untersuchungszweck abhängig ist. Daher sollen im folgenden einige grundlegende Anforderungen an ein Phasenmodell formuliert werden, das dem Untersuchungsgegenstand der vorliegenden Arbeit gerecht wird.

Grundanforderung an das Phasenmodell ist die integrale Betrachtung des Innovationsprozesses, die Iterationen und Rückkopplungen zwischen den einzelnen Phasen zuläßt. Die Phasen sollen dabei nicht nur sequentiell, sondern auch parallel durchlaufen werden können.

Da sich die einzelnen Phasen bei der Durchführung des Innovationsprozesses hinsichtlich ihrer Aktivitäts-, Informations- und Koordinationsschwerpunkte unterscheiden[5], soll bei den Phasen des Modells eine überwiegend funktionsbezogene Festlegung der Verantwortlichkeiten erfolgen. Im Verlaufe des Innovationsprozesses ändert sich dabei die Bedeutung, die einzelne betriebliche Funktionen für den Fortgang des Projektes besitzen, da diese für die einzelnen Aktivitäten in unterschiedlicher Weise kompetent sind. So dürfte für die technische Entwicklung eines Produktes eher die F&E-Abteilung, für die Markteinführung dagegen eher die Marketingabteilung die größte Kompetenz besitzen.

Weiterhin muß für ein Unternehmen die Möglichkeit bestehen, Ursachen für Erfolge und Mißerfolge schwerpunktmäßig einzelnen Teilprozessen der Innovation zuzuordnen, damit bei Bedarf die notwendigen Maßnahmen eingeleitet werden können. In dem hier zu entwickelnden Phasenmodell müssen daher auch die für die einzelnen Teilprozesse verantwortlichen Stellen bzw. Funktionen abgebildet werden.

Das Modell muß den zeitlichen Verlauf von Innovationsprojekten hinreichend genau abbilden, so daß trotz integraler Betrachtungsweise zeitliche Abläufe ausreichend vorstrukturiert werden.

Das Modell soll unternehmens- und branchenübergreifend für Innovationsprojekte einsetzbar sein, bei denen ein physisch anfaßbares Produkt entsteht.

Die Definition der einzelnen Phasen, die Darstellung einzelner Inhalte sowie ihre Abgrenzung gegeneinander erfolgen im weiteren Verlauf dieses Kapitels.

---

5 Vgl. Michel, 1987, S. 11.

Die Phasen werden in zeitlich orientierte Teilphasen und Befähigungsfaktoren untergliedert. Die zeitlich orientierten Teilphasen beginnen sequentiell innerhalb einer Phase, haben aber dennoch Rückkopplungen und Überlappungen. Beispiel für Teilphasen sind die Ideengenerierung und Ideenakzeptierung im Rahmen der Konzeptionsphase.

Die Teilphasen werden durch Befähigungsfaktoren unterstützt, die für die Durchführung der zentralen Innovationsaktivitäten, also der Teilphasen, förderlich sind. Befähigungsfaktoren unterstützen die Teilphasen durch die Umwandlung von Ressourcen und strategischen Visionen in Führung und Schaffung von Grundlagen für innovationsbezogene Aktivitäten.[6] So ist es z.B. notwendig, daß zur Ideengenerierung Informationen über Kunden und Märkte bereitgestellt werden. Die Bereitstellung von Informationen ist dabei ein Befähigungsfaktor, der zwar keinen konstitutiven Bestandteil des Innovationsprozesses darstellt, für diesen jedoch eine wesentliche Unterstützung bedeutet. Die Diskussion der Befähigungsfaktoren erfolgt jeweils im Anschluß an die einzelnen zeitlich orientierten Teilphasen.

3.2 Konzeptionsphase

Die Unterteilung der Inhalte der Konzeptionsphase erfolgt in Anlehnung an das Phasenmodell von Thom[7], das die ersten beiden Abschnitte des Innovationsprozesses als Ideengenerierung und Ideenakzeptierung beschreibt.[8] Die von Thom vorgeschlagene Spezifizierung der beiden Teilphasen wurde an den hier vorliegenden Untersuchungsgegenstand angepaßt.[9] Als weitere Bestandteile der Konzeptionsphase werden deren Befähigungsfaktoren Informationsmanagement und innovationsfördernde Organisationsform diskutiert.

3.2.1 Ideengenerierung

Generell umfaßt die Teilphase der Ideengenerierung die systematische Suche oder Generierung von Ideen, die geeignet sind, den spezifischen Innovationsbe-

---

6 Vgl. Chiesa/Coughlan/Voss, 1996, S. 107.

7 Vgl. Thom, 1980, S. 53. Das Modell von Thom weist durch seinen geringen Konkretisierungsgrad einen großen Geltungsbereich für viele Anwendungsbereiche auf, was eine der hauptsächlichen Ursachen für seine weite Verbreitung darstellen dürfte.

8 Die dritte Phase des Modells von Thom, die Ideenrealisierung, wird im Rahmen der Konzeptionsphase nicht betrachtet. Die Inhalte dieser Phase sind in den weiteren Phaseninhalten des hier entwickelten Modells enthalten.

9 Thom bemerkt hierzu selbst, daß „allenfalls ein grobes Grundmodell entwickelt werden kann, welches für jeden innovierenden Betrieb entsprechend den unterschiedlichen Merkmalen und Objekten der Innovation detailliert und ggf. modifiziert werden muß." (Thom, 1980, S. 45).

darf zu decken.[10] Dies beinhaltet die Bestimmung von Suchfeldern für Ideen, die Ideenfindung sowie den Ideenvorschlag.[11]

Anregungen für die Bestimmung eines Ideensuchfeldes können sowohl aus internen als auch externen Quellen stammen.[12] Zu den internen Quellen zählen u.a. das betriebliche Vorschlagswesen, die GAP-Analyse[13] sowie Anregungen aus dem Absatz-, Produktions- und Entwicklungsbereich.[14] Zu den externen Quellen gehören im wesentlichen Kunden, Markt- und Technikentwicklung, Analysen über Veränderungen von Branchenstrukturen, neues Wissen im wissenschaftlichen und außerwissenschaftlichen Bereich, allgemeine Umwelttendenzen, demographische Veränderungen sowie unvermutete äußere Ereignisse.[15] Herzhoff gliedert Ideensuchfelder in die drei Bereiche des globalen Umfelds, der Aufgabenumwelt und der unternehmungsinternen Suchfelder (vgl. Tabelle 2).[16]

Suchfeld	**Wesentliche Inhalte**
Globale Umwelt	Gesamtwirtschaftliche Umwelt Technologisch-wissenschaftliche Umwelt Politisch-rechtliche Umwelt Sozio-kulturelle Umwelt Physisch-ökologische Umwelt
Aufgabenumwelt	Absatzmärkte (Konkurrenz, Absatzmittler, Endabnehmer) Beschaffungsmärkte (Märkte für Betriebsmittel und Werkstoffe, Arbeitsmärkte, Kapitalmärkte)
Unternehmungsinterne Suchfelder	Unternehmungsebene Geschäftsbereichs- bzw. strategische Geschäftsfeldebene, in Verbindung mit Produkt-/Marktkombinationen Funktionsbereiche

Tabelle 2: Suchfelder für Innovationsbedarf nach Herzhoff
Quelle: angelehnt an Herzhoff, 1991, S. 70 ff.

Von der beschriebenen spezifischen bzw. gerichteten Ideensuche anhand von klar definierten Suchfeldern ist die freie Vorgehensweise zu unterscheiden, bei der kein bestimmtes Suchfeld festgelegt wird.[17] Für ein systematisches Vorge-

---

[10] Vgl. Herzhoff, 1991, S. 107.

[11] Vgl. Thom, 1980, S. 53.

[12] Vgl. Kupsch/Marr/Picot, 1991, S. 1108.

[13] Zur GAP-Analyse vgl. Marr/Picot, 1991, S. 659 ff.

[14] Anregungen können z.B. aus der Vorentwicklung entstehen. Zu den Inhalten der Vorentwicklung vgl. Kapitel 3.3 dieser Arbeit.

[15] Vgl. Kupsch/Marr/Picot, 1991, S. 1108 ff.

[16] Eine ausführliche Diskussion der Inhalte findet sich in Herzhoff, 1991, S. 70 ff.

[17] Vgl. Brockhoff, 1993, S. 118 f.

hen scheint jedoch die Definition eines oder mehrerer Suchfelder notwendig und sinnvoll.

Die Ideenfindung beschäftigt sich mit der analytischen oder nicht-analytischen Suche nach Ideen. Das Finden von neuen Ideenalternativen ist das Ergebnis von Kreativität, verstanden als schöpferisches Potential.[18] Es basiert in erster Linie auf jenen relativ unstrukturierten, kreativ-innovativen Denk- und Entscheidungsprozessen, bei denen Handlungsabläufe nicht logisch-rational nachvollzogen werden können.[19]

Prinzipiell sind zwei verschiedene Methoden zur Ideenfindung möglich: die Ideensammlung, bei der mehr oder weniger zufällig entstehende Ideen systematisch erfaßt werden, und die gezielte Ideengenerierung, die durch unterschiedliche Kreativitätstechniken unterstützt wird.[20] Die Kreativitätstechniken nutzen Suchregeln oder Heuristiken, die individuelle Gedankengänge oder gruppenorientierte Suchprozesse stimulieren. Durch den Einsatz dieser Techniken wird die Findewahrscheinlichkeit von Ideen bei innovativen Problemen erhöht, ein Findeerfolg ist jedoch nicht garantiert.[21] Die Analyse der bestehenden Literatur hinterläßt den Eindruck, daß es den „Königsweg" zu neuen Ideen nicht gibt.[22]

Kreativitätstechniken können in intuitive Ideenfindungsverfahren und systematisch-analytische Verfahren unterschieden werden. Sie stellen ein unspezifisches Instrumentarium dar, das einen weiten Anwendungsbereich der Ideensuche für die unterschiedlichsten Problemstellungen abdeckt. Die Methodenauswahl bestimmt sich dabei nach den Merkmalen des zu lösenden Problems und nach den situativen Umständen der Problemlösung. So sind intuitiv-kreative Methoden eher für einfache, wenig komplexe Problemstellungen geeignet, sy-

---

18 Zur Definition der Kreativität gibt es eine sehr reichhaltige Literatur. Majaro beschreibt die folgenden Eigenschaften als wesentliche Voraussetzungen für Kreativität: gedankliche Gewandtheit, geistige Beweglichkeit, Originalität, Zurückhalten von Urteilen, Impulsivität, Infragestellen von Autorität und Toleranz (Majaro, 1993, S. 73 ff.). Thom kritisiert den ungenügenden Stand der Kreativitätsforschung und definiert Kreativität als die entwickelbare Fähigkeit zu Denkoperationen, die durch eine Kombination von bekannten Elementen zu einer neuen, dem denkenden Subjekt bisher unbekannten Einheit führen (vgl. Thom, 1980, S. 59 f. und Thom, 1992, S. 11). Angelehnt an Hauschildt sei in dieser Arbeit die Kreativität beim Finden innovativer Lösungen beschrieben als Eigenschaft von Personen, als spezifische Form des Informationsverhaltens und als Fähigkeit, traditionelle Denkbahnen verlassen zu können (vgl. Hauschildt, 1993, S. 240).

19 Vgl. Marr, 1973, S. 75.

20 Vgl. Hahn/Laßmann, 1990, S. 127 ff.

21 Vgl. Gabler Wirtschaftslexikon, 1994, S. 1971.

22 Vgl. Hauschildt, 1993, S. 240.

stematisch-analytische Methoden können auch bei der Lösung komplexer Fragen verwendet werden.[23]

Geschka/Yildiz haben die Kreativitätstechniken hinsichtlich des Vorgehensprinzips zur Kreativitätsförderung sowie des ideenauslösenden Prinzips klassifiziert (vgl. Tabelle 3).[24] Für eine ausführliche Diskussion der einzelnen Techniken sei auf die jeweilige Fachliteratur verwiesen.[25]

Vorgehensprinzip zur Kreativitätsförderung	**Assoziation/Abwandlung**	**Konfrontation**
Verstärkung der Intuition	**Methoden der intuitiven Assoziation** • **Brainstorming-Methoden** • Klassisches Brainstorming • Schwachstellen-Brainstorming • Parallel-Brainstorming **Brainwriting-Methoden** • Methode 635 • Ringtauschtechnik • Brainwriting-Pool • Kartenumlauftechnik • Galerie-Methode • Ideen-Delphi • Ideen-Notizbuch-Austausch	**Methoden der intuitiven Konfrontation** • Reizwortanalyse • Exkursionssynektik • Bildmappen-Brainwriting • Visuelle Konfrontation in der Gruppe • Semantische Intuition
Systematisch-analytisches Vorgehen	**Methoden der systematischen Abwandlung** • Morphologisches Tableau • Sequentielle Morphologie • Modifizierung (Attribute Listing) • Progressive Abstraktion	**Methoden der systematischen Konfrontation** • Morphologische Matrix • TILMAG • Systematische Reizobjektermittlung

Tabelle 3: Klassifizierung der Kreativitätstechniken nach Geschka
Quelle: Geschka/Yildiz, 1990, S. 37

23 Vgl. Herzhoff, 1991, S. 184 f.

24 Vgl. hierzu Geschka/Yildiz, 1990, S. 37.

25 Ein ausführlicher Überblick über die einzelnen Kreativitätstechniken findet sich z.B. bei Schlicksupp, 1992, S. 59 ff; zu weiteren Suchstrategien vgl. Müller-Stewens, 1990, S. 60.

In der Wirtschaftspraxis werden nur wenige der hier genannten Kreativitätstechniken wahrgenommen, häufig eingesetzt und als erfolgreich beurteilt. Dies sind in erster Linie Brainstorming, Brainwriting, Synektik und der Morphologische Kasten.[26]

Das Auffinden von Ideen mündet schließlich in den konkreten Vorschlag von zumeist mehreren Ideenalternativen (Ideenvorschlag). Wesentlich für den konkreten Ideenvorschlag ist die klare, unmißverständliche Beschreibung der Idee, um die Ergebnisse der Ideengenerierungsphase zu dokumentieren und nachvollziehbar zu machen.

3.2.2 Ideenakzeptierung

Die Ideenakzeptierung beinhaltet die Prüfung und Bewertung der in der Ideengenerierungsphase gefundenen Ideen sowie die Entscheidung für eine (manchmal auch mehrere) zu realisierende Idee(n).[27] Die Entscheidung für eine oder mehrere Idee(n) impliziert dabei auch die Ablehnung bzw. Verwerfung der anderen Einfälle.

Bei der Prüfung der Ideen erfolgt eine Evaluation nach verschiedenen Kriterien, da bei beschränkten Ressourcen eine Allokation des Mitteleinsatzes zu erfolgen hat.[28]

Für die Evaluierung von Innovationsprojekten sind umfangreiche Listen von Bewertungskriterien erstellt worden, wofür die in Abbildung 13 dargestellte Aufstellung ein Beispiel gibt.

---

[26] Vgl. Geschka, 1998, S. 15 ff.; Hauschildt, 1993, S. 250 und Brockhoff, 1993, S. 120.

[27] Angelehnt an Thom, 1980, S. 53. Die von Thom ebenfalls in die Ideenakzeptierungphase eingeordnete Erstellung von Realisationsplänen wird im Rahmen dieser Arbeit als Projektdefinition in der Entwicklungsphase diskutiert, da sie im Rahmen dieser Arbeit nachgelagert zu der Entscheidung für einen zu realisierenden Plan betrachtet wird.

[28] Vgl. Schülin, 1995, S. 33.

I. Finanzwirtschaftliche Kriterien
   1. Return on Investment (vor Steuern)
   2. Voraussichtlicher Jahresumsatz
   3. Dauer bis zum Erreichen des voraussichtlichen Jahresumsatzes
   4. Amortisationszeit des in Sachanlagen investierten Kapitals

II. Produktions- und verfahrenstechnische Kriterien
   1. Erforderliche Mindestbetriebsgröße
   2. Rohmaterialsituation
   3. Erforderliche Sachinvestitionen
   4. Vertrautheit mit dem Produktionsprozeß

III. F&E-Kriterien
   1. Amortisationszeit der Forschungsaufwendungen
   2. Amortisationszeit der Entwicklungsaufwendungen
   3. Vorhandenes Forschungs-Know-how und Einsatzbreite der angestrebten neuen Kenntnisse
   4. Patentsituation

IV. Marketing-Kriterien
   1. Verwandtschaft mit dem gegenwärtigen Sortiment
   2. Wirkungen auf das gegenwärtige Sortiment
   3. Absatzmöglichkeiten an die gegenwärtigen Abnehmer
   4. Zahl potentieller Kunden
   5. Eignung des Vertriebsapparates
   6. Stabilität des Absatzmarktes
   7. Zukünftige Entwicklung des Absatzmarktes
   8. Erforderlicher Kundendienstumfang
   9. Vorhandene Marktwiderstände
   10. Verkaufsförderungserfordernisse
   11. Konkurrenzsituation
   12. Vorzüge des Produktes
   13. Nachfrageschwankungen

Abbildung 13: Kriterien zur Projektbewertung
Quelle: Harris, 1961, S. 112 ff.; zitiert nach Brockhoff, 1994, S. 251

Popp schlägt die Bewertung der quantitativen und qualitativen Kriterien in dynamischen Mehrzielsystemen mittels „Zielspinnen" vor.[29] Dies ermöglicht die Verbindung von quantitativen und qualitativen Kriterien und eine bessere Anschaulichkeit der Ergebnisse. Weiterhin ist auch die Anpassung an die Veränderungen interner und externer Strukturbedingungen und -prognosen möglich,

---

[29] Vgl. Popp, 1994, S. 12 ff.

was zu einer Flexibilisierung der Zielsysteme im Zeitablauf führen kann. Abbildung 14 zeigt beispielhaft ein dynamisches Mehrzielsystem.

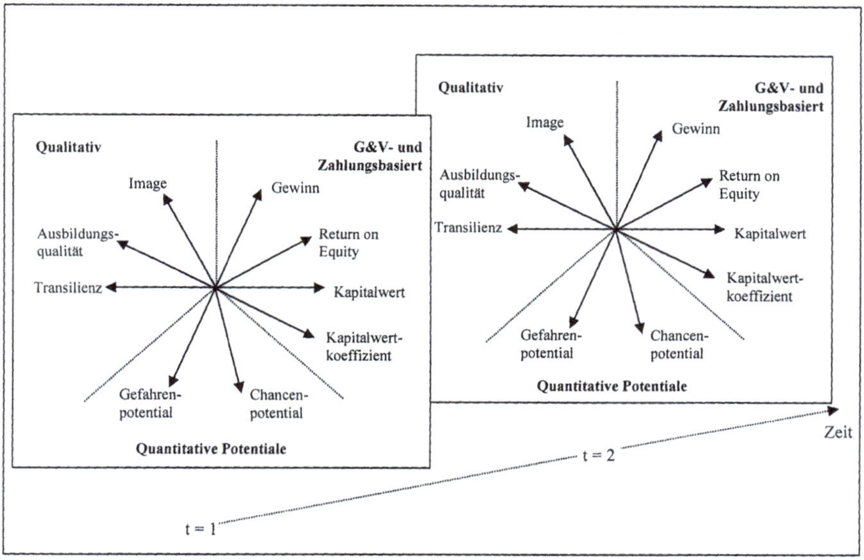

Abbildung 14: Dynamisches Mehrzielsystem
Quelle: Popp, 1994, S. 14

Die große Anzahl der einzelnen Bewertungskriterien und die Unhandlichkeit der Aufzählungen kann eine Verdichtung der Projektbewertung in Bewertungsziffern erforderlich machen.[30] Zu diesem Zweck existiert eine große Anzahl von Verfahren, die sich in unterschiedlichem Ausmaß zur Grob- bzw. Feinevaluierung eignen.

Die bedeutendsten Bewertungsverfahren, die in verschiedensten Abwandlungen vorkommen, können nach Brockhoff auf einige, in Abbildung 15 dargestellte Grundtypen zurückgeführt werden.[31]

---

[30] Vgl. Brockhoff, 1994, S. 250.

[31] Vgl. Brockhoff, 1994, S. 251 ff. Eine ausführliche Beschreibung der Bewertungsverfahren findet sich z.B. in Litke, 1995, S. 89 ff.

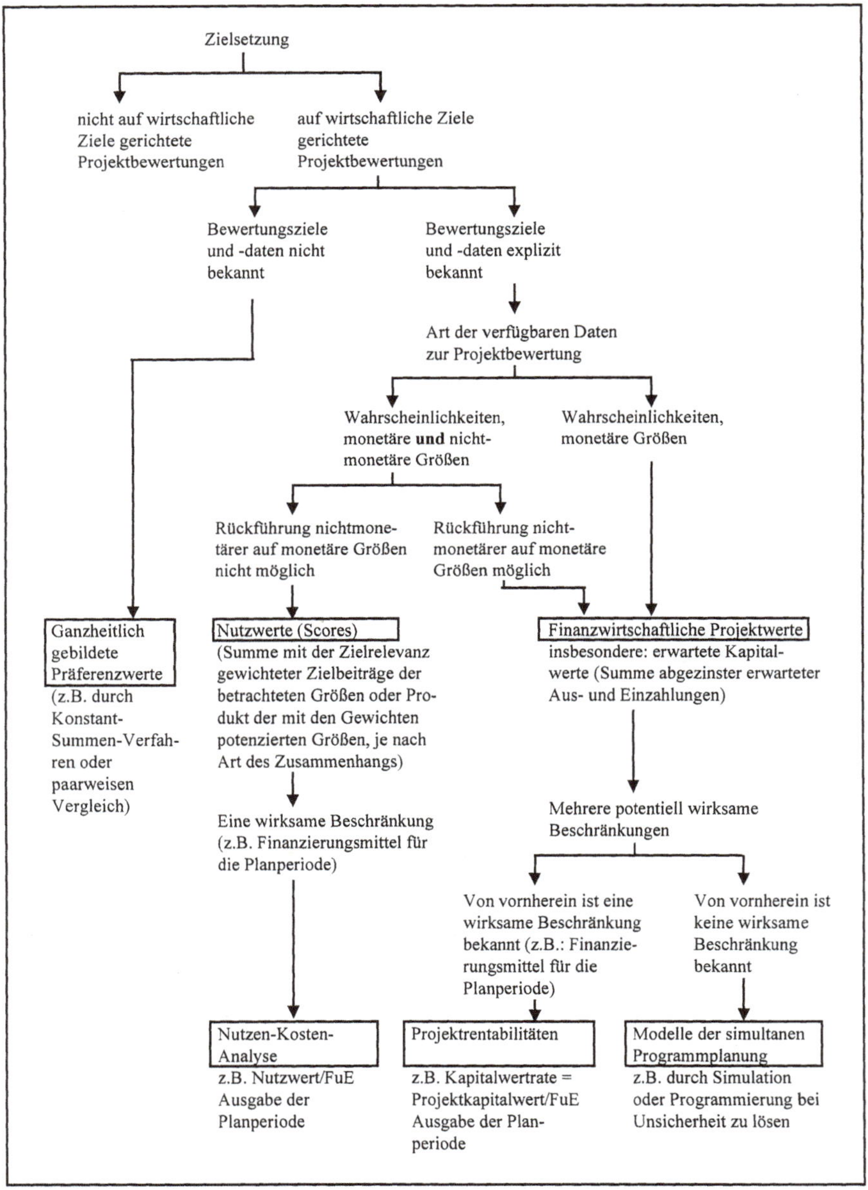

Abbildung 15: Grundtypen von Bewertungsverfahren
Quelle: Brockhoff, 1994, S. 253

Bei der Ideenbewertung kann zwischen Vor- oder Grobevaluierung und Fein- oder Hauptevaluierung unterschieden werden.[32] In der Grobanalyse ist die Vielzahl von Ideen anhand verschiedener Auswahlkriterien trichterförmig einzuengen und in einer Feinanalyse auf eine wirtschaftlich vertretbare Anzahl zu begrenzen.[33]

Ziel der Vorevaluierung ist die Vorselektion und Auswahl der Ideen, „die prinzipiell die elementaren Ziele und Anforderungen erfüllen können"[34], d.h. das Unternehmen hat aus der oben dargestellten Liste von Bewertungskriterien einige „K.o.-Kriterien" auszuwählen. Dabei sind interne Kriterien wie die potentielle Erfüllung der Unternehmensziele, die Einschätzung der technischen Realisierungsmöglichkeiten und die Nutzung von Synergiepotentialen ebenso zu beachten wie externe Kriterien („Kann der Kundennutzen gesteigert werden?" bzw. „Ist die neue Problemlösung der bestehenden überlegen?").[35] Die Bewertungsverfahren zur Grobevaluierung, die sich in erster Linie an den elementaren Zielen und Anforderungen orientieren, sollen hier nicht weiter dargestellt werden. Zur besseren Bewältigung der Komplexität ist es jedoch sinnvoll, die Vorauswahl anhand einer mehrstufigen Auswahlsystematik, wie z.B. einer Suchspirale, vorzunehmen, die mehrere Ebenen der Konkretisierung unterscheidet.[36]

Innerhalb der Feinanalyse wird die ökonomische Vorteilhaftigkeit einer Innovationsidee bewertet. Als Bewertungsmethoden kommen quantitative Investitionsmethoden und qualitative Verfahren in Frage.[37] Auf eine ausführliche Diskussion der Bewertungsverfahren soll hier verzichtet werden.[38] Welches Verfahren im konkreten Fall eingesetzt wird, hängt jeweils von der Verfügbarkeit von Bewertungsinformationen, von Annahmen über die Knappheit der für die Projektbearbeitung einzusetzenden Ressourcen sowie von den Zielen ab.[39] Neben projektabhängigen Unterschieden der verschiedenen Verfahren existieren auch Stärken und Schwächen, die in der jeweiligen Methode selbst begründet liegen. Mit aus diesem Grunde empfiehlt sich generell die Anwendung eines Methodenmixes[40] bei Methodenstetigkeit.

---

32 Vgl. Kupsch/Marr/Picot, 1991, S. 1114 f.

33 Vgl. Kupsch/Marr/Picot, 1991, S. 1114 ff.; Herzhoff, 1991, S. 108 f. sowie die dort angegebene Literatur.

34 Kupsch/Marr/Picot, 1991, S. 1114.

35 Vgl. Kupsch/Marr/Picot, 1991, S. 1114.

36 Zur „Suchspirale" vgl. Müller-Stewens, 1990, S. 189.

37 Vgl. Kupsch/Marr/Picot, 1991, S. 1115.

38 Ausführliche Diskussionen finden sich z.B. bei Brockhoff, 1994, S. 247 ff. und Herzhoff, 1991, S. 195 ff.

39 Vgl. Brockhoff, 1994, S. 250.

40 Vgl. Herzhoff, 1991, S. 205.

Die Bewertung von Innovationsprojekten ist mit einigen grundlegenden Problemen behaftet, unter deren Berücksichtigung der Aussagegehalt der Bewertungsergebnisse zu relativieren ist. Diese Probleme betreffen z.B. die mangelnde Operationalität von Bestimmungs- und Einsatzgrößen, die schwierige Ableitung eindeutiger Ursache-Wirkungs-Zusammenhänge, die unzureichende Vergleichbarkeit relativ einmaliger Entwicklungsaufgaben, die Schwierigkeiten bei der Erfassung qualitativer Leistungseffekte, die zeitliche Differenz zwischen Input und Output, die geringe Wiederholungshäufigkeit innovativer Aktivitäten sowie die Schwierigkeiten bei der Berücksichtigung von Synergieeffekten.[41]

Die mit Innovationsprojekten verbundenen Unsicherheitsprobleme können dabei berücksichtigt werden, indem stochastische Elemente in die Bewertungsansätze aufgenommen werden. Zur Projektbewertung existieren mittlerweile eine Vielzahl von geeigneten Methoden, von denen hier beispielhaft das an der Universität Bern entwickelte „Innovations Management System (IMS)" genannt sei.[42] Das Softwareprogramm beruht auf einem Ansatz von Popp[43], bei dem die in der Netzplantechnik gebräuchlichen Planungsinstrumente weiterentwickelt wurden. Unter Berücksichtigung des Risikos wird die Leistungsfähigkeit partial- und globalanalytischer[44] Planungsmethoden diskutiert und ein im ersten Schritt quantitativ orientierter Lösungsansatz vorgestellt,[45] der später um qualitative Kriterien erweitert wird.

Durch das IMS können ein oder mehrere Projekte in Form eines Entscheidungsnetzwerkes abgebildet werden. Im Netz werden sowohl Unsicherheiten über den Projektverlauf als auch unterschiedliche Entscheidungsmöglichkeiten berücksichtigt. Die Ergebnisdarstellung erfolgt im Hinblick auf quantitative Bewertungskriterien durch dynamische Chancen- und Gefahrenportfolios; weiterhin können qualitative Bewertungskriterien mit Hilfe von Zielspinnen erfaßt werden.[46] Die Darstellung durch ein dynamisches Chancen- und Gefahrenportfolio hat folgende Vorteile:[47]

---

41 Vgl. Nippa/Reichwald, 1990, S. 97.

42 Vgl. zum folgenden Popp/Kruse/Schalch/Sommer, 1994, S. 1 ff.

43 Vgl. Popp, 1988, S. 735 ff.

44 Unter einer Partialanalyse ist dabei eine systematische Untersuchung eines einzelnen F&E-Projektes oder einer Teilmenge von F&E-Projekten primär bezüglich Ein- und Auszahlungen, Kapazitätsbeanspruchungen und Risiko zu verstehen (vgl. Popp, 1988, S. 738). Im Rahmen einer Globalanalyse werden alle F&E-Projekte einer Unternehmung mit dem Ziel der Berücksichtigung von Synergieeffekten und der Dimensionierung von Kapazitäten und Budgets evaluiert (vgl. Popp, 1988, S. 743 und Popp, 1989a, S. 216).

45 Vgl. Popp, 1988, S. 735 ff.

46 Vgl. die Ausführungen zu Zielspinnen in diesem Kapitel.

47 Vgl. Popp/Kruse/Schalch/Sommer, 1994, S. 8.

- Die Entwicklung des Projektes hinsichtlich Zeit, kapitalisierter und kumulierter Ein- und Auszahlungen und nicht zuletzt auch der Risiken wird übersichtlich dargestellt und ist schnell erfaßbar.
- Technische und wirtschaftliche Risiken können unterschieden werden.
- Das Portfolio kann als Grundlage zur Lokalisierung von Chancen und Gefahren und für Maßnahmen der Risikodämpfung bzw. der Chancenerhöhung dienen.
- Der Vergleich mehrerer Projekte wird durch die übersichtliche Darstellung wesentlicher Projektmerkmale erleichtert.

Die Entscheidung für eine zu realisierende Idee erfolgt nach der Prüfung und Bewertung der Ideen. Tabelle 4 gibt einen Überblick der Typen betrieblicher Entscheidungen, angelehnt an Heinen.

Merkmale betrieblicher Entscheidungen			
Träger der Entscheidung	**Entscheidungskonsequenzen**	**Verlauf des Entscheidungsprozesses**	**Struktur des Entscheidungsproblems**
Individual- und Kollektiventscheidungen	Entscheidungen bei Sicherheit, Risiko und Unsicherheit	Simultane und sukzessive Entscheidungen	Wohlstrukturierte Entscheidungsprobleme
Zentrale und dezentrale Entscheidungen	Lang-, kurz-, und mittelfristige Entscheidungen	Programmierbare und nicht programmierbare Entscheidungen	Schlechtstrukturierte Entscheidungsprobleme
	Entscheidungen bei einfacher und mehrfacher Zielsetzung		

Tabelle 4: Wichtige Typen betrieblicher Entscheidungen nach Heinen
Quelle: angelehnt an Heinen, 1991, S. 23

Die Entscheidung für eine zu realisierende Idee wird in der Realität häufig folgende Merkmale haben:[48]

- Kollektiventscheidung
- Entscheidung bei Risiko und Unsicherheit
- mittel- und langfristige Entscheidung
- Entscheidung bei mehrfacher Zielsetzung
- simultane Entscheidungen
- schlechtstrukurierte Entscheidungsprobleme.

[48] Diese Aufzählung nennt die nach Meinung des Verfassers wesentlichen Charakteristika betriebswirtschaftlicher Entscheidungen bei Innovationsprojekten, angelehnt an die Entscheidungstypen nach Heinen (vgl. Heinen, 1991, S. 23 ff.). Durch die hohe Komplexität der Innovationsentscheidungen kann diese Einschätzung jedoch nur einen Anhaltspunkt darstellen.

Diese Charakteristika ergeben sich aus den in Kapitel 2.3 ausgeführten Merkmalen des Innovationsmanagements.

3.2.3 Informationsmanagement

Allgemeine Grundlage für ein erfolgreiches Projekt ist in allen Phasen des Innovationsprozesses eine breite und fundierte Wissens- bzw. Informationsbasis.[49] Daher kann die Ressource Information als wesentlicher Faktor des gesamten Innovationsprozesses betrachtet werden.

Im Hinblick auf ein Innovationsprojekt bedeutet Informationsmanagement das Sammeln und Aufbereiten aller relevanten Informationen, sowie die Versorgung der am Projekt beteiligten Personen mit diesen Informationen.[50] Es ist offensichtlich, daß die Bedeutung des Informationsmanagements nicht auf die Konzeptionsphase beschränkt ist. Seine grundlegende unterstützende Funktion ist auch für sämtliche nachfolgenden Phasen des Innovationsprozesses von größter Wichtigkeit. Jedoch bestehen je nach Zielsetzung der Innovationsphasen unterschiedliche Schwerpunkte, die im Rahmen der einzelnen Phasen gesondert diskutiert werden.[51]

Zum Aufbau einer Wissensbasis schlägt Twiss allgemein folgende vier Schritte vor:

1. Identification of sources of knowledge
2. Using these sources
3. Evaluation of the significance of the knowledge
4. Acquisition and transfer into the company.[52]

Abbildung 16 zeigt die verschiedenen Input-Faktoren für die Wissensbasis des Unternehmens.

Neben externen Informationsquellen ist auch das Unternehmen selbst ein permanenter Produzent neuer Informationen, die entsprechend verfügbar gemacht werden müssen. Um die Verfügbarkeit der Informationen sicherzustellen, sind vom Informationsmanagement daher interne und externe Kommunikationsstrukturen zum Informationsaustausch zu gestalten, wobei dem Einsatz unterstützender Informationstechnologien eine große Bedeutung zukommt.[53] Aufgabe des Informationsmanagements ist es zugleich, dafür zu sorgen, daß diese In-

---

49 Vgl. Twiss, 1992, S. 89 ff.
50 Vgl. Picot/Reichwald, 1991, S. 264.
51 So wird z.B. die Beschaffung von Wissen und Technologien in der Strategischen Begleitphase diskutiert.
52 Vgl. Twiss, 1992, S. 90.
53 Vgl. Kupsch/Marr/Picot, 1991, S. 1140 ff.

formationen effektiv (zielgerichtet) und effizient (wirtschaftlich) eingesetzt werden.[54]

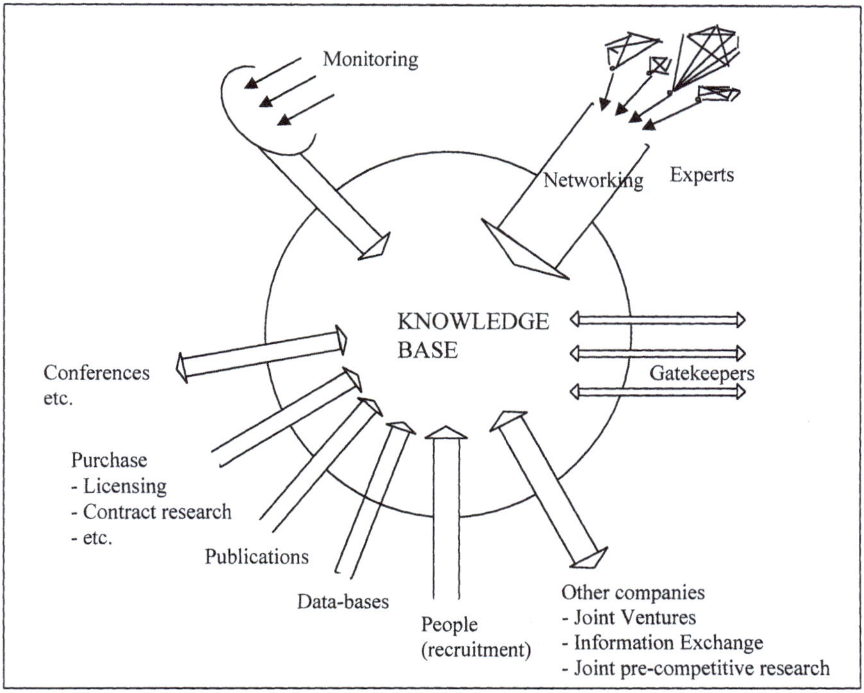

Abbildung 16: Managing the knowledge base
Quelle: Twiss, 1992, S. 95

In der Konzeptionsphase ist die Entscheidung für eine zu realisierende Idee auf einer weitgehenden und möglichst vollständigen Informationsbasis zu fällen. In einer empirischen Untersuchung wurde festgestellt, daß insbesondere in der Phase der Ideenakzeptierung nur etwa 45% der innovationsbezogenen Informationen gespeichert und nur 40% systematisch ausgewertet werden. Alle übrigen Informationen gehen wieder verloren.[55]

Daher ist der Aufbau eines Informationsmanagements zu fordern, das den Entscheidungsträgern im Rahmen der Konzeptionsphase die Informationen zu-

---

[54] Vgl. Picot/Reichwald, 1991, S. 264. Eine ausführliche Definition und Diskussion des Managements von Information und Kommunikation findet sich z.B. bei Picot/Reichwald, 1991, S. 241 ff.; Litke, 1995, S. 221 ff. und Herzhoff, 1991, S. 142 ff.

[55] Vgl. o. V., 1979, S. 80 ff.

gänglich macht, die zu Ideenanstößen bzw. einer Optimierung der Entscheidung für eine zu realisierende Idee führen können. Als wichtige Informationsquelle sind hierbei die Kunden des Unternehmens hervorzuheben, denn eine genaue Kenntnis des Marktes und der Kundenanforderungen kann die Voraussetzung einer exakten Zieldefinition für Produktentwicklungen sein.[56] Auch haben Innovationen, die von Kunden angestoßen werden, oftmals eine sehr hohe Erfolgswahrscheinlichkeit.[57]

Eine weitere zentrale Informationsquelle zur Generierung von Innovationsideen liegt im Bereich der Forschung, bei der die Ausnutzung der Leistungspotentiale neuer Technologien im Mittelpunkt steht. Die Innovationsimpulse aus diesem Bereich erstrecken sich im Vergleich zu marktinduzierten Impulsen zumeist über längere Zeiträume.[58]

Bei der Einrichtung eines Informationsmanagements ist generell das Informationsverhalten von Entscheidungsträgern in innovativen Situationen zu beachten. Diese sind bei Innovationen oft nicht in der Lage, komplexere Muster von Informationsverknüpfungen zu bilden, was sich in einer eher orientierungslosen und zurückhaltenden Informationsbeschaffung, der Bevorzugung von vertrauten, aber nicht problemgerechten Daten und in der punktuellen Feststellung von Einzelsachverhalten statt zusammenhangsorientierter Betrachtung äußert.[59] Durch Überlastung mit zu vielen Informationen wird Kreativität behindert. Daher sollte das Informationsmanagement in der Ideengenerierungsphase gezielt auf konkrete Informationsnachfrage der Entscheidungsträger reagieren und diese Information im Hinblick auf die beschränkte Informationsverarbeitungskapazität aufbereiten.[60]

3.2.4 Innovationsfördernde Organisationsform

Die zunehmende Bedeutung von Innovationen führte zu Überlegungen, welche Organisationsform des Unternehmens für die Durchführung von Innovationen am besten geeignet ist.[61] Dabei wird eine ganzheitlich innovationsbewußte Organisation gefordert, die „prinzipiell traditionskritisch und zugleich auch inno-

---

[56] Vgl. Schmelzer, 1992, S. 25.

[57] Vgl. hierzu z.B. Gerstenfeld, 1976, S. 116 ff.; Cooper/Kleinschmidt, 1987, S. 1987; Brockhoff, 1988, S. 105 ff.

[58] Vgl. Brockhoff, 1985, S. 626 f.

[59] Vgl. Hauschildt, 1993, S. 247.

[60] Die letztere Forderung kann für das Informationsmanagement ganz allgemein erhoben werden.

[61] Vgl. Morner, 1997, S. 52.

vationskritisch"[62] ist. Dies bedeutet, daß weder starr an vorhandenen Strukturen festgehalten, noch jede Innovationschance blind genutzt wird.

Die klassische Typologie in der Innovationsliteratur unterscheidet die „organische" von der „mechanistischen" Struktur als zwei entgegengesetzte Typen der Organisation.[63]

Das mechanistische Managementsystem ist gekennzeichnet durch klar definierte Ziele, präzise Stellenbeschreibungen, personenunabhängige Stellenbesetzungen, Zentralisierung der Entscheidungen an der Hierarchiespitze, vertikale Kommunikationsbeziehungen, Orientierung am jeweiligen Vorgesetzten, Loyalität und Gehorsam.

Die Eigenschaften des organischen Systems sind: unscharfe, nicht auf Dauer fixierte Ziele, keine endgültige Aufgabendefinition und Stellenfixierung, Organisation „ad personam", lateraler Kommunikationsfluß und Denken in Problemlösungen statt in Rechten und Pflichten.

Bei der Gestaltung einer ganzheitlich innovationsbewußten Organisation ist zu versuchen, die „Vorzüge einer mechanistischen Ordnung mit der kreativen Ergiebigkeit eines organischen Miteinanders zu verbinden." [64]

Ein Vergleich der traditionellen und wettbewerbsorientierten, also innovationsbewußten Organisation kann im Hinblick auf (Produkt-) Entwicklungsorganisationen, wie in Abbildung 17 dargestellt, durchgeführt werden.[65]

---

62 Hauschildt, 1993, S. 74.

63 Vgl. Burns/Stalker, 1961, S. 119 ff. Vgl. zur Diskussion der beiden Organisationsformen im folgenden Hauschildt, 1993, S. 74 ff.

64 Hauschildt, 1993, S. 79.

65 Vgl. Schmelzer, 1992, S. 110 ff.

Traditionelle Entwicklungsorganisation	**Wettbewerbsorientierte (innovative) Entwicklungsorganisation**
- Funktionsorientierung, hoher Spezialisierungsgrad, fachorientierte Aufgabendurchführung, hohe Entwicklungstiefe	- Produkt-/Projektorientierung, hohe Identifikation mit Produkt/Projekt, Orientierung an Erfolgsfaktoren, integrative Aufgabendurchführung
- viele Hierarchiestufen/Schnittstellen, geringe Kontrollspannen, Abteilungsstruktur	- wenige Hierarchiestufen/Schnittstellen, große Kontrollspannen, Teamstrukturen
- formale, vertikale Kommunikation, Schwerfälligkeit, lange Entwicklungszeiten	- freie, direkte Kommunikation, hohe Anpassungsfähigkeit, kurze Entwicklungszeiten
- komplexe Entscheidungsprozesse, komplexes Fremd-Controlling, hierarchische Kontrolle	- dezentrale Kompetenz und Entscheidung, Selbstorganisation, situatives Selbst-Controlling
Indikatoren: Ressortdenken, detaillierte Aufgaben- und Stellenbeschreibungen, Regelwerke, weisungsgebundenes Verhalten, Kostenmanagement, Ratiodenken	Indikatoren: Initiative, Engagement, Vertrauen, eigenverantwortliches Verhalten, Risikofreude, Zeiteffizienz, Kooperation, Marktorientierung

Abbildung 17: Merkmale der traditionellen und wettbewerbsorientierten (innovativen) Entwicklungsorganisation
Quelle: Souder, 1987, S. 83 ff.; Rutt, 1990, S. 71; zitiert nach Schmelzer, 1992, S. 111

Hauschildt beschreibt als Eigenschaften einer „innovationsbewußten“ Unternehmung die folgenden Elemente:

- Systemoffenheit, d.h. insbesondere Offenheit zur Aufnahme und Abgabe von Informationen
- gemäßigter Organisationsgrad und relativ große Handlungsspielräume
- möglichst wenig geregelter Informationsstil
- Konfliktbewußtsein
- Rekrutierung konfliktfähiger bzw. konfliktproduzierender Menschen
- Übertragung von Kompetenz und Verantwortung.[66]

Es wird deutlich, daß die kreative Organisation eines Unternehmens nur durch das Zusammenspiel von verschiedenen Faktoren erreicht werden kann. In welchem Zusammenhang die verschiedenen Faktoren nun mit dem innerhalb der Konzeptionsphase ablaufenden Kreativitätsprozeß stehen, zeigt Abbildung 18. Es bleibt somit festzuhalten, daß eine innovationsbewußte bzw. kreativitätsför-

---

[66] Vgl. Hauschildt, 1993, S. 79 f.

dernde Organisation einen wesentlichen Befähigungsfaktor der Konzeptionsphase darstellt.

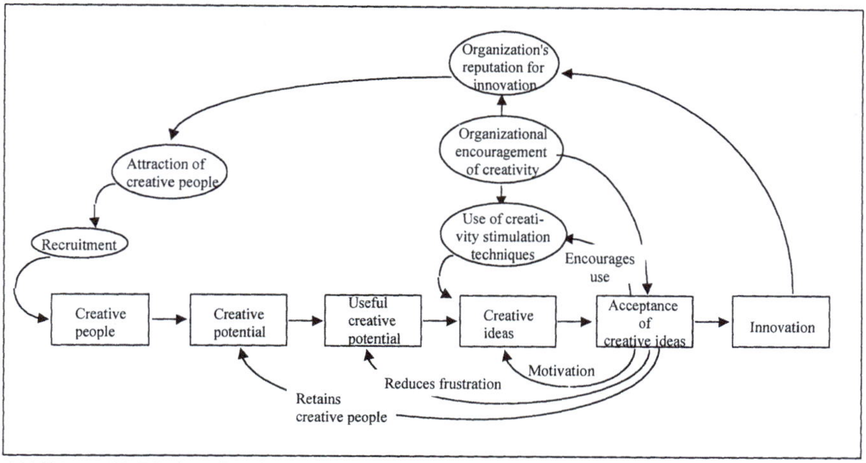

Abbildung 18: Die kreative Organisation und ihre Wirkung auf den Kreativitätsprozeß
Quelle: Twiss, 1992. S. 103

Vergleichbar dem Informationsmanagement ist auch die Organisationsform eines Unternehmens ein Befähigungsfaktor, der nicht nur für die Konzeptionsphase, sondern für sämtliche Innovationsphasen von großer Bedeutung ist.[67] Bei der Beschreibung der nachfolgenden Phasen wird daher ebenfalls auf organisationsbedingte, jedoch jeweils phasenspezifische Befähigungsfaktoren eingegangen.

---

[67] Vgl. Bieber/Möll, 1993, S. 81 ff.

3.3 Entwicklungsphase

Die Entwicklungsphase wird von manchen Autoren unter Vernachlässigung von Prozeßinnovationen synonym als Produktentwicklungsphase bezeichnet.[68] Wie bereits dargestellt, sind jedoch im Rahmen von Produktentwicklungen oftmals auch Prozeßinnovationen notwendig.

Specht/Beckmann unterscheiden die Produkt- und Prozeßentwicklung von der Vorentwicklung.[69] Aufgabe der Vorentwicklung ist die anwendungsorientierte „Ausentwicklung" von Technologien, die Prüfung der technischen Umsetzbarkeit neuer Technologien in Produkte und Produktionsprozesse, die Definition von Produktkonzepten sowie die Erbringung von Funktionsnachweisen durch den Bau von Prototypen. „Mit Vorentwicklungsprojekten werden technisch anspruchsvolle, risikoreiche Bauteile, Baugruppen oder Produkte entwickelt, die als nächste oder übernächste Generation in den Markt eingeführt werden sollen."[70] Die Produkt- und Prozeßentwicklung hingegen hat die Aufgabe, unmittelbar ein konkretes Produkt und/oder einen konkreten Prozeß auf der Basis von Wissen und Fähigkeiten aus der Grundlagenforschung, der Technologie- und Vorentwicklung einerseits und aus dem Bereich der Anwendungsfelder und Märkte andererseits hervorzubringen.[71] Aus diesem Grund wird die Vorentwicklung im Rahmen dieser Arbeit als eine mögliche Ideenquelle in der Konzeptionsphase betrachtet.

Die Produktentwicklung hat die Aufgabe, „Produktideen bzw. Anforderungen des Marktes im Rahmen eines zielgerichteten Systems in technisch realisierbare und wirtschaftlich verwertbare Produkte umzusetzen"[72]. Als Befähigungsfaktoren zur Erfüllung dieser Aufgaben werden das Projektmanagement, das Qualitätsmanagement und das Schnittstellenmanagement der beteiligten Funktionsbereiche dargestellt.

---

[68] Zanger unterscheidet die Produktentwicklung im weiteren Sinne, die den gesamten Prozeß von der Ideenfindung bis zur Markteinführung eines Produktes umfaßt, die Produktentwicklung im engeren Sinne mit den Inhalten der Spezifikation, Planung, Organisation und Durchführung der technischen Entwicklung sowie die rein technische Entwicklung (vgl. Zanger, 1996, S. 1427 f.). Nach dieser Definition wird hier die Produktentwicklung im engeren Sinne betrachtet.

[69] Vgl. Specht/Beckmann, 1996, S. 17 ff.

[70] Specht/Beckmann, 1996, S. 17.

[71] Vgl. Specht/Beckmann, 1996, S. 17 ff.

[72] Schmelzer, 1992, S. 12.

3.3.1 Produktentwicklung

Die Teilphasen und Inhalte der Produktentwicklung werden in dieser Arbeit in Anlehnung an die ausführliche Darstellung bei Schmelzer definiert.[73] Dabei sind die Phasen Produktdefinition, Systementwurf, Komponentenentwicklung, Systemintegration und Test zu unterscheiden.[74] Die Inhalte der verschiedenen Phasen zeigt Tabelle 5.

Phase	**Wesentliche Inhalte**
Produktdefinition	• Umsetzung der Anforderungen in eine Funktions-/Wirkstruktur sowie in ein Konzept für die Form des Produktes. • Erarbeiten, Analyse und Bewertung von technischen Lösungsprinzipien und alternativen Lösungskonzepten. • Auswahl des technischen Lösungskonzeptes unter Berücksichtigung von Qualitäts-, Zeit-, Kosten- und Herstelleranforderungen (Logistik-, Prüf-, Montage-, Automatisierungs-, Installations-, Serviceanforderungen) sowie Umweltanforderungen (Wiederverwendung, Recycling). • Festschreiben des Lösungskonzeptes im Pflichtenheft.
Systementwurf	• Strukturierung und Detaillierung des technischen Systems. • Erarbeiten der inneren Architektur (Baustruktur) des Produktes (Art, Anzahl, Anordnung und Verknüpfung der Komponenten, z.B. Baugruppen und Teile). • Spezifikation der äußeren und inneren Schnittstellen. Festlegung von Produkt- und Prozeßtechnologien. Qualitäts- bzw. Testplanung. • Dokumentation der Ergebnisse in der Entwurfsspezifikation.
Komponenten-entwicklung	• Spezifikation, Implementierung und Test bzw. herstellungstechnische Gestaltung und Dimensionierung (Festlegung von Geometrie, Werkstoff, Oberfläche) von Komponenten (Baugruppen, Module, Bauteile). • Festlegung von Verbindungs- und Fertigungsverfahren. Bau und Test von Mustern.
Systemintegration und Test	• Integration der Komponenten sowie Funktions- und Leistungstests des integrierten Systems bzw. Gesamtproduktes. • Interne und externe Produkttests zur Überprüfung von technischen Funktionen oder von Fertigungseigenschaften.

Tabelle 5: Phasen und Inhalte der Produktentwicklung
Quelle: angelehnt an Schmelzer, 1992, S. 21 ff.

Eine Input/Output-orientierte Betrachtung der Entwicklungsphase nimmt Murmann vor. Durch die Darstellung seines Ansatzes sei nochmals der Prozeßcharakter der Produktentwicklung betont.

---

[73] Vgl. Schmelzer, 1992, S. 21 ff.

[74] Schmelzer berücksichtigt in seinen Phasen der Produktentwicklung noch die Anforderungsdefinition und Vorfeldentwicklung sowie die Fertigungsüberleitung (vgl. Schmelzer, 1992, S. 21 ff.). Im Rahmen dieser Arbeit sind die ersten beiden Phasen in die Konzeptionsphase und die letztgenannte in die Produktionsphase einzuordnen.

Murmann betrachtet die Produktentwicklung[75] als „elementaren Konstruktionsprozeß“, der eine besondere Form eines Problemlösungsprozesses darstellt. In den Prozeß gehen Informationen über die Produktanforderungen als Input ein, als Output werden Informationen zur Beschreibung und Umsetzung der Funktionsanforderungen hervorgebracht.[76] Die folgenden drei sich gegenseitig beeinflussenden Aspekte können als Stellgrößen angesehen werden, die auf den elementaren Konstruktionsprozeß wirken und damit den gesamten Entwicklungsprozeß beeinflussen:

- Das Entwicklungsobjekt (Produkte und Maschinensysteme) mit den sieben elementaren Konstruktionseigenschaften Strukturen, Gestalt, Abmessungen, Werkstoffe, Oberflächen, Toleranzen und Herstellungsarten.
- Die Vorgehensweise und Systematik bei der Konstruktion (Konstruktionsmethodik) mit dem allgemeinen vierstufigen Problemlösungsprozeß (Problemanalyse und -formulierung, Systemsynthese, Systemanalyse sowie Beurteilung und Entscheidung) für jede Teilentscheidung.
- Die Randbedingungen (Hilfsmittel, Gestaltungszwänge und Motivation) mit den Parametern Qualifikation des Konstrukteurs, Hilfsmittel des Konstrukteurs und Gestaltungszwänge.[77]

Die Darstellung der beiden Ansätze von Murmann und Schmelzer soll an dieser Stelle genügen. Durch sie sind der Verlauf und die Inhalte der Produktentwicklung für die Zwecke dieser Arbeit hinreichend genau charakterisiert. Für beide Ansätze sei noch einmal die Forderung an eine integrierte, mit möglichen Rückkopplungen versehene Vorgehensweise genannt. Zur tiefergehenden Betrachtung der Inhalte der Entwicklungsphase sei auf die weiterführende Literatur verwiesen.[78]

3.3.2 Projektmanagement

Die Merkmale von Innovationsprojekten decken sich weitgehend mit den Merkmalen von Projektaufgaben. Nach Frese weisen Projekte folgende Charakteristika auf:[79]

- definierter Anfang und Abschluß
- zeitliche Befristung
- Komplexität

---

[75] Im Rahmen seiner Arbeit wird die Produktentwicklung als „Entwicklungs- und Testphase (Hauptphase)“ bezeichnet (vgl. Murmann, 1994, S. 54 ff.).

[76] Vgl. Murmann, 1994, S. 56.

[77] Angelehnt an Murmann, 1994, S. 56 ff.

[78] Vgl. z.B. Ehrlenspiel, 1985, S. 41 ff.; Madauss, 1990, S. 65 ff. und 276 f.

[79] Vgl. Frese, 1980, Sp. 1960 f.

- relative Neuartigkeit
- Einmaligkeit
- erhebliches Risiko
- Teilaktivitäten
- Interdependenzen.

Die genannten Merkmale treffen insbesondere auf den Produktentwicklungsprozeß zu. Daher kann effizientes Projektmanagement als ein wesentlicher Befähigungsfaktor der Entwicklungsphase bezeichnet werden, wobei sich die Anwendungsrelevanz hinsichtlich der einzelnen Teilphasen unterscheidet.[80] Vor allem in den Teilphasen Produktdefinition, Systementwurf sowie Systemintegration und Test ist die Installation eines Projektmanagements notwendig, da hier im Vergleich zur Komponentenentwicklung eher schlecht strukturierte Aufgaben von zumeist hoher Komplexität, Neuartigkeit und Variabilität vorliegen.[81]

Projektmanagement umfaßt die Planung, Steuerung und Kontrolle von Projekten sowie die Koordination dieser Führungstätigkeiten.[82] Das Projektmanagement ist als Leitungs- und Organisationskonzept zu verstehen, mit dem versucht wird, die vielen sich teilweise beeinflussenden Projektelemente und -geschehen nicht dem Zufall oder der Genialität einzelner Personen zu überlassen, sondern sie ganz gezielt zu einem festen Zeitpunkt herbeizuführen.[83] Das Projektmanagement soll sicherstellen, daß vereinbarte Projektziele im Rahmen der personellen, technischen, terminlichen und finanziellen Randbedingungen erreicht werden.

Abbildung 19 zeigt das System des Projektmanagements, angelehnt an Litke.

Im Rahmen dieser Arbeit sollen lediglich die zentralen Teilaspekte Planung, Überwachung und Steuerung von Projekten diskutiert werden. Diese sind folgendermaßen miteinander verbunden:[84] Die Projektplanung erarbeitet Vorgaben für die Projektdurchführung, die Projektüberwachung führt Soll-Ist-Vergleiche durch und meldet Abweichungen an die Projektsteuerung. Die Projektsteuerung erarbeitet und leitet Maßnahmen ein, um Abweichungen in der Projektdurchführung zu korrigieren, was zu Änderungen in der Projektplanung führen kann.

---

80 Vgl. Schmelzer, 1992, S. 150 f.
81 Vgl. Schmelzer, 1992, S. 150 f.
82 Vgl. Zur, 1994, S. 2687 ff.
83 Vgl. Litke, 1995, S. 19.
84 Vgl. Litke, 1995, S. 89 f.

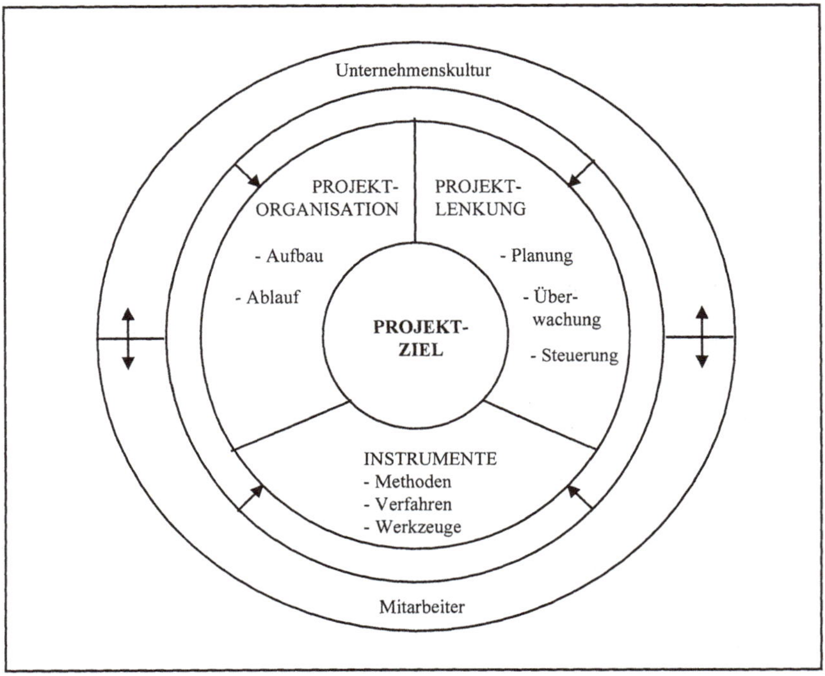

Abbildung 19: System des Projektmanagements
Quelle: Litke, 1995, S. 20

Grundlage für ein Projekt bildet die Projektdefinition, durch welche die Vorgaben für die Projektplanung erstellt werden.[85] Bestandteil der Projektdefinition sind u.a. die Festlegung der Projektziele und die Schaffung einer geeigneten Projektorganisation. Die Projektziele sind mit weiteren Projektangaben wie Kosten, Termine und Verantwortlichkeiten in eindeutiger, umfassender und verbindlicher Form in einem Pflichtenheft festzulegen.[86] Zur Schaffung einer adäquaten Organisation bestehen die grundlegenden Möglichkeiten der Einfluß-Projektorganisation, der reinen Projektorganisation, der Matrix-Projektorganisation sowie der teamorientierten Projektorganisation. Die wichtigsten Kennzeichen dieser verschiedenen Projektorganisationsformen sind in Tabelle 6 zusammengefaßt:[87]

[85] Vgl. zum folgenden Kupsch/Marr/Picot, 1991, S. 1123 ff.
[86] Zu den Inhalten eines Pflichtenhefts vgl. Pleschak/Sabisch, 1996, S. 133 ff.
[87] Eine ausführliche Diskussion der verschiedenen Projektorganisationsformen findet sich z.B. in Kupsch/Marr/Picot, 1991, S. 1123 ff.

Projektorganisationsform	Grundlegendes Kennzeichen
Einfluß-Projektorganisation	Projektleiter als Stabsfunktion
Reine Projektorganisation	Projektgruppen als „Linienorganisation auf Zeit"
Matrix-Projektorganisation	Gleichgewichtete Verteilung von Entscheidungs- und Weisungsbefugnissen zwischen Fachbereichsmanagement und Projektleiter
Teamorientierte Projektorganisation	Hierarchiefreie Gruppen/Mitglieder der betroffenen Fachbereiche als Projektgruppe

Tabelle 6: Kennzeichen von Projektorganisationsformen
Quelle: angelehnt an Kupsch/Marr/Picot, 1991, S. 1123 ff.

Unter Projektplanung verstehen Platz und Schmelzer „die systematische Informationsgewinnung über den zukünftigen Ablauf des Projektes und die gedankliche Vorwegnahme des notwendigen Handelns im Projekt"[88]. Das Ziel der Projektplanung ist die Ermittlung realistischer Sollvorgaben hinsichtlich der zu erbringenden Arbeitsleistungen und ihrer Termine sowie bezüglich des Ressourceneinsatzes und der zulässigen Kosten. Dies impliziert als weiteres Ziel eine Zerlegung des Gesamtprojektes in Einzelschritte der Projektdurchführung.[89] Inhalte der Planung sind die Strukturierung der Projektaufgaben und des Projektablaufs, die Terminplanung, die Kapazitätsplanung, die Aufwandsschätzung, sowie die Projektkostenplanung und Personalplanung.[90] Der Detaillierungsgrad der Projektplanung für die Struktur-, Ablauf-, Termin- und Kostenpläne nimmt dabei im Verlauf der Entwicklungsphase immer mehr zu.

Da komplexe Projekte eine Vielzahl unbekannter Faktoren aufweisen, besteht eine wichtige Aufgabe der Projektleitung in der geeigneten Einbeziehung von Risiko in die Projektplanung.[91]

In der Projektüberwachung erfolgt ein Vergleich der Sollvorgaben aus der Projektplanung mit den im Projektverlauf erreichten Ist-Werten, um Planabweichungen feststellen zu können.[92] Termine und Kosten können die primären Überwachungsparameter sein.[93] Um eine effiziente Überwachung zu erreichen,

---

[88] Platz/Schmelzer, 1986, S. 131.
[89] Vgl. Litke, 1995, S. 89.
[90] Eine ausführliche Darstellung findet sich in Litke, 1995, S. 89 ff.
[91] Eine ausführliche Diskussion über den Einbezug von Risiko in die Projektplanung findet sich z.B. bei Popp, 1989a, S. 211 ff.; Litke, 1995, S. 154 ff.
[92] Zum Projektcontrolling vgl. Pleschak, 1991, S. 21 f.
[93] Vgl. Litke, 1995, S. 159.

ist die prozeßbegleitende Kontrolle als ständiger begleitender Prozeß zu realisieren.[94]

Die Projektsteuerung beschäftigt sich mit der Durchführung sämtlicher Teilaufgaben, die in den Aufgabenbereich des Projektmanagements fallen. Diese sind nach Kupsch, Marr und Picot:[95]

- die Zuordnung von Aufgaben, Kompetenzen und Verantwortung,
- die Anleitung und Motivation der beteiligten Mitarbeiter zum Lösen bestimmter Teilprobleme,
- die Herbeiführung sämtlicher im Projektablauf erforderlichen Entscheidungen,
- die Einleitung von Korrekturmaßnahmen bei Abweichungen,
- die Koordination zwischen den verschiedenen am Projekt beteiligten Funktionsbereichen und
- die Konflikthandhabung und Akzeptanzabsicherung im Rahmen der organisatorischen Implementierung von Projekten.

Die Widerstände, die sich im Projektverlauf ergeben, können nach Witte in Willens- und Fähigkeitsbarrieren unterteilt werden.[96] Unter anderem zu ihrer Überwindung hat Witte das Promotorenmodell vorgeschlagen, wobei die Barrieren durch das Zusammenspiel eines Machtpromotors - d.h. einer Person, welche den Innovationsprozeß aufgrund ihres hierarchischen Potentials fördert - und eines Fachpromotors - d.h. einer Person, die den Innovationsprozeß durch ihr objektspezifisches Fachwissen vorantreibt - beseitigt werden. Die Kooperation von Fach- und Machtpromotor kann dabei innerhalb des Projektmanagements institutionalisiert werden.[97] Neben der bereits genannten Funktion ist das Promotorenmodell auch aus anderen Gründen ein wichtiger Aspekt für Innovationsprojekte.[98] Nach Hauschildt ist der Einsatz der Promotoren am wirksamsten bei einer Drei-Personen-Arbeitsteilung. Neben den bereits genannten Macht- und Fachpromotoren beinhaltet diese Unterteilung den Prozeßpromotor (oftmals auch Produktchampion oder Koordinationspromotor genannt), der Organisationskenntnis hat, Insellösungen verhindert und aktiv das Projekt steuert und gestaltet. Typische Merkmale für den Prozeßpromotor sind die Bereitschaft, Risiko zu übernehmen und eine bedingungslose Hingabe an die Innova-

---

94 Vgl. Kupsch/Marr/Picot, 1991, S. 1137.

95 Vgl. Kupsch/Marr/Picot, 1991, S. 1137.

96 Vgl. Witte, 1973, S. 1 ff.

97 Vgl. Hauschildt, 1993, S. 132.

98 Eine ausführliche Diskussion der Promotoren von Innovationen findet sich z.B. in Hauschildt, 1993, S. 109 ff. Dort findet sich auch eine Übersicht über die in der Literatur definierten verschiedenen Arten von Promotoren.

tion, Charisma, die Fähigkeit zur Inspiration und zur intellektuellen Stimulierung, sowie ein ausgeprägtes taktisches Geschick.[99]

3.3.3 Festlegung von Qualitätsanforderungen

In einer anwenderbezogenen Sichtweise kann Qualität als subjektiver Gebrauchsnutzen des Anwenders oder Kunden erfaßt werden.[100] Die Basis für eine hohe bzw. den Kundenanforderungen entsprechende Produktqualität wird dabei schon in der Entwicklungsphase, insbesondere in der Teilphase der Produktdefinition, gelegt. Hier werden die Sollwerte technischer Qualitätsmerkmale (z.B. Bemessungswerte, Grenzabweichungen, Toleranzen) festgelegt und im Pflichtenheft verankert.[101] Die Gleichsetzung von Qualität mit der Einhaltung von Spezifikationen entspricht einer prozessbezogenen Sichtweise von Qualität.[102]

Um den Qualitätsanforderungen zu genügen, muß die Entwicklung eines Produktes von Anfang an durch eine systematische Qualitätssicherung begleitet werden, die schon sehr früh in der Entwicklungsphase, d.h. bei der Produktdefinition, anzusetzen hat.[103] Dies ist insbesondere unter dem Aspekt wichtig, daß die Beseitigung von Fehlern in frühen Entwicklungsphasen erheblich kostengünstiger ist als in späten Entwicklungsphasen.[104] Die Qualitätsgestaltung und -sicherung, das Qualitätscontrolling, bezieht sich nicht nur auf Produkte, sondern auch auf Entwicklungsprozesse und das gesamte Entwicklungssystem.[105] Die Festlegung von Qualitätsanforderungen und die Qualitätssicherung können demnach als wichtige Befähigungsfaktoren der Entwicklungsphase betrachtet werden.

Das Qualitätswesen ist ein weites Aufgabenfeld, das für nahezu alle Funktionen im Unternehmen wichtig ist. Was früher eine reine Kontrollfunktion war, ist heute im wesentlichen zu einer eigenen Managementaufgabe geworden, die oftmals einer selbständigen Einheit übertragen wird.[106] Daraus ergibt sich, daß Qualitätssicherung neben der Entwicklungsphase auch für weitere Phasen des Innovationsprozesses von großer Bedeutung ist. Voraussetzung für die Durchführung der Qualitätssicherung ist dabei neben der Kenntnis der bereits er-

---

99 Vgl. Hauschildt, 1993, S. 121 ff.
100 Vgl. Schildknecht, 1992, S. 27 f.
101 Vgl. Schmelzer, 1992, S. 171.
102 Vgl. Schildknecht, 1992, S. 27 f. Neben der anwender- und prozeßbezogenen Sichtweise kann Qualität auch aus einer transzendentalen, produktbezogenen oder wertorientierten Perspektive betrachtet werden.
103 Vgl. Schmelzer, 1992, S. 172.
104 Vgl. Zink, 1989, S. 22; Freund, 1989, S. 6 f.
105 Vgl. Schmelzer, 1992, S. 172.
106 Vgl. Warnecke, 1993a, S. 109.

wähnten Qualitätsanforderungen die Vertrautheit mit den verschiedenen methodischen Möglichkeiten.

Für das Qualitätscontrolling in der Entwicklung existieren eine Reihe von Instrumenten, die in Tabelle 7 dargestellt sind.[107]

Instrumente des Qualitätscontrolling	
• Quality-Function-Deployment (QFD) • Fehler-Möglichkeits- und Einflußanalyse (FMEA) • Reviews • Tests • Taguchi-Methode • Konfigurationsmanagement • Qualitätsgruppen	• Qualitätskostenanalyse • Qualitäts-Audits • Qualitätssicherungspläne • Qualitätsberichte • Qualitätssicherungshandbücher • Designregeln

Tabelle 7: Instrumente des Qualitätscontrolling
Quelle: angelehnt an Schmelzer, 1992, S. 172 ff.

Von den genannten Instrumenten soll im folgenden beispielhaft das Quality-Function-Deployment (QFD) einer näheren Betrachtung unterzogen werden, da es nach einer Untersuchung von Specht und Schmelzer von allen Instrumenten die größte Wirkung auf die Produktqualität und die Entwicklungseffizienz sowie eine sehr starke Wirkung auf die Entwicklungskosten besitzt.[108] QFD verfügt zugleich über die stärkste Potentialwirkung sowie über die höchste Zielwirksamkeit der untersuchten Instrumente. In der Anwendungszufriedenheit rangiert QFD allerdings hinter Instrumenten wie Audit, Desk-Review und Qualitätsgruppen. Einschränkend ist anzumerken, daß allgemeine Angaben über die Effizienz des QFD-Prozesses dadurch erschwert werden, daß Nutzen und Probleme des QFD-Prozesses stark situationsabhängig sind.[109]

QFD wurde bereits 1966 in Japan von Akao entwickelt und fand erste konkrete Anwendung 1972 bei Mitsubishi.[110] QFD gelangte Mitte der 80er Jahre nach Europa.[111] Generell begleitet QFD die Produktentstehung von der Entwicklungsphase bis zur Serienreife, es besitzt also auch für die Produktionsphase große Relevanz (vgl. Kapitel 3.4.3). Innerhalb der Entwicklungsphase unterstützt QFD die ersten drei Teilphasen: die Produktdefinition, den Systement-

---

107 Zu den Inhalten der Instrumente vgl. z.B. Schmelzer, 1992, S. 170 ff.; Specht/Schmelzer, 1991; Kamiske, 1994; Winkler, 1997, S. 34 ff.; Sondermann, 1994, S. 223 ff. und die dort angegebene Literatur.

108 Zu den Vorteilen von QFD im Vergleich zu anderen Qualitätssicherungsinstrumenten vgl. die Untersuchung von Specht/Schmelzer, 1991.

109 Vgl. Schröder/Zentz, 1996, S. 1707 f.

110 Vgl. Akao, 1992 und Gogoll/Theden, 1994, S. 331.

111 Vgl. Sondermann, 1994, S. 238.

wurf sowie die Komponentenentwicklung.[112] In mehreren Einzelschritten erfolgt eine Umsetzung von Kundenanforderungen in spezifische Arbeitsanweisungen für die Produktion. Zentraler Baustein des QFD ist die Methode des „House of Quality", die in einem ersten Schritt die Kundenbedürfnisse in quantifizierbare Produktanforderungen transformiert. Abbildung 20 zeigt die wesentlichen Elemente des House of Quality.

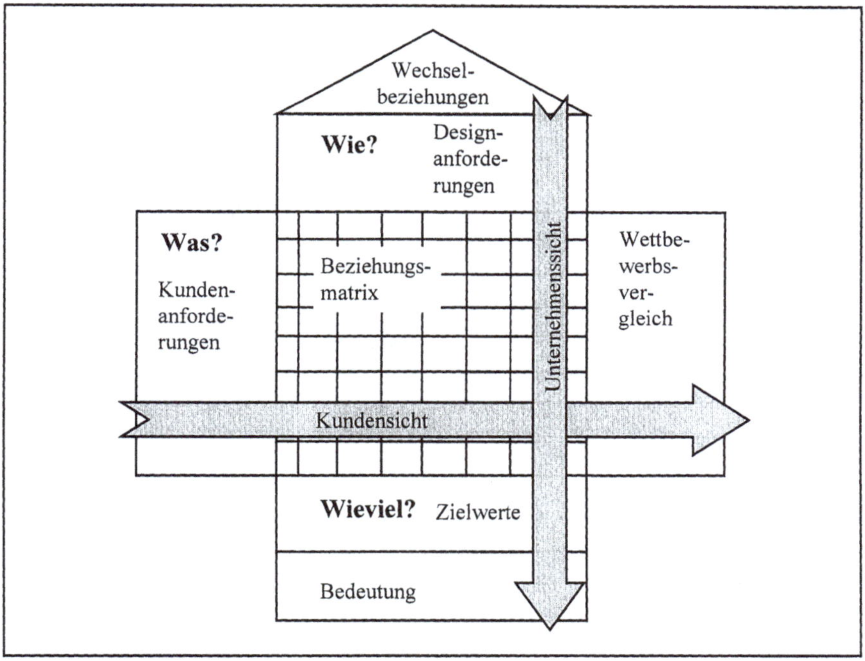

Abbildung 20: House of Quality
Quelle: Kamiske/Theden, 1996, S. 36

Das „House of Quality" umfaßt im einzelnen:[113]

- die Erfassung der Kundenwünsche und -bedürfnisse in der Sprache des Kunden,
- die Übersetzung der Kundenbedürfnisse in Produktanforderungen, spezifiziert in der Unternehmenssprache,
- die Verifizierung und Verbesserung der Übersetzung von Kunden- in Unternehmenssprache,

---

[112] Vgl. Schmelzer, 1992, S. 172.
[113] Vgl. Clausing, 1994, S. 64 ff. und Hauser/Clausing, 1988, S. 63 ff.

- Benchmarking aus Kundenperspektive,
- technisches Benchmarking anhand von Standardtests des Unternehmens,
- die Betrachtung der Beziehung zwischen jeweils zwei Produktanforderungen und das Aufdecken von Konflikten,
- die Konzentration auf zentrale Produktanforderungen durch Berechnung der Wichtigkeit der Anforderungen und der Schwierigkeit, den Anforderungen in technischer Hinsicht zu genügen sowie
- die Quantifizierung der Anforderungen des Unternehmens an das neue Produkt.

Die quantifizier- und prüfbaren technischen Anforderungen an das Produkt, die den Output des „House of Quality" darstellen, dienen als Input für die Phasen des Systementwurfs und der Komponentenentwicklung. So wird sichergestellt, daß die Kundeninteressen durch die gesamte Entwicklungsphase hindurch gewahrt bleiben.

3.3.4 Schnittstellenmanagement in der Entwicklungsphase

Schnittstellen entstehen durch das Zusammenwirken verschiedener organisatorischer Einheiten in einem arbeitsteiligen Prozeß. Sie sind dadurch gekennzeichnet daß[114]

- eine Aufgabe vorliegt, die zu ihrer Lösung die Zusammenarbeit mehrerer Bereiche erfordert
- die beteiligten Bereiche gleichrangig und nicht einander über- bzw. untergeordnet sind,
- keine Koordination durch Vorgesetzte erfolgt,
- keine Koordination durch reine Marktbeziehungen (keine vollständige Autonomie der Stellen bezüglich der Aufgabe) auftritt.

Schnittstellen sind stets mit Koordinationsaufwand, Zeitverlusten und Informationsverlusten verbunden.[115] Die Aktivitäten des Schnittstellenmanagement sind deshalb darauf gerichtet, Schnittstellen möglichst zu vermeiden und ihre Folgen durch bessere Abstimmung zwischen den organisatorischen Einheiten einzuschränken.[116]

---

[114] Vgl. Brockhoff, 1995, S. 1 ff. und Pleschak/Sabisch, 1996, S. 281.

[115] Vgl. Pleschak/Sabisch, 1996, S. 281.

[116] Im Rahmen der Kapitel zum Schnittstellenmanagement (Kapitel 3.3.4, 3.4.4 und 3.5.3) werden jeweils wesentliche Aspekte dargestellt, die zu maßgeblichen Problemen zwischen den Schnittstellen führen können.

Wie für die Konzeptionsphase sind auch für die Entwicklungsphase eine möglichst vollständige Informationsbasis und insbesondere ein schneller Informationsaustausch zwischen den einzelnen Funktionsbereichen im Unternehmen notwendige Grundvoraussetzungen.[117] Da in organisatorischer Hinsicht bei der Entwicklungsphase vor allem der Funktionsbereich Entwicklung involviert ist, sind hier im Hinblick auf den Informationsaustausch die organisatorischen Schnittstellen zwischen Entwicklung und den übrigen Funktionsbereichen, insbesondere Marketing und Fertigung, zu betrachten.[118]

Die Berücksichtigung von Marketingelementen in der Produktentwicklung wurde bereits im Rahmen des obigen Abschnitts diskutiert. Die dargestellte Methode des „House of Quality" ist ein Instrument, das die Kunden- und Marktanforderungen bei der Produktentwicklung in expliziter Weise einbezieht und somit die Kommunikation zwischen Kunden, Marketing und Entwicklung sicherstellt.

Nach Seidel ist die Interaktion zwischen F&E und Marketing grundsätzlich konfliktbehaftet.[119] Beide Bereiche haben divergierende Visionen, die bei der strukturellen Kopplung zwischen F&E und Marketing mit zunehmender Konkretisierung des Projektes problematisch werden. Zu den Konfliktursachen zählen dann u.a. die Kollisionen zwischen veränderten Marktwünschen und dem zu entwickelnden Produkt sowie technische Sachzwänge, die Auswirkungen auf die Variablen des Marketing haben. [120] Zur Verbesserung der Interaktion müssen Maßnahmen zur Konfliktregelung und -bewältigung zwischen den Bereichen durchgeführt werden. Wolfrum fordert die integrative Abstimmung der F&E- und Marketingstrategien sowie eine ständige wechselseitige Informationsversorgung.[121]

Auch die Zusammenarbeit zwischen Entwicklung und Produktion muß bereits in der Teilphase der Produktkonzeption beginnen,[122] da das Produktkonzept in einem hohen Ausmaß die Produktkosten und -termine bestimmt. Daher ist das Produktkonzept - soweit sinnvoll - auf Fertigungsgegebenheiten wie die vorhandenen Maschinen, das PPS-System sowie das Fertigungspersonal auszurichten und so früh wie möglich die Entwicklung und Anpassung fertigungstechnischer Verfahren und Betriebsmittel anzustoßen.[123] Durch die Anwendung

---

[117] Vgl. Kupsch/Marr/Picot, 1991, S. 1140.
[118] Vgl. Schmelzer, 1992, S. 25.
[119] Vgl. Seidel, 1996, S. 87 ff.
[120] Vgl. Seidel, 1996, S. 89.
[121] Vgl. Wolfrum, 1994, S. 1016 ff.
[122] Vgl. Ehrlenspiel, 1985, S. 78.
[123] Vgl. Schmelzer, 1992, S. 29 und Ehrlenspiel, 1985, S. 88.

von Methoden, die auf interdisziplinärer Zusammenarbeit aufbauen - wie z.B. Wertanalyse, Simultaneous Engineering oder Design to cost - werden Abstimmungs- und Kommunikationsprobleme zwischen den funktionalen Bereichen der Entwicklung und Produktion verringert.

Der Einfluß des Produktkonzepts auf die Produktkosten und -termine gilt nicht nur für Produkte, die das Unternehmen selbst produziert, sondern auch für Zukaufteile, die über externe Lieferanten beschafft werden. Daher sind auch mit dem Funktionsbereich Einkauf die zur Produktion benötigten Materialien abzustimmen sowie durch Make-or-buy-Analysen die Teile festzulegen, die nicht vom Unternehmen selbst gefertigt, sondern zugekauft werden sollen.

Die interdisziplinären Fragestellungen in der Entwicklungsphase können nur durch eine enge Koordination aller bei der Innovation beteiligter Bereiche effizient gelöst werden. Bei der Überwindung der in der Praxis verbreiteten Kommunikations- und Abstimmungsmängel zwischen Entwicklung und anderen Funktionsbereichen haben sich im allgemeinen Maßnahmen wie gemeinsame Zielausrichtung, organisatorische, räumliche und fachliche bzw. soziale Nähe bewährt.[124] Weiterhin bietet der Einsatz von übergreifenden, cross-funktionalen Teams die Möglichkeit, u.a. die Kommunikation zwischen den Bereichen zu optimieren.[125]

---

[124] Vgl. Schmelzer, 1992, S. 31.

[125] Eine ausführliche Diskussion von Teamstrukturen im Innovationsmanagement findet sich z.B. bei Gmeiner, 1997, S. 73 ff.

3.4 Produktionsphase

Im Rahmen der Produktionsphase werden im folgenden die Vorbereitung und Einführung der Serienproduktion sowie die Serienbegleitung und -optimierung beschrieben. Weiterhin erfolgt eine Diskussion der Befähigungsfaktoren Qualitätsprüfung und -lenkung, Schnittstellenmanagement und Betriebliches Vorschlagswesen.

Im Vergleich zur kreativen Anregung von Innovationen und ihrer konstruktiven Entwicklung erfährt der fertigungsbezogene Teilprozeß von Innovationen nur wenig Aufmerksamkeit in der Literatur, obwohl die frühzeitige Einbindung von Produktionsverantwortlichen die Einhaltung von Zeit-, Kosten- und Qualitätsvorgaben im Innovationsprozeß wesentlich beeinflußt.[126]

Die Produktion kann als Faktorkombinationsprozeß interpretiert werden.[127] Eine näher an den Industriebetrieb angelehnte Definition der Produktion findet sich bei Reichwald. Ihm zufolge ist unter Produktion ein Entstehungsprozeß von industriellen Produkten zu verstehen, welcher alle Teilbereiche des Industriebetriebes beinhaltet, die unmittelbar an der Leistungserstellung beteiligt sind.[128] Die Produktionswirtschaft beschäftigt sich mit der Planung, Durchführung und Kontrolle der Leistungserstellung.[129] Der hauptsächlich involvierte funktionale Bereich der Produktionsphase ist die Produktion.

3.4.1 Serienvorbereitung und -einführung

Die Serienvorbereitung und -einführung hat die folgenden zentralen Aufgaben zu erfüllen:[130]

- Rohteilbestimmung, Prozeßfolgeermittlung und Arbeitsgangausarbeitung (Bestimmung der Arbeitswerte, Fertigungsmittel und Fertigungseinrichtungen)
- Bestimmung, Konstruktion, technologische Vorbereitung, Bau und Erprobung von Sonderfertigungsmitteln (Werkzeuge wie Bohrer oder Fräser, Vorrichtungen) sowie Bestellung handelsüblicher Fertigungsmittel
- Gestaltung von Arbeitsinhalten und Arbeitsbedingungen
- Ausarbeitung der Fertigungsunterlagen in Form von Arbeitsplan-Originalen, Arbeitsunterweisungen und Programmen für NC-Maschinen

---

[126] Vgl. Wheelwright, 1988, S. 444 ff.
[127] Vgl. Corsten, 1994, S. 1.
[128] Vgl. Reichwald/Dietel, 1991, S. 399.
[129] Vgl. Reichwald/Dietel, 1991, S. 395.
[130] Vgl. Heyde/Laudel/Pleschak/Sabisch, 1991, S. 42. Die von Heyde ebenfalls genannten Schnittstellenfunktionen werden im Rahmen dieser Arbeit gesondert diskutiert.

- Erarbeitung von Arbeitsnormen, Bestimmung wirtschaftlicher Losgrößen und technologischer Varianten
- Erarbeitung von Kennziffern des spezifischen Materialverbrauchs
- Erarbeitung von Unterlagen für Vorkalkulation und Preisbildung
- Make-or-buy-Analyse.

Die Inhalte der Vorbereitungs- und Einführungsphase der Serienproduktion lassen sich nach Entscheidungen bezüglich der Produktionsstruktur sowie prozeßbezogenen Entscheidungen hinsichtlich der Produktionsplanung und Steuerung trennen.[131] Die strukturellen Produktionsentscheidungen bei der Serienvorbereitung und -einführung beschäftigen sich mit der Organisation der Produktion, dem Produktionslayout, der Maschinenausstattung, Make-or-buy-Entscheidungen sowie der Beschaffungspolitik.[132]

Die bereits bestehenden organisatorischen und räumlichen Strukturen der Produktion, wie der Organisationstyp, das Produktionslayout und die Ausstattung an Maschinen, bestimmen das potentielle Produktionsprogramm eines Unternehmens, d.h. die Menge der Möglichkeiten für die Erstellung von Produkten.[133] Es ist zu prüfen, inwiefern die Produktinnovation eine Teilmenge des potentiellen Produktionsprogramms darstellt, d.h. ob die bereits bestehenden Produktionsstrukturen zur Erstellung des neuen Produktes genutzt werden können.

Innerhalb der Organisation der Produktion betrifft dies Überlegungen bezüglich des Organisationstyps der Fertigung, d.h. Werkstattfertigung, Fließfertigung oder integrierter Konzepte, wie z.B. Fertigungszellen, Fertigungsinseln oder Flexible Fertigungssysteme.[134] Ein weiterer organisatorischer Aspekt bezieht sich auf die Gestaltung der Arbeitsinhalte und -bedingungen des Personals, d.h. auf die Arbeitsorganisation. Dabei ist darauf zu achten, daß

- möglichst vollständig ausgeprägte Arbeitsaufgaben (d.h. eine Einheit von planenden, vorbereitenden, ausführenden und kontrollierenden Tätigkeiten) mit optimalen Handlungsspielräumen bezüglich Inhalten und Zeit vorliegen,
- körperliche und geistige Arbeitsanforderungen optimal kombiniert sind,
- motivierende Zielstellungen von den Beschäftigten formuliert werden können und

---

[131] Vgl. Reichwald/Dietel, 1991, S. 421 ff.

[132] Angelehnt an Reichwald/Dietel, 1991, S. 421 ff.

[133] Vgl. Reichwald/Dietel, 1991, S. 462.

[134] Vgl. z.B. Corsten, 1994, S. 30 ff.; Reichwald/Dietel, 1991, S. 431 ff.; Warnecke, 1993a, S. 12 ff.

- die Bedürfnisse des Menschen nach sozialen Kontakten durch arbeitsbedingte Kooperations- und Kommunikationserfordernisse ausreichend befriedigt werden.[135]

Das Produktionslayout betrifft die räumliche Anordnung der Maschinen, Arbeitsplätze, Werkstätten und Lager und beeinflußt damit das betriebliche Transportkostenniveau, die Durchlaufzeiten, die logistischen Prozesse und die produktionswirtschaftliche Flexibilität des Unternehmens.[136] Auch hier ist zu überprüfen, inwieweit das bestehende Produktionslayout dem Innovationsprodukt angemessen ist und ob eventuell Modifikationen vorzunehmen sind. Oftmals ist es für ein Innovationsprojekt notwendig, komplette Fertigungseinrichtungen in Form von Sondermaschinen oder Spezialausrüstungen neu zu beschaffen. Diese sind dann in geeigneter Form in das bestehende Produktionslayout zu integrieren.

Aufgrund verschiedener Restriktionen, wie z.B. Effizienz- und Kapitalbarrieren, kann ein Unternehmen oftmals nur einen Teil des angestrebten Leistungsangebotes selbst produzieren. Verschiedene Vor- oder Teilleistungen werden auf anderen Märkten beschafft. Daher ist zunächst in Zusammenarbeit z.B. mit dem Einkauf und der Entwicklungsabteilung für jedes Einzelteil des innovativen Produktes zu entscheiden, ob das Teil vom Unternehmen selbst gefertigt oder fremdbezogen werden soll.[137] Solche Entscheidungen besitzen insofern strukturellen Charakter, als sie gleichzeitig eine Entscheidung über den Grad der Fertigungstiefe des Unternehmens darstellen.[138]

Zwischen den beiden Extremen - vollständige Eigenfertigung und ausschließlicher Einkauf am Markt - gibt es viele Mischformen, die in der Praxis relevant sind. Neben dem primären Vergleich der Kosten sind für die Make-or-buy-Entscheidung weitere Kriterien zu beachten, u.a. das im Unternehmen vorhandene F&E-Know-how, die zu erwartenden Lieferfristen sowie die Abschätzung der Liefertreue externer Partner.[139] Zur Entscheidung von Make-or-buy-Analysen wurden Normstrategien entwickelt, die zur Entscheidungsunterstützung herangezogen werden können.[140]

---

135 Vgl. Heyde/Laudel/Pleschak/Sabisch, 1991, S. 56 f.

136 Vgl. hierzu Corsten, 1994, S. 387 ff.; Reichwald/Dietel, 1991, S. 445 ff.

137 Vgl. Heyde/Laudel/Pleschak/Sabisch, 1991, S. 43.

138 Vgl. Reichwald/Dietel, 1991, S. 422 ff.

139 Vgl. Heyde/Laudel/Pleschak/Sabisch, 1991, S. 43.

140 Die Bildung der Normstrategien erfolgt anhand bestimmter Kriterien, z.B. der Unternehmensspezifität der Aufgabe und der strategischen Bedeutung der F&E-Aufgabe (vgl. Kupsch/Marr/Picot, 1991, S. 1121).

Im Rahmen der Beschaffungspolitik ist das potentielle Beschaffungsprogramm in artmäßiger, qualitativer und mengenmäßiger Hinsicht zu bestimmen.[141] Die Beschaffung bezieht sich auf Fertigungsmaterial und Hilfsstoffe, handelsübliche sowie nicht handelsübliche, von Zulieferern gefertigte Einzelteile, Bauelemente und Baugruppen. Damit sind Grundsatzentscheidungen über das beschaffungspolitische Instrumentarium verbunden. Dies beinhaltet u.a. Entscheidungen über Art, Anzahl und räumliche Aufteilung der Lieferanten, die Zirkulationsart, die Transportart und Verpackung, die Liefermengen und -preise und Lieferzyklen der zu beziehenden Produkte. Die Beschaffungspolitik gewinnt dann zusätzliche Bedeutung, wenn qualitativ neuartige Baugruppen und Bauelemente benötigt werden, die auch bei den Zulieferern wesentliche Innovationen voraussetzen.[142]

Neben den Entscheidungen zur Produktionsstruktur sind bei der Serienvorbereitung und -einführung Prozeßentscheide hinsichtlich der Produktionsplanung und -steuerung zu treffen. Dazu gehören Entscheidungen über das aktuelle Produktionsprogramm, die Materialbedarfsplanung, die Materialbeschaffung und Materialbestandsführung, die Planung sowie die Steuerung und Kontrolle des Produktionsprozesses.[143] Dabei begrenzen die bereits genannten strukturellen Gegebenheiten den Entscheidungsspielraum. Darüber hinaus muß das neue Produkt in die Produktionsplanung und -steuerung für die bestehenden Produkte integriert werden.

Bei der Planung des Produktionsprogramms[144] werden die herzustellenden Erzeugnisse nach Art und Menge für einen definierten Planungszeitraum festgelegt.[145] Ergebnis ist das Produktionsprogramm, das verbindlich festlegt, welche Produkte in welchen Stückzahlen zu welchen Zeitpunkten gefertigt werden sollen.[146] Bedingt durch die hohe Unsicherheit hinsichtlich der nachgefragten Mengen von neuen Produkten, erscheint es hierbei notwendig, eine gewisse Flexibilität des Programms sicherzustellen. Dies kann durch Anpassungsmaßnahmen in zeitlicher (Überstunden oder Sonderschichten), intensitätsmäßiger (Erhöhung der Produktionsgeschwindigkeit) und quantitativer (Beschaffung

---

141 Vgl. Reichwald/Dietel, 1991, S. 465.

142 Vgl. Heyde/Laudel/Pleschak/Sabisch, 1991, S. 62 f.

143 Angelehnt an Reichwald/Dietel, 1991, S. 479 ff.

144 Neben dem Begriff des Produktionsprogramms, der im folgenden verwendet werden soll, wird in der Literatur eine Vielzahl von Begriffen, die nicht immer Synonyme darstellen, genutzt, z.B. Erzeugnisprogramm, Fertigungsprogramm und Sortiment (vgl. hierzu Kern, 1979, Sp. 1564 f.).

145 Diese Betrachtungsweise wird von Corsten noch ergänzt, der neben der zeitlichen und quantitativen auch eine qualitative Komponente nennt (vgl. Corsten, 1994, S. 190).

146 Vgl. Reichwald/Dietel, 1991, S. 481.

weiterer maschineller Anlagen, Einrichtung zusätzlicher Arbeitsplätze) Form erfolgen.[147] Zur Produktionsprogrammplanung werden sowohl qualitative als auch quantitative Modelle eingesetzt.[148]

Aufgabe der Materialbedarfsplanung ist es, auf Grundlage vorliegender Informationen über den Primärbedarf die Art, Menge und den Bedarfszeitpunkt der benötigten Einsatzgüter (Sekundärbedarf) zu ermitteln.[149] Die Planung des Materialbedarfs kann dabei qualitativ oder quantitativ - bedarfs- oder verbrauchsgesteuert - erfolgen. In der Praxis häufig eingesetzt werden Selektionsverfahren, wie z.B. die ABC-Analyse.[150]

Die Materialbeschaffung und Lagerhaltung umfaßt alle Entscheidungen über Beschaffungs- bzw. Bestellmengen und den Bestellzeitpunkt. Die erforderlichen Planungsaktivitäten betreffen die Art der Beschaffung sowie die geeignete Form der Lagerhaltung. Für eine ausführliche Diskussion dieser Themenstellung sei auf die weiterführende Literatur verwiesen.[151]

Die Planung des Produktionsprozesses hat die zeitliche Koordinierung und Abstimmung der einzelnen Fertigungsaufträge zum Ziel. Dieser Planungsprozeß läßt sich in die drei Teilbereiche Losgrößenbestimmung (Zusammenfassung einzelner Fertigungsaufträge zu Losen, z.B. unter Wirtschaftlichkeitsaspekten), Durchlaufterminierung (Festlegung der Anfangs- und Endtermine der Arbeitsgänge sämtlicher Aufträge) und Kapazitätsterminierung (Abgleich zwischen dem Kapazitätsangebot und Kapazitätsbedarf) unterteilen.[152]

Im Rahmen der Steuerung und Kontrolle des Produktionsprozesses erfolgt eine Feinterminierung, bei der die Reihenfolge der einzelnen Produktionsaufträge und die Maschinenbelegung festgelegt wird. Durch die Fertigungsüberwachung wird sichergestellt, daß die Terminvorgaben eingehalten und bei Störungen des Produktionsablaufs gegebenenfalls Korrekturmaßnahmen ergriffen werden.[153]

---

147 Vgl. Reichwald/Dietel, 1991, S. 481 f.

148 Ein Überblick über verschiedene Modelle findet sich u.a. in Corsten, 1994, S. 190 ff.; Reichwald/Dietel, 1991, S. 481 ff.; Warnecke, 1993, S. 247 ff.

149 Vgl. Reichwald/Dietel, 1991, S. 491 ff. Bei der Materialbedarfsplanung spielen Stücklisten eine wesentliche Informationsgrundlage.

150 Für eine ausführliche Diskussion der Materialbedarfsplanungsinstrumente vgl. Corsten, 1994, S. 333 ff.; Reichwald/Dietel, 1991, S. 491 ff.; Warnecke, 1993, S. 191 ff.

151 Vgl. u.a. Reichwald/Dietel, 1991, S. 509 ff.

152 Vgl. Reichwald/Dietel, 1991, S. 536 ff.

153 Vgl. Reichwald/Dietel, 1991, S. 561 ff.

3.4.2 Serienbegleitung und -optimierung

Die Serienbegleitung und -optimierung befaßt sich mit ständigen Verbesserungen in der Produktion nach Serienbeginn und mit dem Einsatz von Prozessinnovationen zur Erhöhung der Produktivität, Produktqualität, Sicherheit und Umweltverträglichkeit des Herstellungsvorgangs.[154]

Die Verfügbarkeit neuer Produkt- oder Prozeßtechnologien kann Produktänderungen oder -variationen hervorrufen.[155] Der Begriff der „neuen Prozeßtechnologien" beinhaltet dabei ein breites Spektrum, das sowohl einzelne Technologien als auch neue EDV-gestützte Produktionskonzepte einschließt.[156] Die positiven Wirkungen der neuen Technologien können dabei in allen drei Dimensionen Zeit, Kosten und Qualität gleichermaßen erfolgen. Neben den Produkt- und Prozeßtechnologien ist eine Einbindung der Informations- und Werkstofftechnologien als Determinanten der Produkt- und Prozeßtechnologien unverzichtbar.[157] Aus diesen vier Aspekten ergibt sich nach Klingebiel das technologische Viereck:

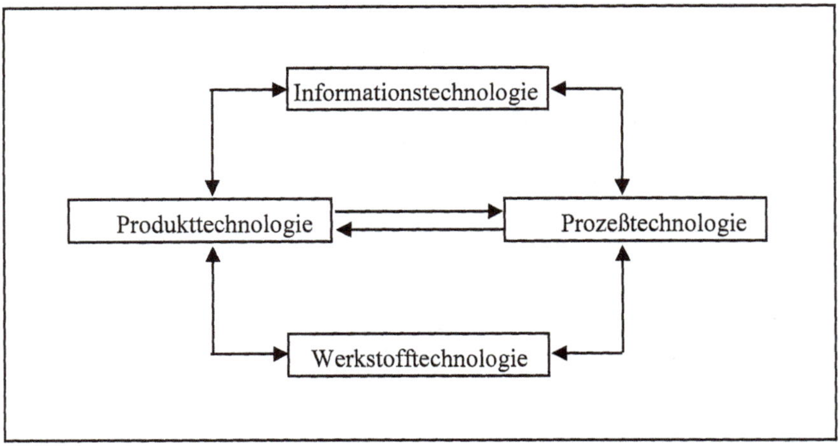

Abbildung 21: Technologisches Viereck
Quelle: Klingebiel, 1989, S. 58

---

[154] Vgl. Kupsch/Marr/Picot, 1991, S. 1077.

[155] Brockhoff beschreibt ergänzend, daß neben der Verfügbarkeit neuer Produkt- oder Prozeßtechnologien noch ein Wandel der Bedürfnisstruktur der Nachfrager und ein Wandel der Angebotsstruktur der Konkurrenten als Gründe für Produktänderungen oder -variation angeführt werden können (vgl. Brockhoff, 1993, S. 268 ff.).

[156] Vgl. Klingebiel, 1989, S. 47.

[157] Vgl. Zahn, 1987, S. 486.

In der Literatur finden sich Hinweise darauf, daß sich die Schwerpunkte der Prozeßinnovationen verändern. Waren in der Vergangenheit die Schwerpunkte auf die weitere Mechanisierung der Produktionsprozesse und die Erhöhung der Durchflüsse gerichtet, so sind mittlerweile neue Schwerpunkte in der verbesserten Flexibilität des Produktionsbereichs und in der Nutzung von Informationsverarbeitung zur Produktionssteuerung und -überwachung erkennbar.[158]

Weitere Prozeßinnovationen können sich aus technischen Verfahren der Be- und Verarbeitung von Stoffen (z.B. Umformen, Montieren) sowie der Bewegung von Stoffen (Transport, Lagerung, Koordination zwischen verschiedenen Bearbeitungsvorgängen) ergeben.[159]

Auch Sozialinnovationen können durch Veränderungen im rechtlichen, organisatorischen oder personalen Bereich zu Verbesserungen führen, so z.B. durch neuartige Formen der Leistungsbewertung und des Entgelts oder neuartige Formen der Arbeitsorganisation, wie Gruppenarbeit oder Inselorganisation.[160]

Effizienzsteigerungen in der Produktion ergeben sich jedoch nicht nur aufgrund neuer Technologien, sondern auch aufgrund von Übungseffekten. „Als Erfahrungskurve wird der funktionale Zusammenhang zwischen der kumulierten Produktmenge und den Stückkosten bezeichnet“[161].

Der empirisch gestützte Erfahrungskurveneffekt hat zum Inhalt, daß bei einer Verdopplung der im Zeitablauf kumulierten Produktmenge mit einem Rückgang der Stückkosten um einen konstanten Prozentsatz (10 - 30%)[162] zu rechnen ist.[163] Wesentliche Ursachen hierfür sind Lerneffekte durch Übungsgewinne, Kostendegression durch Volumenerhöhung und Kapazitätseffekte sowie technischer Fortschritt und Rationalisierungsmaßnahmen.[164] Die Erfahrungskurve bezieht sich auf reale Kosten, die erfaßten Kostenzahlen sind also um Geldwertschwankungen zu bereinigen. Die Kostensenkung erfolgt dabei nicht gesetzmäßig automatisch, durch die kumulierte Erfahrung existiert vielmehr ein steigen-

---

158 Vgl. z.B. Brockhoff, 1987, S. 241 ff. und Klingebiel, 1989, S. 132 ff.

159 Vgl. Kupsch/Marr/Picot, 1991, S. 1077.

160 Vgl. Kupsch/Marr/Picot, 1991, S. 1077.

161 Dellmann/Pedell, 1994, S. 103.

162 Vgl. Reichwald/Dietel, 1991, S. 416. Andere Autoren sprechen davon, daß der Prozentsatz der Kosteneinsparung im Minimalfall bei rund 20% der Wertschöpfungskosten (alle Kosten, die nicht als Materialkosten im Produkt körperlich vorhanden sind) und im Maximalfall bei 30% der vollen Stückkosten liegt. In nicht mehr wachsenden Märkten sinken diese Sätze auf 10 bis 15% (vgl. Gälweiler, 1990, 244 ff.).

163 Vgl. Henderson, 1974, S. 19.

164 Vgl. Coenenberg, 1992, S. 172 ff.

des Kostensenkungspotential, das Unternehmen nutzen können.[165] Die Stückkosten umfassen eigentlich nur die Wertschöpfungskosten, verschiedene Autoren weisen jedoch darauf hin, daß auch bei Zulieferern Erfahrungskurveneffekte auftreten können.[166]

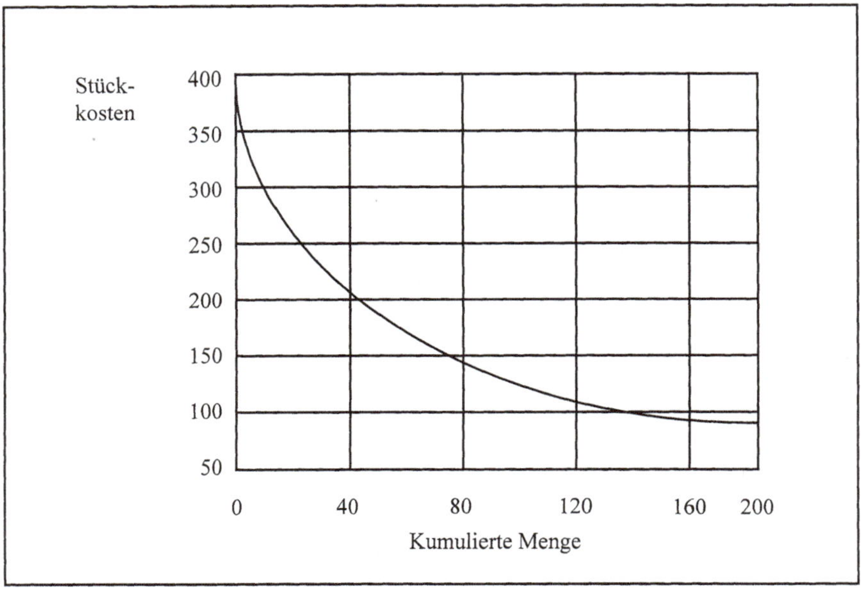

Abbildung 22: Erfahrungskurve der Produktion
Quelle: Henderson, 1974, S. 21

Das Konzept der Erfahrungskurve wird als Erklärungsansatz von vielen Autoren kritisch beurteilt,[167] insbesondere da der Zusammenhang zwischen kumulierter Menge und Stückkostenentwicklung wegen fehlender theoretischer Fundierung nur in grober Weise erklärt werden kann und mess- und datentechnische Probleme der zugrundeliegenden Studien betont werden.[168] Dennoch macht das Konzept der Erfahrungskurve den langfristigen Erfolg einer Reihe von Unternehmen verständlich.[169]

---

165 Vgl. Kühn/Grünig, 1998, S. 86 und Gälweiler, 1990, S. 37 f.
166 Vgl. Kühn/Grünig, 1998, S. 85.
167 Vgl. z.B. Gälweiler, 1990, S. 250 ff.
168 Vgl. Kühn/Grünig, 1998, S. 90.
169 Vgl. Kühn/Grünig, 1998, S. 90.

Im folgenden werden als Befähigungsfaktoren der Produktionsphase die Qualitätsprüfung und -lenkung, das Schnittstellenmanagement und das betriebliche Vorschlagswesen dargestellt.

3.4.3 Qualitätsprüfung und -lenkung

Nachdem in der Entwicklungsphase unter anderem die Anforderungen an die technische Qualität der Produktinnovation festgelegt wurden, wird in der Produktionsphase überprüft, ob bei der Herstellung die Qualitätsanforderungen tatsächlich eingehalten werden. Die wesentlichen Qualitätssicherungsaufgaben[170] in der Produktionsphase beziehen sich auf die Qualitätskontrolle bzw. -prüfung und Qualitätssteuerung bzw. -lenkung.[171]

Qualitätskontrolle bezeichnet einen Vergleich von Sollqualität und Istqualität, der als Grundlage zur Bestimmung von Fehlern dient.[172] Werden Fehler ermittelt, sind nicht nur die entsprechenden Teile nachzubearbeiten bzw. auszusondern, sondern es sollte auch eine Ergründung der Ursachen erfolgen. Generell können folgende Fehlerursachen unterschieden werden:[173]

1) situationsbedingte Fehler
- maschinenbedingt
- materialbedingt
- methodenbedingt

2) menschenbedingte/verhaltensbedingte Fehler
- unmittelbar durch Umweltursachen wie Beleuchtung oder Geräusche bedingt
- unmittelbar durch den Menschen bedingt (z.B. Mangel an Wissen/Können, Mangel an Sorgfalt/Aufmerksamkeit).

Die Ursachenforschung bei auftretenden Fehlern sowie die Ergreifung von Gegenmaßnahmen ist eine der zentralen Aufgaben der Qualitätssteuerung. Maßnahmen, welche die qualitätsmindernden Störungen im Produktionsprozeß be-

---

170 Unter Qualitätssicherung werden im folgenden alle organisatorischen und technischen Maßnahmen verstanden, die der Schaffung und Erhaltung der Qualität dienen. Die drei wesentlichen Teilfunktionen sind die Qualitätsplanung, -prüfung und -steuerung (vgl. Gabler Wirtschaftslexikon, 1995, S. 2740). Die Aspekte der Qualitätsplanung wurden bereits im Rahmen der Entwicklungsphase in Kapitel 3.3.3 diskutiert.

171 Vgl. Warnecke, 1993a, S. 115 ff. Die Begriffe Qualitätskontrolle und -prüfung bzw. Qualitätssteuerung und -lenkung werden oftmals als Synonym verwendet (vgl. Gabler Wirtschaftslexikon, 1995, S. 2740).

172 Vgl. Corsten, 1994, S. 148.

173 Vgl. Corsten, 1994, S. 149.

seitigen helfen, können z.B. in einem rechtzeitigen Werkzeugwechsel mit entsprechender vorbeugender Instandhaltung liegen. Weiterführende Maßnahmen können in einer Änderung der Qualitätsanforderungen bestehen, was einen Rückkoppelungsprozeß mit der Produktentwicklung darstellt. Es können auch weiterhin Änderungen der Produktionsverfahren erfolgen.

Tabelle 8 zeigt die Aufgaben von Qualitätskontrolle und -steuerung im Rahmen der Qualitätssicherung, angelehnt an Warnecke, im Überblick.[174]

Qualitätskontrolle	Prüfdurchführung in Wareneingang, Fertigung und Montage Qualitätsinformationsanalyse (Qualitätsdatenerfassung /-verarbeitung) Audit
Qualitäts-steuerung	Fehlerursachenanalyse Maßnahmen zur Fehlerverhütung Schulung und Motivation der Mitarbeiter Berichterstattung Erfassung von Fehlerverhütungskosten, Prüfkosten und Fehlerkosten Verfolgen von Verbesserungsmaßnahmen

Tabelle 8: Qualitätssicherung in der Realisierungsphase
Quelle: angelehnt an Warnecke, 1993a, S. 117 f.

Zur Erreichung einer wirtschaftlichen Qualitätssicherung sind auch nach Abschluß der eigentlichen Produktion Qualitätskontrollfunktionen notwendig. Diese Aufgaben beziehen sich auf die betriebswirtschaftliche Erfolgskontrolle und beinhalten die Erfassung und Ausweisung von Qualitätskosten sowie die Rückmeldung von Qualitätsinformationen zur ständigen Qualitätsverbesserung. Die Qualitätskosten können nach einem Ansatz der Deutschen Gesellschaft für Qualität e.V. in die drei Klassen Fehlerverhütungskosten, Prüfkosten und Fehlerkosten unterteilt werden.[175] In den bestehenden Systemen zur Kosten- und Leistungsbewertung sind Qualitätskosten jedoch oft nur mangelhaft berücksichtigt, weshalb zu fordern ist, daß diese Systeme entsprechend der meist großen Bedeutung des Kostenfaktors Qualität angepaßt werden.[176]

Verschiedene Methoden der Qualitätssicherung versuchen, einen systematischen Qualitätssicherungsansatz für Projekte zu verfolgen.[177] Beispiele hierfür sind die Methoden des Quality Function Deployment und der Fehlermöglich-

---

[174] Warnecke definiert als Produktentstehungsphasen die Definition, Planung, Realisierung und Kontrolle (vgl. Warnecke, 1993a, S. 116 ff.). Da in dieser Arbeit die Kontrolle als keine eigenständige Phase betrachtet wird, erfolgt eine entsprechende Zusammenfassung der Aufgaben der Qualitätssicherung.

[175] Vgl. Dellmann/Pedell, 1994, S. 74; Warnecke, 1993a, S. 118 f.

[176] Vgl. Kaluza, 1994, S. 398 f.

[177] Ein Überblick über die Entwicklung der Total Quality Konzepte und Methoden findet sich z.B. in Zink, 1992, S. 73 ff. Vgl. auch Kapitel 3.3.3 dieser Arbeit.

keits- und Einflußanalyse (FMEA).[178] Die beiden genannten Verfahren setzen schon bei der Produktentwicklung bzw. -konstruktion an und sind im Rahmen der Entwicklungsphase besprochen worden. Vom Einsatzzweck weniger umfangreiche, aber dennoch hilfreiche Methoden, die sich enger auf die Produktionsphase beziehen, sind die statistische Versuchsplanung, die statistische Prozeßregelung, Abnahmeprüfungen, Fehlerbaum- und Ereignisablaufanalysen sowie die Prüfmittelüberwachung.[179] Die Aufgaben der Qualitätssicherung können sehr gut mittels rechnergestützter Verfahren wie Computer Aided Quality Assurance (CAQ), die eine Teilkomponente des CIM darstellen, unterstützt werden.[180]

3.4.4 Schnittstellenmanagement in der Produktionsphase

Auch im Rahmen der Produktionsphase sind Informations- bzw. Kommunikationsprozesse mit den anderen Funktionsbereichen des Unternehmens von hoher Wichtigkeit. Diese beziehen sich insbesondere auf die Schnittstelle zwischen dem Produktionsbereich einerseits und den Bereichen Entwicklung, Einkauf und Marketing andererseits.

Im Hinblick auf die Produktentwicklung hat die Produktion bereits während der Konstruktion eine technologische Beratung und Begutachtung der Konstruktion (Konstruktionskritik) vorzunehmen. Weiterhin sind die Konstruktionsunterlagen in technologischer Hinsicht zu analysieren, und in Iterationszyklen ist die Fertigungsreife zu bestimmen.[181] Probleme, die im Verlauf des Produktionsprozesses auftreten, können unter Umständen durch konstruktive Veränderungen in Zusammenarbeit mit dem Entwicklungsbereich gelöst werden. Nach Serieneinführung sind Verbesserungsmaßnahmen, die z.B. in einer veränderten Materialauswahl bestehen, durch beide Bereiche zu koordinieren.

Zwischen den Funktionsbereichen Einkauf und Produktion hat bereits im Rahmen der Serienvorbereitung und -einführung ein intensiver Informations- und Kommunikationsaustausch stattzufinden, um die benötigten Materialien recht-

---

[178] Wie bereits dargestellt, ist das wesentliche Ziel des Quality Function Deployment die systematische Übernahme von Kundenanforderungen für die Innovation. Das Ziel der FMEA ist im wesentlichen die Fehlervermeidung. Eine Beschreibung der Methoden findet sich z.B. in Warnecke, 1993a, S. 120 ff. Einen Überblick über die Grundprinzipien der beiden Verfahren bieten für QFD auch Schröder/Zenz, 1996, S. 1697 ff., für FMEA Kersten, 1996, S. 512 ff.

[179] Eine Beschreibung der Methoden findet sich z.B. in Warnecke, 1993a, S. 128 ff.

[180] Vgl. Dellmann/Pedell, 1994, S. 91 und S. 99.

[181] Vgl. Heyde/Laudel/Pleschak/Sabisch, 1991, S. 42.

zeitig und in der geforderten Menge und Qualität verfügbar zu haben.[182] Die im Produktionsbereich eingesetzten Fertigungs- und Verfahrenstechniken bestimmen dabei maßgeblich die Anforderungen an die zu beschaffenden Materialien und bilden die Grundlage für die sachliche Diskussion.[183] Im Rahmen der Serienbegleitung und -optimierung sind Maßnahmen z.B. der technischen Entfeinerung bei effizientem Schnittstellenmanagement zwischen den Bereichen viel eher möglich und erfolgreich.[184]

Für den Marketingbereich werden von der Produktion wesentliche Grundlagen für die Preispolitik gelegt, da hier Unterlagen für die Vorkalkulation und Preisbildung erarbeitet werden.[185] Weiterhin wird durch die Auslegung der Produktionskapazitäten das maximale Absatzpotential festgelegt. Im Verlaufe des Serienanlaufs und der Serienfertigung ist dabei ein ständiger Informationsaustausch erforderlich, z.B. über die Anlaufkurve des neuen Produktes, das die erforderliche Produktionsmenge mitbestimmt, das Qualitätsniveau und mögliche Veränderungen des Produktes.

3.4.5 Betriebliches Vorschlagswesen

Das Betriebliche Vorschlagswesen (BVW) kann als „dauerhafte betriebliche Einrichtung zur Förderung, Begutachtung, Anerkennung und Verwirklichung von Verbesserungsvorschlägen der Mitarbeiter einer Unternehmung oder einer Behörde“ [186] definiert werden. Das BVW dient dabei folgenden drei Zielsetzungen:[187]

Rationalisierung: Die Rationalisierung kann als das traditionelle Motiv des BVW bezeichnet werden. In der bis ins 19. Jahrhundert zurückreichenden Tradition dieses Instruments waren die frühen Konzeptionen primär auf die Erreichung von Produktivitätssteigerung, Synergieeffekten und höherer Effizienz der betrieblichen Ablauforganisation gerichtet.

Personal- und Mitarbeiterführung: In diesem Bereich dient das BVW in erster Linie der Motivation und der Entwicklung der Mitarbeiter.

---

182 Zu den allgemeinen Aufgaben des Einkaufs und der Zusammenarbeit mit der Produktion vgl. Arnold, 1995, S. 1 ff.; Fearon/Dobler/Killen, 1992, S. 3 ff.; Arnolds/Heege/Tussing, 1993, S. 21 ff.; Grunwald, 1993, S. 181 ff. und Harlander/Platz, 1991, S. 13 ff.

183 Vgl. Arnold, 1995, S. 44.

184 Die Kompetenz des Einkaufs in technischen Fragen stellt dabei nach Kern eine wesentliche Grundvoraussetzung für die erfolgreiche Zusammenarbeit dar (vgl. Kern, 1995, S. 124).

185 Vgl. Heyde/Laudel/Pleschak/Sabisch, 1991, S. 42.

186 Thom, 1992, S. 29.

187 Vgl. Thom, 1996; S. 2227; Thom 1993, S. 27 ff.; Urban, 1993, S. 27 ff.

Innovation: Durch das BVW soll eine permanente Innovation in kleinen Schritten erreicht werden. Dabei ist es wichtig, die beiden Begriffe Innovation und BVW voneinander abzugrenzen. Mit Innovation sind sämtliche Änderungen innerhalb des Unternehmens umschrieben, die nach dem Sachziel in Produkt-, Verfahrens- und Sozialinnovationen unterschieden werden können. Als Verbesserungsvorschläge werden jedoch nur kleinere Innovationen, d.h. Innovationen mit einem relativ geringen Innovationsgrad, bezeichnet.[188]

Insbesondere aus der letztgenannten Zielsetzung kann abgeleitet werden, daß das BVW ein wesentlicher Befähigungsfaktor der Produktionsphase ist. Durch das BVW sind insbesondere Verbesserungen bei der Serienbegleitung und -optimierung möglich.

Das Grundelement für das BVW ist der Verbesserungsvorschlag. An diesen werden - z.B. als Abgrenzung zu Fehlerhinweisen - nach übereinstimmender Auffassung in der Literatur die folgenden Anforderungen gestellt:[189]

- Er muß den genauen Lösungsweg zur Verbesserung des gegenwärtigen Zustandes enthalten.
- Er muß eine nutzenbringende Neuerung darstellen, die auch durchführbar ist.
- Er wird nur dann prämiert, wenn er eine über die Dienstpflichten hinausgehende, freiwillige Sonderleistung des Arbeitnehmers darstellt.

Der Ablauf des BVW kann nach folgendem Grundprinzip funktionieren:[190] Ein Mitarbeiter reicht seinen Verbesserungsvorschlag an einen speziellen Beauftragten für das Vorschlagswesen ein. Der Beauftragte läßt den Vorschlag durch Fachgutachter prüfen. Die Gutachten werden zusammen mit dem Verbesserungsvorschlag vor eine betriebliche Kommission gebracht, die aus Management- und Arbeitnehmervertretern besteht. Diese Kommission entscheidet über Annahme oder Ablehnung des Vorschlags sowie gegebenenfalls über die Form der Anerkennung.

Wie bereits erwähnt, dient das BVW auch der Verfolgung innovationsspezifischer Unternehmensziele. Somit kann das BVW als eines der Innovationsinstrumente bezeichnet werden.[191] Thom geht davon aus, daß sich das BVW mit weiteren Innovationsinstrumenten, wie z.B. Qualitätszirkeln oder Kreativitätstechniken, zu einem Innovationsinstrumente-Mix zusammenführen läßt:

---

188 Vgl. Urban, 1993, S. 23.
189 Vgl. Thom, 1992, S. 29 und Urban, 1993, S. 21 f.
190 Vgl. Thom, 1992, S. 29.
191 Vgl. Thom, 1980, S. 500 und Thom 1992, S. 29 f.

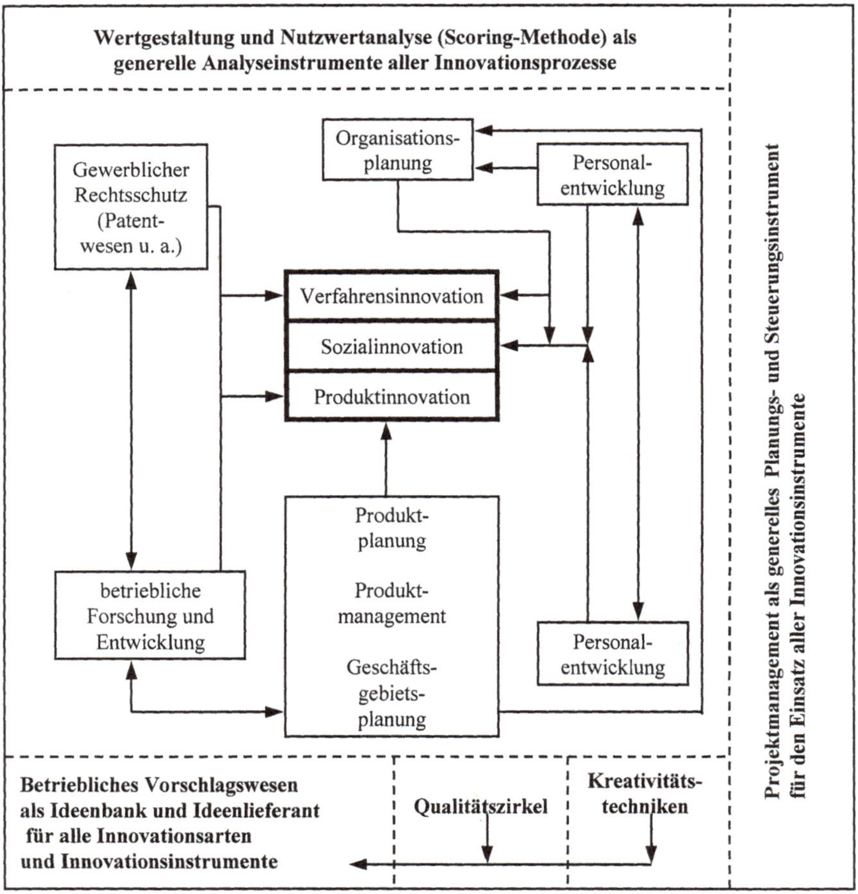

Abbildung 23: Innovationsinstrumente-Mix
Quellen: Thom, 1980, S. 500; Thom, 1993, S. 121

Es ist allerdings nochmals zu betonen, daß das BVW und die Qualitätszirkel in erster Linie Innovationen mit geringen Neuigkeitsgraden hervorbringen. Sollen Ideen generiert werden, die große Innovationssprünge darstellen, ist in der Regel die Anwendung von Kreativitätstechniken besser geeignet.

3.5 Absatzphase

Die wesentliche Aufgabe der Absatzphase ist in der Literatur üblicherweise als Einführung des serienreifen Produktes am Markt definiert.[192] Zur Markteinführung sind von Unternehmensseite eine Vielzahl von Aktivitäten erforderlich, die dem eigentlichen Zeitpunkt der Markteinführung vor- oder nachgelagert sein können. Diese Aktivitäten betreffen „eine Fülle von Fragen, die rechtliche Aspekte, Standorte, Klärungen von Produktions-, Distributions-, Kommunikationsmöglichkeiten usw. betreffen“[193]. Im folgenden werden die zentralen Entscheidungen über den Einführungszeitpunkt und den geographischen Ort der Markteinführung diskutiert und dabei die Teilphasen des Markteintritts und der Adoption und Diffusion definiert. Weiterhin werden die Befähigungsfaktoren der Entscheidungen der Kernzielgruppen des Produktes und des geeigneten Marketing-Mix erörtert. Abschließend wird das Schnittstellenmanagement in der Absatzphase dargestellt.

3.5.1 Zeitliche und geographische Entscheidungen der Markteinführung

Die Entscheidung über den Zeitpunkt der Markteinführung im Hinblick auf andere Wettbewerber, d.h. die Leader-Follower-Thematik, wird als strategische Fragestellung im Kapitel 3.6.2 der Strategischen Begleitphase diskutiert werden. Im Rahmen der Absatzphase gilt es darüber hinaus, auch taktische Gesichtspunkte mit in die zeitlichen Überlegungen einzubringen. Unter taktischen Gesichtspunkten ist z.B. zu entscheiden, ob bei einer Handelspräsentation Saisoneffekte zu berücksichtigen sind oder auf welcher von mehreren verschiedenen Messen die Erstpräsentation des neuen Produktes stattfinden soll.[194]

Ein weiterer zeitlicher Aspekt neben dem Zeitpunkt der Markteinführung bezieht sich auf die Dauer des Markteinführungsprozesses. Zur Dauer der Absatzphase wurden unterschiedliche Theorien entwickelt: Betrachtet man den Innovationsprozeß in einem engeren Sinne, so besteht die Marktphase lediglich in der kurzen Zeitspanne der eigentlichen Einführung des Produktes am Markt.[195] Dagegen umfaßt die Perspektive des Innovationsprozesses im weiteren Sinne auch die Verbreitung, d.h. die Diffusion des Produktes.

„Die Diffusion einer Innovation bezeichnet das Ausmaß und die Geschwindigkeit ihrer marktlichen Ausbreitung“[196], d.h. die zeitliche Entwicklung der Zahl

[192] Vgl. Kupsch/Marr/Picot, 1991, S. 1076.
[193] Brockhoff, 1993, S. 254.
[194] Vgl. Brockhoff, 1993, S. 255.
[195] Vgl. Brockhoff, 1994, S. 28.
[196] Kupsch/Marr/Picot, 1991, S. 1076.

derjenigen, die eine Innovation übernehmen. Der Fortschritt der Diffusion einer Innovation im Markt ist durch die statistische Verteilung der individuellen Adoptionszeiten bestimmt. Die Adoptionszeit bezeichnet dabei die zeitliche Verzögerung, mit der ein Individuum im Vergleich zum ersten Adopter die Innovation übernimmt. Für die Verteilung der individuellen Adoptionszeiten wird in der Regel eine glockenförmige Verteilung angenommen, aus der eine S-förmige Diffusionskurve resultiert (vgl. Abbildung 24).[197] Welche Typen von Individuen damit assoziiert und welche Anteile an der Gesamtbevölkerung diesen zugeschrieben werden ist gleichfalls der Abbildung zu entnehmen.[198]

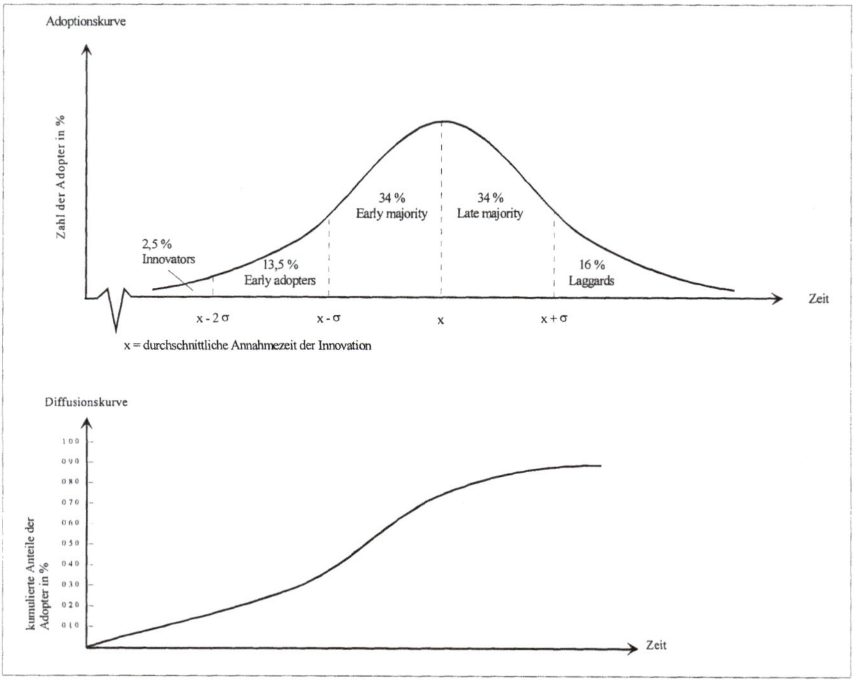

Abbildung 24: Typische Adoptions- und Diffusionskurven
Quelle: Nieschlag/Dichtl/Hörschgen, 1991, S. 173

Ein Unternehmen kann durch geeignete Marketingmaßnahmen, wie im vorherigen Abschnitt beschrieben, auf den Verlauf der Diffusionskurve einer Produktinnovation Einfluß nehmen. Wird z.B. eine große Werbekampagne gestartet, so ist ein bestimmter Prozentsatz von Adoptern schon nach relativ kurzer Zeit er-

---

197 Vgl. Nieschlag/Dichtl/Hörschgen, 1991, S. 173.

198 Vgl. Rogers, 1962, S. 161 ff.

reicht. Daher sind im Rahmen der Absatzphase Überlegungen notwendig, wieviel finanzielle Mittel für derartige Maßnahmen zur Verfügung gestellt werden sollen.

Bezüglich des geographischen Orts der Markteinführung ist u.a. zu entscheiden, ob das Produkt von Anfang an im gesamten Markt eingeführt werden soll oder ob zunächst Teilmärkte bedient werden sollen. Die Einführung eines Produktes auf einem Teilmarkt kann insbesondere aufgrund von noch nicht voll ausgebauten Produktionskapazitäten oder aufgrund beschränkter Finanzmittel sinnvoll sein.

3.5.2 Entscheidungen bezüglich Kernzielgruppen und Marketing-Mix

Zu Beginn der Produkteinführung ist es sinnvoll, Werbe- und Distributionsanstrengungen auf die Zielgruppen zu konzentrieren, die den größten Erfolg versprechen. Merkmale solcher Kernzielgruppen sind: ein früher Adoptionszeitpunkt des Produktes, eine hohe Intensität der Produktnutzung, Meinungsführerschaft und Erreichbarkeit unter niedrigen Kosten. Von der geeigneten Auswahl dieser Zielgruppen hängt es ab, wie schnell sich das Produkt am Markt insgesamt ausbreitet.

Unter Marketing-Mix wird die qualitative, quantitative und zeitliche Kombination der Marketinginstrumente verstanden mit dem ein Unternehmen seine Marketingziele zu erreichen sucht.[199] Die Entscheidungen über das Marketing-Mix beziehen sich auf die vier zentralen Bestandteile der Marketing-Politik: Produktpolitik, Preispolitik, Kommunikationspolitik und Distributionspolitik.[200] In der amerikanischen Marketingliteratur werden diese Komponenten auch als die „vier P's" (product, price, promotion, place) beschrieben.[201] Dieser wohl am weitesten verbreitete Gliederungsvorschlag geht zurück auf McCarthy.[202] Abbildung 25 gibt einen Überblick über die wesentlichen Inhalte der 4 Bereiche, die auch als Submixe des Marketing bezeichnet werden.[203]

---

[199] Vgl. Kaas, 1994, S. 682. Zum Begriff des Marketing-Mix vgl. auch Kühn, 1995, Sp. 1615 ff.

[200] Vgl. Nieschlag/Dichtl/Hörschgen, 1991, S. 23 f.; zu einer vergleichenden Darstellung verschiedener Systematisierungsansätze des absatzpolitischen Instrumentariums vgl. Wöhe, 1986, S. 538 f.

[201] Vgl. z.B. Kotler, 1991, S. 64.

[202] Vgl. McCarthy, 1981.

[203] Vgl. Kühn, 1997, S. 4.

product Produkt	**place** Distribution	**promotion** Kommunikation	**price** Preis
• Qualität • Eigenschaften und Zusatzausstattung • Styling • Markennamen • Verpackung • Größen • Serviceleistungen • Garantieleistungen • Rückgabemöglichkeiten	• Absatz • Verteildichte • Bezugsquellenstandorte • Lagerbestände • Transportträger	• Werbung • Persönlicher Verkauf • Verkaufsförderung • Produktpublizität	• Listenpreis • Rabatte und Nachlässe • Zahlungsbedingungen • Kreditbedingungen

Abbildung 25: Submixe des Marketing-Mix gemäß den vier „P's"
Quelle: Kühn, 1997, S. 5

Nieschlag/Dichtl/Hörschgen definieren die Produktpolitik im Rahmen des Marketing-Mix wie folgt: „Die Produktpolitik erstreckt sich auf die eigentliche Produktqualität, worunter in erster Linie die Festlegung bzw. Variation der Produkteigenschaften, die Gestaltung des Produktäußeren und die Markenbildung zu verstehen sind. Hinzu kommen die Wahl von Produktionsprogramm (Industrie) bzw. Sortiment (Handel), die Entwicklung neuer Produkte, die Gewährung von Garantieleistungen sowie der technische und kaufmännische Kundendienst."[204] Dieser Definition läßt sich entnehmen, daß die Entwicklung einer Innovation und deren Integration ins Produktionsprogramm eines Unternehmens schon an sich Bestandteile der Produktpolitik sind.

Vor der physischen Produkteinführung sind zusätzlich diejenigen taktischen und operativen Aspekte der Produkt- und Programmgestaltung festzulegen, die im Rahmen früherer Innovationsphasen oder der Strategischen Begleitphase nicht berücksichtigt werden. Hierunter fallen z.B. die Verpackung oder Zusatzleistungen wie Garantien oder Serviceleistungen. Mittels der Markenbildung soll den Abnehmern - insbesondere im Konsumgüterbereich - eine „Produktpersönlichkeit" bzw. Marke angeboten werden, die leicht im Gedächtnis gehalten und zum identifizierbaren Einstellungsobjekt gemacht werden kann.[205] Dabei können die Formen der No Names (weiße Ware), neue Herstellermarken, Herstellermarken mit unklarem Auftritt, typische Handelsmarken und profilierte Markenartikel als Zwischenformen unterschieden werden, die anhand der Krite-

[204] Nieschlag/Dichtl/Hörschgen, 1991, S. 15.
[205] Nieschlag/Dichtl/Hörschgen, 1991, S. 1011.

rien „primär an Qualität orientierte Identität" und „primär am Preis orientiertes Auftreten" klassifiziert werden können.[206]

Nach der Produkteinführung ist einer Veränderung von marktlichen Anforderungen durch die Weiterentwicklung der Innovation, durch die Entwicklung von neuen Produkt- und Verfahrensvarianten sowie durch Produktivitätsverbesserungen Rechnung zu tragen.[207]

„Die Entgeltpolitik umschließt die erstmalige Festsetzung und spätere Änderung von Preisen, Möglichkeiten der Preisdifferenzierung und Preisempfehlung, die Rabattgewährung, die Gestaltung der Zahlungsbedingungen sowie den Bereich der Kreditgewährung und des Leasing."[208] Die Festlegung des Preises für ein Neuprodukt läßt sich nach Kotler anhand von sechs Schritten beschreiben:[209]

1. Auswahl des durch die Preispolitik verfolgten Ziels
2. Schätzung der Preissensitivität der Nachfrager (Festlegung einer Nachfragekurve)
3. Schätzung der Kosten
4. Analyse der Preise und Angebote der Wettbewerber
5. Wahl einer Methode für die Preisfestlegung
6. Festlegung des endgültigen Preises.

Hinsichtlich der Ziele bei der Preisbildung von neuen Produkten werden in der Literatur insbesondere die Penetrationspreispolitik (penetration pricing) sowie die Abschöpfungspolitik (skimming pricing) diskutiert.[210] Das penetration pricing versucht, durch einen relativ niedrigen Einführungspreis den Markt schnell zu erschließen und so potentielle Konkurrenten vom Markteintritt abzuhalten. Später werden die Preise nach und nach angehoben. Die Strategie des skimming pricing besteht darin, in der Anfangsphase hohe Preise zu verlangen, um so bei „early adopters", die bereit sind, für die Innovation einen hohen Preis zu zahlen, die „Konsumentenrente" abzuschöpfen. Mit zunehmender Erschließung des Marktes und dem Eintritt von Konkurrenten werden die Preise später gesenkt. Tabelle 9 gibt einen Überblick darüber, wann die beiden Strategien vorteilhaft sind und welche Risiken sie beinhalten.

---

[206] Vgl. Kühn, 1983, S. 374 f.
[207] Vgl. Kupsch/Marr/Picot, 1991, S. 1076.
[208] Nieschlag/Dichtl/Hörschgen, 1991, S. 15.
[209] Vgl. Kotler, 1991, S. 475 ff.
[210] Vgl. hierzu und zum folgenden Marr/Picot, 1991, S. 690 f. sowie Nieschlag/Dichtl/Hörschgen, 1991, S. 303 f.

Preisstrategie	Vorteilhaft bei ...	Risiken
penetration pricing	• preiselastischen Konsumenten • realisierbarer Kostendegression bei hoher Auslastung	• längere Amortisationsdauer • begrenzter Preisspielraum nach oben • Assoziation minderer Qualität
skimming pricing	• ausreichend großem Marktsegment • Innovationen von kurzem Bestand • exklusiven Ressourcen • preisunempfindlichen Konsumenten	• hoher Preis schreckt Kunden ab • früher Eintritt der Konkurrenz

Tabelle 9: Vorteilhaftigkeit und Risiko unterschiedlicher Preisstrategien

Die diversen Methoden der Preissetzung führen zwar zu Preisen, welche die Aspekte Kosten, Wettbewerb und Nachfrage berücksichtigen, für die endgültige Preisfestlegung sind jedoch noch eine Vielzahl weiterer Faktoren zu beachten. Diese Faktoren betreffen psychologische Aspekte von Preisen, die Preisstrategie des Unternehmens insgesamt, die regionalen Preisunterschiede und den Preis als Werbeinstrument.[211]

Die Kommunikationspolitik „stützt sich auf die Instrumente Werbung, Verkaufsförderung und Public Relations. Hierbei geht es darum, die potentiellen Abnehmer zu informieren und zu aktivieren, sie von der Vorteilhaftigkeit eines Angebots zu überzeugen und sie zum Kauf anzuregen“[212]. Die Kommunikationspolitik für am Markt bereits eingeführte Produkte unterliegt dabei anderen Bedingungen als die Kommunikationspolitik für Innovationen.[213] Nieschlag/Dichtl/Hörschgen sehen einen Beleg dafür in den hohen Flopraten bei Innovationen, die sie auf Werbekampagnen zurückführen, die den Gesetzmäßigkeiten des oben bereits angesprochenen Diffusionsprozesses nicht gerecht werden.[214]

Den frühen Übernehmern im Diffusionsprozeß wird in der Regel ein reflektiertes Adoptionsverhalten zugeschrieben, bei dem sie sich genau über neue Produkte informieren. Gleichzeitig sind frühe Adopter häufig Meinungsführer, die für andere Konsumenten eine Leitbildfunktion einnehmen. Auf diese Gruppe sollten sich die ersten Aktivitäten einer mehrstufigen Werbekampagne konzentrieren, wobei in der Regel eine rationale Ansprache, innerhalb der auch Fakten für die multiplikative Informationsvermittlung übermittelt werden, am erfolg-

---

211 Vgl. Kotler, 1991, S. 489.
212 Nieschlag/Dichtl/Hörschgen, 1991, S. 16.
213 Vgl. Nieschlag/Dichtl/Hörschgen, 1991, S. 477.
214 Vgl. Nieschlag/Dichtl/Hörschgen, 1991, S. 477.

versprechendsten ist. Die risikoaversen Gruppen der frühen und späten Mehrheiten sowie der Nachzügler sind am besten anzusprechen, indem das bei ihnen wahrgenommene Risiko durch Hinweise auf die Erfahrungen der frühen Verwender abgebaut wird.

Eine allgemeine Checkliste für Kommunikationsmaßnahmen, die von Geschka speziell für den Anwendungsbereich der Investitionsgüter entwickelt wurde, beschreibt, welche Aspekte bei der Kommunikationspolitik für Innovationen zu beachten sind:[215]

- Zusammenarbeit mit einem Referenzanwender
- Bekanntmachung der neuen Problemlösungsidee
- Bestimmung der Adressaten für die Einführungsaktion
- Erzielung von Aufmerksamkeit
- Bedürfnisweckung
- Herausstellung des relativen Produktvorteils
- Schaffen von Kompatibilität
- Minderung der Risiken beim Anwender.

Im Hinblick auf die Kommunikationsmaßnahmen wird in der Literatur zumeist implizit davon ausgegangen, daß die Markteinführung des Produktes und die Verbreitung von Produktinformationen zeitlich parallel verlaufen. Es wird dabei übersehen, daß der Zeitpunkt der Markteinführung lediglich den „letztmöglichen Zeitpunkt"[216] darstellt, um ein Produkt anzukündigen. Bei sogenannten „Vorankündigungen" werden noch vor der physischen Einführung des Produktes am Markt, d.h. noch während der Produktentwicklungs- bzw. Produktionsphase, Produktinformationen verbreitet.[217] Dies stellt für das innovierende Unternehmen - neben den oben bereits erwähnten zeitlichen Entscheidungsproblemen - einen weiteren zeitbezogenen Entschluß dar, der den Beginn der kommunikationspolitischen Maßnahmen zum Inhalt hat.

„Die Distributionspolitik umfaßt die Gestaltung des Vertriebssystems, die Wahl der Absatzwege, den Einsatz von Verkaufstechniken, Entscheidungen bezüglich Betriebs- und Lieferbereitschaft, der Betriebsgröße und des Standortes, und zwar jeweils insoweit, als diese Instrumente unter akquisitorischen Gesichtspunkten eingesetzt werden."[218] Für den Aufbau rationeller Vertriebswege bestehen die Möglichkeiten des Direktvertriebs, des Vertriebs über Kooperationspartner und Mischformen von Direktvertrieb und Vertrieb über andere Unter-

---

215 Vgl. Geschka, 1984, S. 13.
216 Preukschat, 1993, S. 9.
217 Vgl. Preukschat, 1993, S. 10.
218 Nieschlag/Dichtl/Hörschgen, 1991, S. 15.

nehmen.[219] Auch bei diesem absatzpolitischen Instrument stellt sich neben den Überlegungen zur Gestaltung der Distributionsmaßnahmen für das neue Produkt die Frage, wie diese mit den Vertriebssystemen und Absatzwegen für die anderen Produkte des Unternehmens in Einklang gebracht bzw. welche bestehenden Distributionskanäle oder logistischen Einrichtungen auch durch das neue Produkt genutzt werden können.

Mit der Wahl der Absatzwege wird festgelegt, welche Abnehmergruppen über welche Zwischenstufen mit dem Produkt versorgt werden. Neben dem direkten Einfluß auf Kosten und Erlöse kann ein Absatzweg auch eine hohe Imagewirkung für das neue Produkt besitzen und ist insofern von hoher akquisitorischer Bedeutung. Die Wahl der Absatzwege ist eine strategische Entscheidung, die auf lange Sicht getroffen wird und kurzfristig nicht geändert werden kann. Auch die Entscheidungen über Betriebsgröße und Standort sind als strategische Entscheidungen zu betrachten, die wie die Wahl der Absatzwege in der Regel nur mit hohem Aufwand neu zu treffen sind.

Hohe Liefer- und Servicebereitschaft kann ein operatives Ziel im Rahmen der Distributionspolitik sein. Unter Lieferbereitschaft ist die Schnelligkeit zu verstehen, mit der eine Ware geliefert oder eine Leistung erbracht wird. Servicebereitschaft bezeichnet die Schnelligkeit, mit der ein Anbieter Maßnahmen ergreift, die Betriebsunterbrechungen beim Kunden abmildern.[220] Liefer- und Servicebereitschaft bergen ein hohes akquisitorisches Potential, wobei aber bereits geringfügige Verbesserungen dieses Faktors zu überproportionalen Kostensteigerungen führen können.

Die Aktivitäten in den vier Bereichen des Marketing-Mix sind so zu kombinieren, daß die vom Management vorzugebenden Ziele bestmöglich erreicht werden. Dieses Optimierungsproblem gestaltet sich vor allem deshalb als schwierig, weil vielfältige Kombinationsmöglichkeiten zwischen den absatzpolitischen Instrumenten bestehen und zwischen den Instrumenten Interdependenzen und Ausstrahlungseffekte[221] auftreten. Weiterhin ist die Wirkung der absatzpolitischen Maßnahmen unsicher, und es existieren praktische Restriktionen z.B. zeitlicher und finanzieller Art.[222] Eine erfolgversprechende Gestaltung des Marketing-Mix in der Praxis hängt nach Kühn „insbesondere von der Erfüllung von drei Forderungen ab:

---

[219] Vgl. Pleschak/Sabisch, 1996, S. 258.
[220] Vgl. Nieschlag/Dichtl/Hörschgen, 1991, S. 418 f.
[221] Vgl. Nieschlag/Dichtl/Hörschgen, 1991, S. 851 ff. und zu Ausstrahlungseffekten auch Kroeber-Riel/Weinberg, 1996, S. 89 ff.
[222] Vgl. Nieschlag/Dichtl/Hörschgen, 1991, S. 850.

1. Die Instrumente des Marketing-Mix müssen eine im Zeitablauf konstante harmonische Ganzheit bilden.
2. Die Ausgestaltung der Instrumente des Marketing-Mix muss den Gegebenheiten bzw. Entwicklungen des Marktes und der Unternehmenssituation Rechnung tragen.
3. Die Intensität des Einsatzes der einzelnen Instrumente des Marketing-Mix muss genügend gross sein, um die untere Wirkungsschwelle deutlich zu übertreffen.“[223]

Zur Lösung und Optimierung des im Bereich der Maßnahmenplanung anstehenden Optimierungsproblems werden in Wissenschaft und Praxis unterschiedliche Modelle entwickelt.[224] In Abbildung 26 ist beispielhaft eine heuristische Methode von Kühn zur Bestimmung des Marketing-Mix dargestellt.[225]

Im Rahmen des Modells werden verschiedene Schritte sequentiell durchlaufen. „Die von uns vorgenommene Grenzziehung zwischen den Teilproblemen und die vorgeschlagene Reihenfolge lassen sich naturgemäß nicht als richtig oder falsch sondern nur als mehr oder weniger zweckmässig beurteilen.“[226] In der Mehrheit der behandelten Fälle beim Einsatz des Modells hat sich eine „Normalsequenz“ (in der Zeichnung durch durchgezogene Pfeile gekennzeichnet) als sinnvoller bzw. gangbarer Lösungsweg erwiesen. Die mit gestrichelten Pfeilen angedeuteten „wichtigen Ausnahmesequenzen“ kommen insbesondere in Marktsituationen zustande, in denen der Handel den Kaufentscheid der Produktverwender stark beeinflußt und/oder den Absatzkanal dominiert.

Die Problem und Entscheidungssequenz wurde für die Marketing-Mix-Probleme von Herstellern industrieller Massengüter entwickelt und hat in einer größeren Zahl von Beratungsfällen bewährt, wobei Teilproblemsequenzen häufig mehrmals durchlaufen wurden.[227]

---

223 Kühn, 1997, S. 9.

224 Vgl. Kaas, 1994, S. 684 ff.; Nieschlag/Dichtl/Hörschgen, 1991, S. 891 ff. und Kühn, 1983a, S. 186 ff.

225 Für eine detaillierte Diskussion der Inhalte vgl. Kühn, 1983a, S. 183 ff.

226 Kühn, 1983a, S. 193.

227 Vgl. Kühn, 1983a, S. 200.

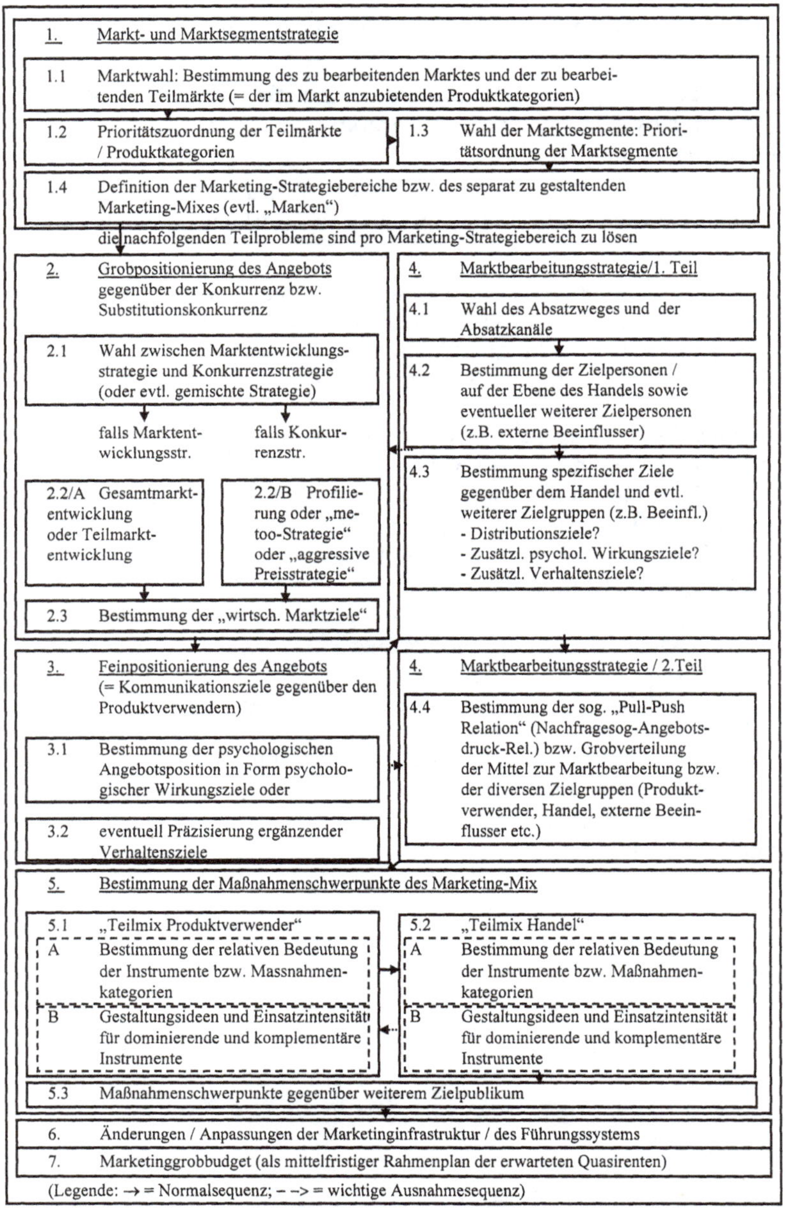

Abbildung 26: Heuristische Teilproblem- / Entscheidungssequenz zur Bestimmung des Marketing-Mix
Quelle: Kühn, 1983a, S. 192

3.5.3 Schnittstellenmanagement in der Absatzphase

Die organisatorischen Schnittstellen des Marketing mit den Funktionsbereichen Entwicklung und Produktion wurden bereits an anderer Stelle dieser Arbeit beschrieben. Im Rahmen dieses Abschnitts soll vielmehr auf den Aspekt eingegangen werden, der sich aus der Schnittstellenfunktion des Marketing zu den Abnehmern bzw. Kunden ergibt. Über diese Schnittstelle fließen wichtige Informationen über die Kunden und deren Bedürfnisse an das Unternehmen; als Beispiele seien Verkaufsgespräche oder Reklamationen genannt. Die so gewonnenen Informationen dienen sowohl der Verbesserung des eingeführten Produktes (z.B. durch Produktmodifikationen oder den Aufbau einer neuen Produktlinie) als auch der Ideengenerierung für zukünftige Produkte.

Zu den Anforderungen an das Kundenmanagement gehört, daß die Erwartungen der Kunden an vorhandene Produkte sowie deren Wünsche hinsichtlich der Entwicklung neuer Erzeugnisse aufgegriffen und den restlichen funktionalen Teilbereichen des Unternehmens vermittelt werden.[228] Die Gewinnung und Aufbereitung der Informationen über die Kunden ist einer der wichtigsten Aufgabenbereiche der Marktforschung.

Allgemeiner Gegenstand der Markt- und Marketing-Forschung ist die zielbewußte Untersuchung eines konkreten Marktes.[229] Die Forschung umfaßt die Einholung von Informationen über die Absatzmärkte einer Organisation und zwar hinsichtlich deren Größe, Konturen, und Struktur.

Bevor ein Produkt tatsächlich am Markt eingeführt wird, ist zu prüfen, „wie die Produktentwicklung aus Käufersicht in den Produktmarktraum eingeordnet wird, ...[d.h.] ob die Entwicklungsergebnisse tatsächlich absetzbar sind, sie erkennbar und erlebbar zur besseren Bedürfnisbefriedigung beitragen und wie die Kombination absatzpolitischer Instrumente mit dem Produkt wirkt. Diese Aufgaben sind durch Markttests zu erfüllen."[230] Während Markttests darauf abzielen, den Wirkungsgrad des gesamten absatzpolitischen Instrumentariums auf einen begrenzten, möglichst repräsentativen Teilmarkt zu untersuchen, versucht man durch Produkttests die nachfragerbezogene Wirkung des jeweiligen Pro-

---

228 Vgl. Nieschlag/Dichtl/Hörschgen, 1991, S. 953 f.

229 Vgl. Nieschlag/Dichtl/Hörschgen, 1991, S. 607 ff. In der Literatur werden die Begriffe Marktforschung, Absatzforschung und Marketing-Forschung vielfach synonym verwandt, obwohl die Bereiche, auf die sie sich erstrecken, nicht deckungsgleich sind. So ist in der engen Definition der Marktforschung auch die Beschaffungsmarktforschung enthalten (vgl. Nieschlag/Dichtl/Hörschgen, 1991, S. 607 f.).

230 Brockhoff, 1993, S. 195.

duktes festzustellen.[231] Einen Überblick über wichtige Typen von Produkttests nach Brockhoff zeigt Abbildung 27.

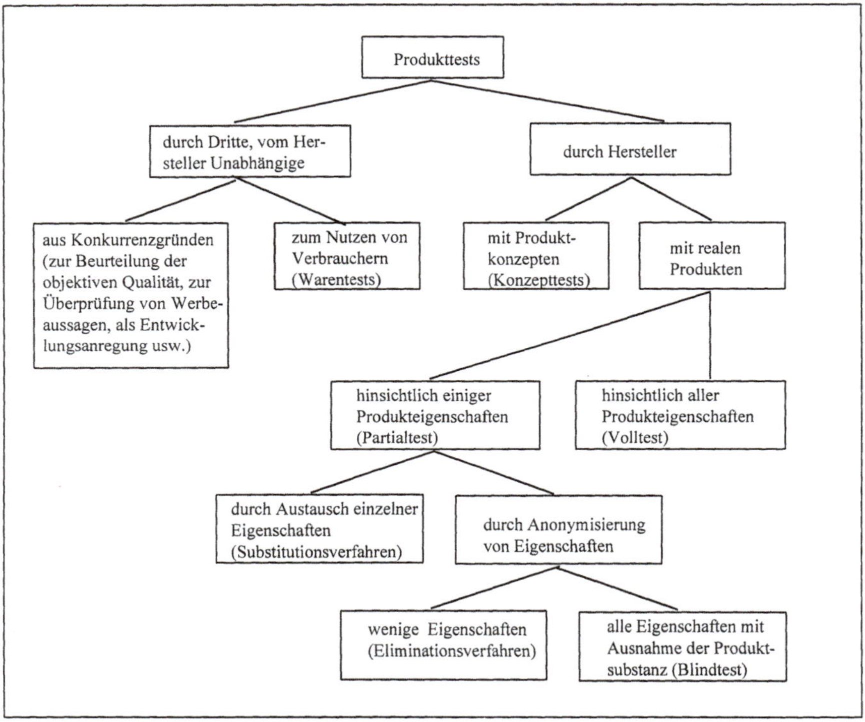

Abbildung 27: Wichtige Typen von Produkttests
Quelle: Brockhoff, 1993, S. 198

Auch nach der Produkteinführung ist von der Marktforschung ein permanenter Informationsfluß zwischen Kunde und Unternehmen sicherzustellen. Dies kann z.B. im Rahmen von regelmäßigen Kundenbefragungen zur Zufriedenheit mit dem fraglichen Produkt geschehen. Diese Befragungen können Aufschluß darüber geben, inwieweit das Produkt den marktlichen Anforderungen entspricht.

[231] Vgl. Marr/Picot, 1991, S. 682. Markttests werden vorwiegend im Konsumgüterbereich eingesetzt, Produkttests sind sowohl für Investitionsgüter- als auch für Konsumgütermärkte von gleicher Bedeutung.

3.6 Strategische Begleitphase

Manche Entscheidungen, die zur Durchführung eines Innovationsprojektes notwendig sind, können nicht ohne integrale Betrachtung anderer Projekte getroffen werden, da sie langfristige und projektübergreifende Auswirkungen haben. Solche Entscheidungen fallen in den Rahmen der Strategischen Begleitphase. Die Inhalte der Strategischen Begleitphase sind Befähigungsfaktoren, die nicht zeitlich sequentiell beginnen. Dies ist wesentlich in der Komplexität strategischer Themenstellungen begründet.

In der betriebswirtschaftlichen Literatur existiert mittlerweile eine Vielzahl von Ansätzen, die versuchen, in die allgemeinen strategischen Planungsüberlegungen innovationsrelevante Aspekte zu integrieren. Im Hinblick auf das Ziel der Konzeptionen sind dabei unterschiedliche Zielrichtungen festzustellen: Während ein großer Teil sich schwerpunktmäßig mit der Verteilung der F&E-Ressourcen auf die den Projekten zugrundeliegenden Technologien beschäftigt, versuchen andere Konzeptionen primär, das richtige Timing des Markteintrittszeitpunkts festzulegen.[232]

Im folgenden wird ein kurzer Überblick über die einzelnen Konzeptionen und wesentliche Instrumente gegeben sowie die ebenfalls strategisch bedeutsame Beschaffung von innovationsrelevanten Ressourcen, d.h. Technologien und Wissen sowie Personal, thematisiert.

3.6.1 Ansätze zur Ressourcenallokation im F&E-Bereich

Das Technologie-Portfolio von Pfeiffer et al.[233] hat von den Ansätzen, die von wissenschaftlicher Seite zur Integration der Technologiedimension in die strategische Planung beigetragen wurden, die größte Verbreitung gefunden.[234] Das primäre Ziel dieser Konzeption besteht darin, den strategischen Zeithorizont über den Marktzyklus eines Produktes hinaus auszudehnen auf den vorgelagerten Entstehungszyklus der Technologien sowie den Beobachtungszyklus, in dem sich technologische Trends über schwache Signale aus dem wissenschaftlich-technischen Umfeld andeuten.[235]

---

232 Vgl. Perillieux, 1987, S. 135 f.

233 Vgl. zum folgenden Pfeiffer/Amler/Schäffner/Schneider, 1982; Pfeiffer/Amler/Schäffner/Schneider, 1983 und Pfeiffer/Schneider/Dögl, 1986.

234 Vgl. Michel, 1987, S. 133.

235 Vgl. Michel, 1987, S. 133.

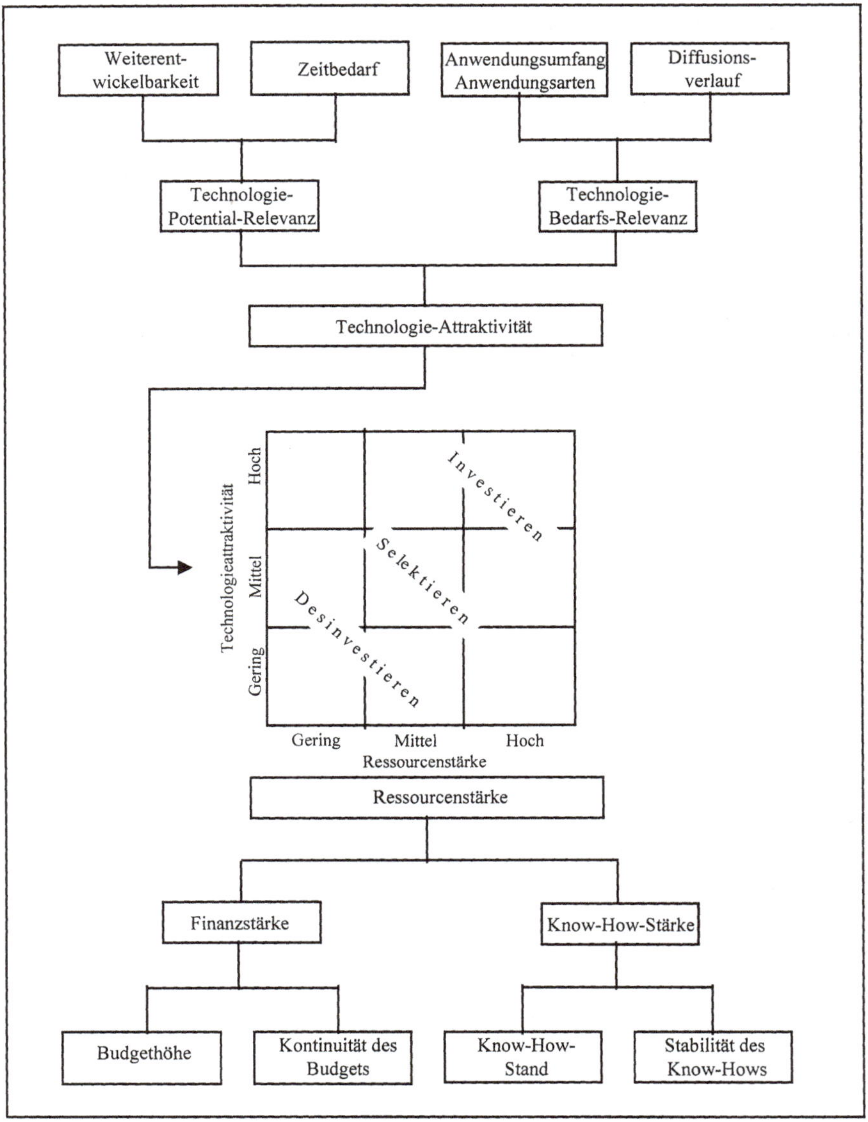

Abbildung 28: Technologieportfolio von Pfeiffer et al. und die Komponenten der Potentialdimension „Technologieattraktivität" und „Ressourcenstärke"
Quelle: Pfeiffer/Amler/Schäffner/Schneider, 1982, S. 85

In einem ersten Schritt der Portfolio-Analyse werden sämtliche Produkt- und Verfahrenstechnologien erfaßt, die den Produkten des Unternehmens zugrunde liegen. Durch eine differenzierte Zergliederung in mehrere Hierarchieebenen (z.B. Systeme, Subsysteme, Baugruppen, Elemente) wird diese Analyse systematisiert. Dabei sollen alle Technologien durch abstrakte Funktionen umschrieben werden, statt Begriffe spezieller technischer Bereiche zu verwenden. Durch diese Vorgehensweise sollen technologische Synergien und eventuell relevante Alternativtechnologien aufgezeigt werden.

Im nächsten Schritt werden sämtliche Technologien im Portfolio positioniert. „Dies geschieht für jede Technologie hinsichtlich zweier Bewertungsvariablen, der Technologieattraktivität und der Ressourcenstärke. Die Technologieattraktivität ist, vereinfacht formuliert, die Summe der wirtschaftlichen und technischen Vorteile, die durch die Realisierung der in diesem Technologiebetrieb noch steckenden strategischen Weiterentwicklungspotentiale wirksam werden. Sie ist somit eine unternehmensexterne, weithin unbeeinflußbare Größe. Die Ressourcenstärke ist ein Ausdruck der technischen und wirtschaftlichen Beherrschung dieses Technologiegebietes, insbesondere im Verhältnis zur wichtigsten Konkurrenz. Sie ist aber als unternehmensinterne und damit beeinflußbare Größe der entscheidende strategische Aktionsparameter.“[236] Die Operationalisierung der beiden Dimensionen erfolgt wie in Abbildung 28 dargestellt.

In einem nächsten Schritt werden die im Technologieportfolio dargestellten Ist-Technologien in die Zukunft projiziert, indem sie in Relation zu potentiellen zukünftigen Substitutionstechnologien repositioniert werden. Somit erfolgt eine Früherkennung konkurrierender Technologien. Dazu werden im Portfolio zu jeder Technologie diejenigen „jungen“ Konkurrenztechnologien eingetragen, die im Vergleich zur bestehenden Technologie aufgrund ihres Weiterentwicklungspotentials als attraktiver beurteilt werden. Die neue Position auf der Technologiedimension ergibt sich nunmehr aus der durchschnittlichen Attraktivität der zukünftigen Substitutionstechnologien; die neue Position auf der Ressourcendimension ergibt sich aus der Beurteilung der Unternehmenskompetenz in bezug auf die Konkurrenztechnologien. Die Vorgehensweise der Repositionierung wird am Beispiel des mechanischen Bohrens in Abbildung 29 verdeutlicht.

---

[236] Pfeiffer/Schneider/Dögl, 1986, S. 115.

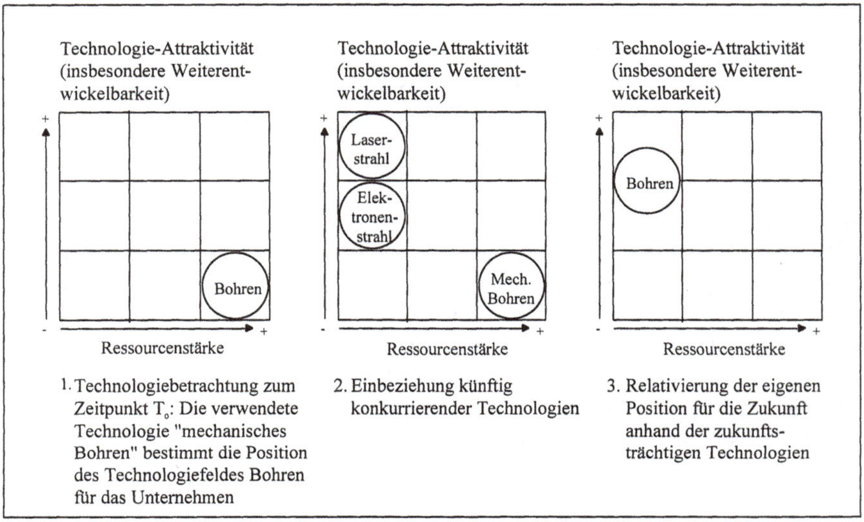

Abbildung 29: Transformation der gegenwärtigen Technologieposition in die Zukunft durch Früherkennung konkurrierender Technologien
Quelle: Pfeiffer/Schneider/Dögl, 1986, S. 119

Aus dem transformierten Technologieportfolio können nunmehr - wie bereits in Abbildung 28 dargestellt - die Normstrategien Investition, Desinvestition und Selektion abgeleitet werden.

Der Ansatz von Pfeiffer et al. ermöglicht zwar eine explizite Berücksichtigung der technologischen Entwicklung in der strategischen Planung, jedoch gibt das Konzept keinen Aufschluß darüber, wie es mit der marktorientierten strategischen Unternehmensplanung in Einklang zu bringen ist. Dieser Mangel ist als die zentrale Schwachstelle der Konzeption zu betrachten.[237] Ein weiteres, eher in der praktischen Anwendung begründetes Problem liegt in den großen und vielfältigen Datenmengen, die beim Einsatz des Technologieportfolios von Pfeiffer zur Strategieformulierung zu verdichten sind.[238]

Im Modell von McKinsey[239] ist die Technologiedimension in die strategische Gesamtplanung integriert. Dieser Ansatz basiert auf dem S-Kurven-Konzept, nach dem die Leistungsfähigkeit eines technischen Systems einen ertragsgesetzlichen Verlauf aufweist. Zwischen dem marktlichen Entwicklungsgrad und

---

[237] Vgl. Michel, 1987, S. 138.
[238] Vgl. Michel, 1987, S. 138.
[239] Vgl. zum folgenden Krubasik, 1982, S. 28 ff; Henzler, 1980, S. 70 ff. und Foster/Wood, 1978, S. 59 ff.

dem Weiterentwicklungspotential der zugrundeliegenden Technologie besteht jedoch eine zeitliche Verschiebung, so daß sich eine abnehmende technologische Leistungsfähigkeit bereits in der Wachstumsphase des Marktes zeigen kann.

Das Technologie-Markt-Portfolio wird den oben genannten Anforderungen gerecht, indem es neben das klassische, mehrfaktorielle Marktportfolio ein (einfaktorielles) Technologieportfolio stellt und beide zu einem Gesamtportfolio aggregiert. Die Dimensionen des Technologieportfolios bestehen hierbei in der relativen Technologieposition und der Technologieattraktivität. Die relative Technologieposition wird aus dem Know-how des Unternehmens im Vergleich zur Konkurrenz sowie aus den relativen Kosten für den Fortschritt hergeleitet. Die Attraktivität der Technologie bestimmt sich aus dem technologischen Potential sowie aus den für die Ausschöpfung der Technologie erforderlichen finanziellen Ressourcen. Die sich aus den beiden Dimensionen ergebende Technologiepriorität wird der - aus dem klassischen Marktportfolio abgeleiteten - Marktpriorität in einem Gesamtportfolio gegenübergestellt. Die für verschiedene Kombinationen von Technologie- und Marktpriorität empfohlenen Normstrategien zeigt Abbildung 30.

Zwar werden beim Technologie-Markt-Portfolio von McKinsey die marktstrategische und technologische Dimension zur Ableitung von Handlungsempfehlungen integriert, doch geht dieser Ansatz implizit davon aus, daß Geschäftsfelder und Technologien korrespondieren. Dies entspricht keinesfalls den Gegebenheiten in der Praxis, da normalerweise einem strategischen Geschäftsfeld mehrere unterschiedliche Technologien zugrunde liegen können bzw. eine Technologie für mehrere strategische Geschäftsfelder von Bedeutung sein kann.[240]

---

240 Vgl. Michel, 1987, S. 141.

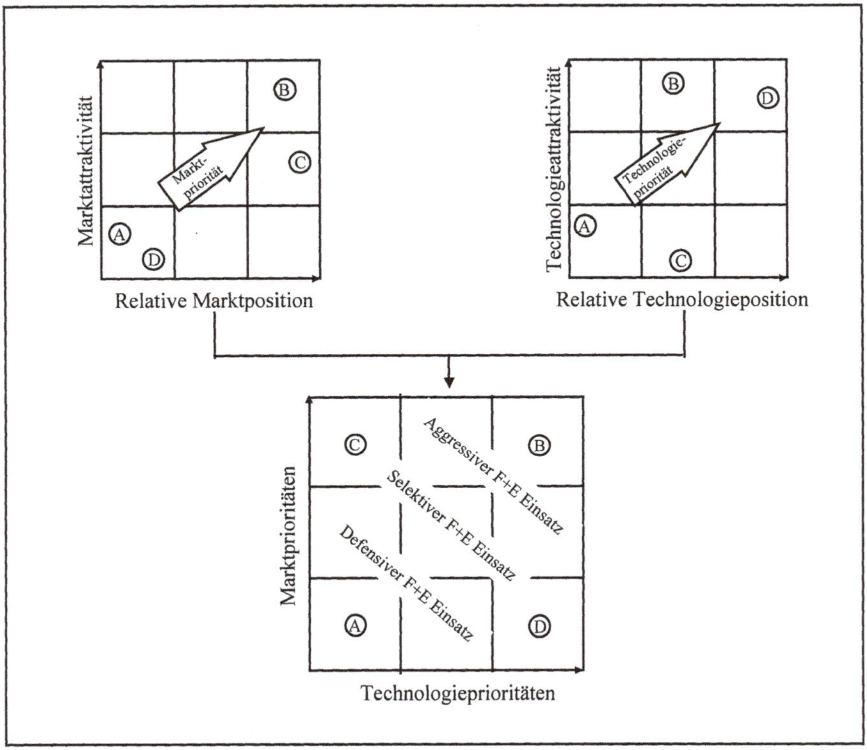

Abbildung 30: Technologie-Markt-Portfolio von McKinsey
Quelle: Krubasik, 1982, S. 30

Die 4-Matrizen Methode von Seiler[241] (vgl. Abbildung 31) verknüpft ebenfalls technologische mit marktbezogenen Überlegungen und integriert das Technologieportfolio von Pfeiffer sowie das Marktattraktivitäts-/Wettbewerbspositions-Portfolio von McKinsey.

In einem Marktportfolio werden zunächst die Stärken und Schwächen der Produkte den Chancen und Gefahren der entsprechenden Märkte gegenübergestellt. Zukünftiges Deckungsbeitragspotential ist hierbei durch unterschiedliche Kreisgrößen wiedergegeben.

Die Gesamtbewertung der Technologien erfolgt mit Hilfe des Technologieportfolios von Pfeiffer, d.h. die relevanten Einzeltechnologien werden ermittelt, indem eine Zerlegung der Produkte und Fertigungsprozesse in ihre Elemente und

241 Vgl. Seiler, 1986, S. 10 ff.

Komponenten erfolgt. Zudem wird jede Technologie bezüglich ihrer Lebenszyklusphase beurteilt (Basis-, Schlüssel-, Schrittmacher- oder Zukunftstechnologie). Die Kreisgrößen stellen in dieser Matrix die Entwicklungskosten der Technologien dar.

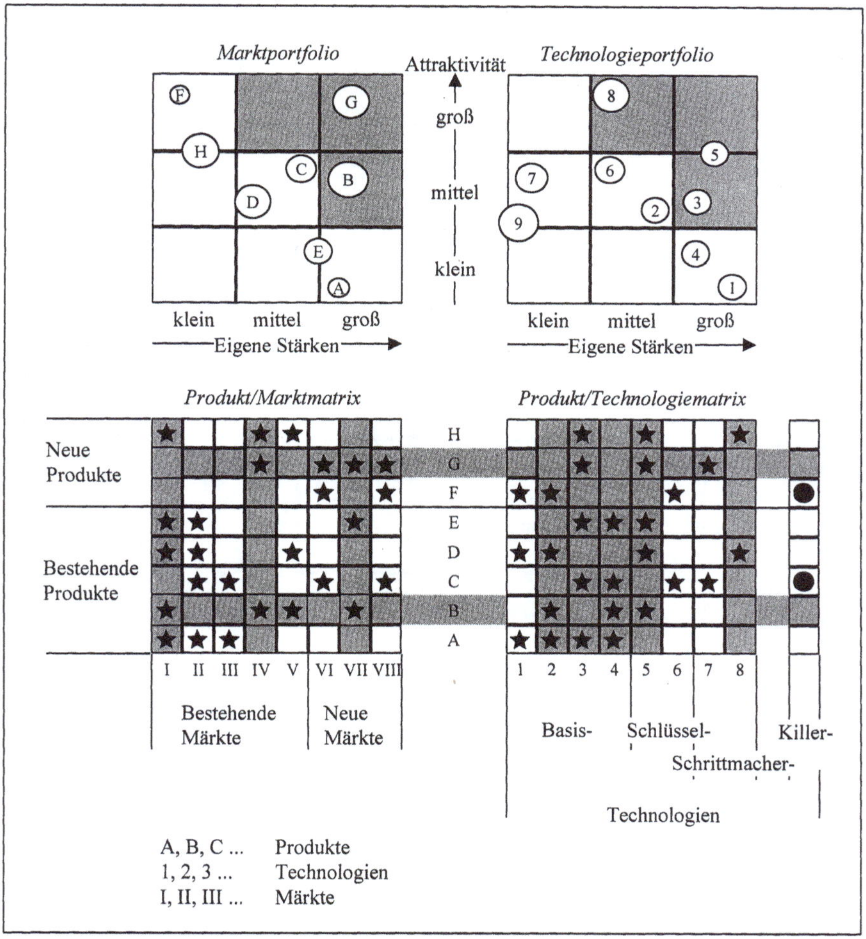

Abbildung 31: 4-Matrizen-Methode nach Seiler
Quelle: Seiler, 1986, S. 12

In der dritten Matrix werden den Produkten aus dem ersten Portfolio die nach ihrer Lebensphase geordneten Technologien aus dem zweiten Portfolio gegenübergestellt. Schließlich erfolgt in einer vierten Matrix eine Gegenüberstellung von neuen bzw. bestehenden Produkten und neuen bzw. bestehenden Märkten.

Aus der dritten und vierten Matrix lassen sich jeweils auch gewisse Risikohinweise entnehmen, die in die strategischen Überlegungen miteinzubeziehen sind. Abbildung 32 veranschaulicht die Vorgehensweise der 4-Matrizen-Methode von Seiler.

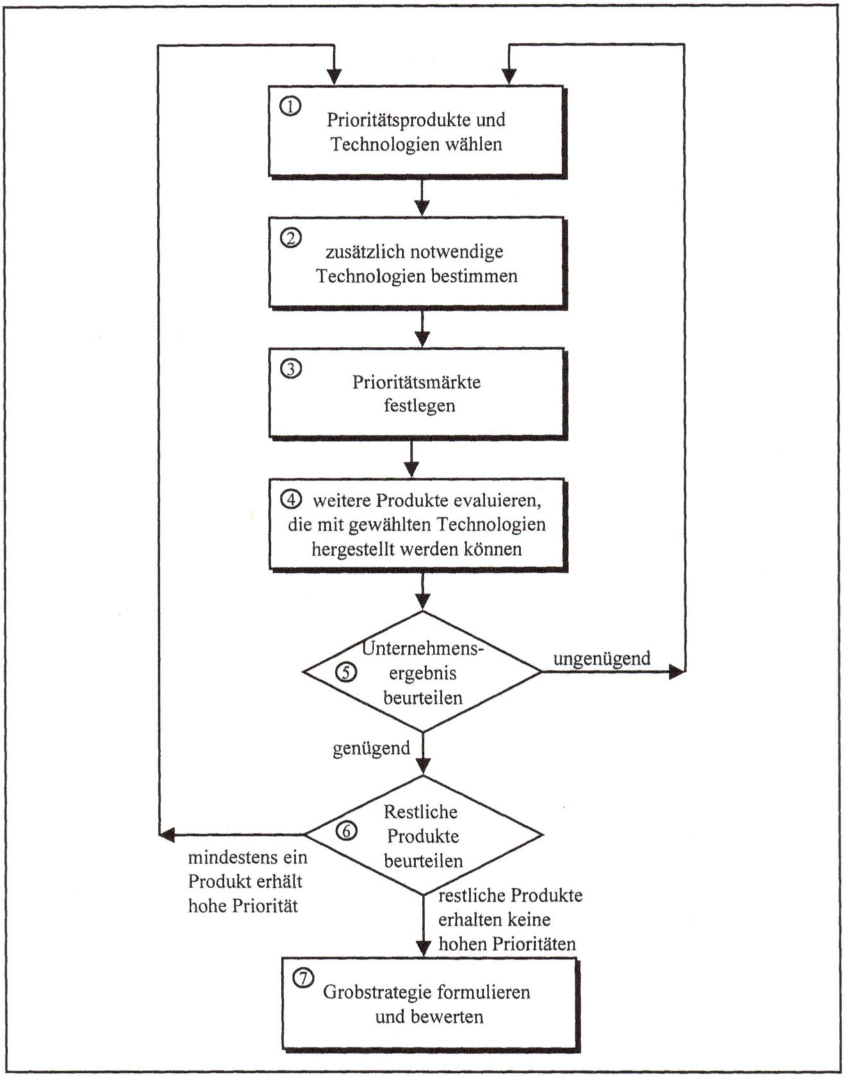

Abbildung 32: Ablauf der 4-Matrizen-Methode
Quelle: Seiler, 1986, S. 13

Das Konzept von Seiler hat den Vorteil, marktmäßige und technologische Überlegungen zu vereinigen. Auch berücksichtigt es die Tatsache, daß einem Produkt meist mehrere Technologien zugrunde liegen. Interdependenzen zwischen den Technologien werden jedoch nicht einbezogen. Der Verzicht auf Normstrategien macht die 4-Matrizen-Methode sehr flexibel, so kann der Betrachtungsschwerpunkt je nach Struktur der bestehenden Produkte eher auf die Marktseite oder auf die Technologieseite gelegt werden.[242]

Auch der Ansatz von A.D. Little[243] baut auf den klassischen Portfolio-Methoden auf. Dabei werden Geschäftsfelder und Technologien in den vier in Abbildung 33 dargestellten strategischen Feldern positioniert. Als Dimensionen aller vier Felder dienen die relative Marktposition und die Penetrationsphase der Geschäfte sowie die relative Technologieposition und die Penetrationsphase der Technologie.

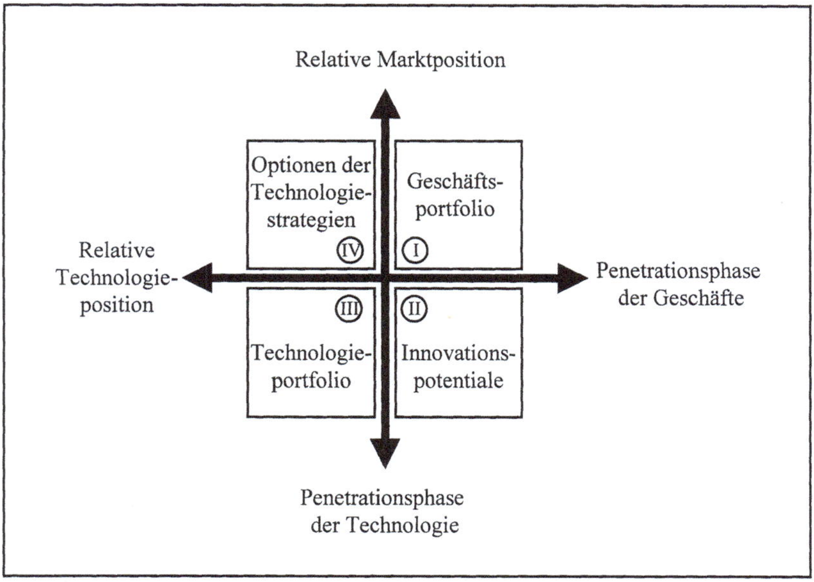

Abbildung 33: Quadrantenmethode nach A.D. Little
Quelle: Little, 1988, S. 35

Aus der Position in der vierten und letzten Matrix können die Optionen der Technologiestrategie abgeleitet werden (vgl. Abbildung 34), wobei sich die

---

[242] Vgl. Seiler, 1986, S. 13 f.

[243] Vgl. zum folgenden Little, 1988, S. 32 ff.

Empfehlungen in Abhängigkeit vom Stand eines Geschäftsfeldes im Industrielebenszyklus unterscheiden.

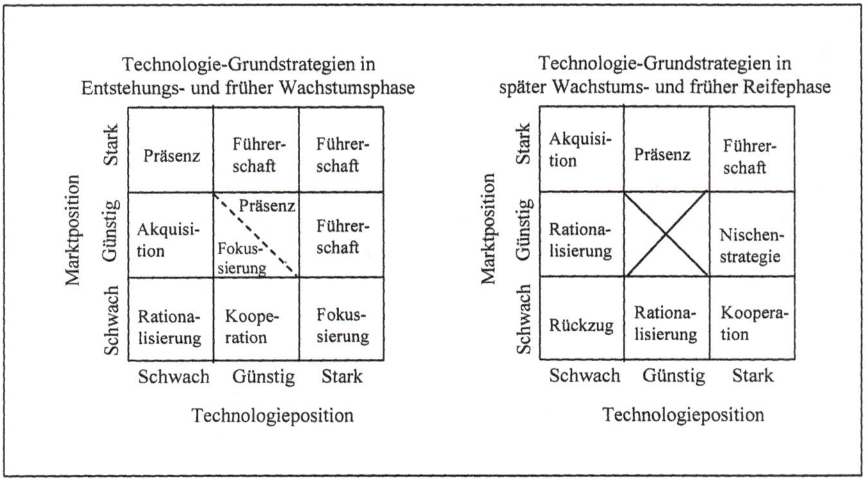

Abbildung 34: Ableitung von Technologie-Grundstrategien in Abhängigkeit vom Stand eines Geschäftsfeldes im Industrielebenszyklus
Quelle: Little, 1988, S. 43 f.

Der Ansatz von A.D. Little zielt über die Generierung von Ressourcenallokationsstrategien hinaus auf die Herleitung konkreter technologiestrategischer Optionen. Angesichts der Vielfalt technologiepolitischer Wirkungen und Interdependenzen erscheint dieser durchaus positiv zu beurteilende Versuch jedoch als problematisch.[244] Weiterhin unterscheidet sich der Ansatz dahingehend von den bereits vorgestellten Portfolio-Methoden, daß er bei der Eigenentwicklung das Ziel der F&E-Anstrengungen angibt[245] (Führerschaft, Präsenz, Fokussierung und Rationalisierung) sowie bei der Beschaffung von externem Wissen Empfehlungen dazu gibt, wie dieses zu beschaffen ist (Akquisition, Kooperation).

Neben den offensichtlichen Vorzügen der dargestellten F&E- bzw. Technologieportfolios wie Anschaulichkeit, Übersichtlichkeit, Transparenz und integraler Betrachtungsweise bestehen eine Reihe von zum Teil schwerwiegenden Kritikpunkten. Diese betreffen insbesondere die Vernachlässigung von Machbarkeitsüberlegungen bei der Planung einer Stoßrichtung bzw. Zielpositionierung, die problematische Zuordnung von Technologien zu Strategischen Geschäftsfeldern und die Gefahr der Sukzessivplanung. Auch kann die Auswir-

---

[244] Vgl. Michel, 1987, S. 146.
[245] Vgl. Perillieux, 1987, S. 141.

kung der konkreten Ressourcenallokation auf die Zielpositionierung nicht eindeutig abgeschätzt werden.[246]

3.6.2 Ansätze zum Timing des Markteintritts

Deskriptive Ansätze wie das Konzept von Ansoff und Stewart[247], das hier als bereits 1967 entwickelter „Klassiker“ stellvertretend für eine Reihe weiterer, vergleichbarer Konzeptionen vorgestellt werden soll[248], bieten keine Entscheidungshilfen zum Timing des Markteintritts. Der Ansatz von Ansoff und Stewart besteht in einer reinen Klassifikation möglicher strategischer Verhaltensweisen, die auf den fünf technologierelevanten Entscheidungsfeldern Forschungs- versus Entwicklungsintensität, Grad der interfunktionalen Kooperation, Länge des Produktlebenszyklus, F&E-Investitionsrate und Nähe zum Stand der Technik beruht. Darauf aufbauend wird untersucht, welche Beziehung zwischen den Entscheidungsfeldern und den vier nach dem Markteintrittszeitpunkt gegliederten Strategien besteht:

⇒Innovationsführer (First to market):
Die risikoreiche Strategie des frühen Markteintritts setzt eine hohe Forschungs- und Entwicklungsintensität, eine hohe F&E-Investitionsrate sowie eine geringe Differenz zum Stand der Technik voraus. Weiterhin sind hohe technologische Kompetenz, hohe Flexibilität und Risikobereitschaft sowie eine starke Kooperation zwischen F&E, Marketing und Produktion gefordert.

⇒Innovationsfolger (Follow the leader):
Diese Strategie zielt auf die Imitation des Pioniers. Der Markteintritt erfolgt zu Beginn der Wachstumsphase des Produktlebenszyklus, was es dem Unternehmen erlaubt, aus den Fehlern des Pioniers zu lernen und somit das Risiko zu vermindern. Die erforderlichen raschen Anpassungsleistungen an Technologie und Wettbewerb sind nur mit einer ausgeprägten interfunktionalen Kooperation zu bewältigen.

⇒Anwendungsorientierung (Application engineering):
Beim Application engineering erfolgt der Markteintritt in der Reifephase des Produktlebenszyklus. Reife Technologien werden bei niedrigen Kosten und geringem Risiko modifiziert, um den Anforderungen spezieller Abnehmergruppen zu entsprechen. Diese Unternehmen betreiben keine eigene Forschung und re-

---

[246] Vgl. Hanssmann, 1988, S. 54.
[247] Vgl. zum folgenden Ansoff/Stewart, 1967, S. 71 ff.
[248] Vgl. Maidique/Patch, 1980; Freeman, 1982; Sherman, 1982; Crawford, 1983 und Sands, 1979. Ein Überblick über die Literatur zum Zeitpunkt des Markteintritts findet sich z.B. in Trinkfass, 1997, S. 14 ff.

duzieren die Entwicklung auf ein Minimum. Auch hier ist eine intensive Kooperation zwischen den einzelnen Funktionsbereichen - insbesondere zwischen Verkauf und Entwicklung - notwendig.

⇒Me-Too-Strategie:
Bei dieser Strategie werden Produkte, die sich auf dem Markt bewährt haben, kopiert und in großen Stückzahlen mit effizienten Produktionsverfahren hergestellt. Produktmodifikationen erfolgen lediglich zur Steigerung der Produktionseffizienz. Für Forschung und Entwicklung werden wenig bis keine Mittel aufgewendet. Über den Markteintrittszeitpunkt machen Ansoff und Stewart bei dieser Strategie keine Aussage, was ihrem System eine gewisse Inkonsistenz verleiht.

Weiterhin bemerkt Perillieux zur Aussagefähigkeit dieses Ansatzes: „Zwar sind die Charakteristika der vier Strategien nachvollziehbar, doch gelingt infolge der Überlagerung mehrerer Gliederungskriterien weder eine pointierte Gegenüberstellung strategischer Verhaltensweisen noch ein Aufzeigen des unternehmerischen Entscheidungsspielraums bei der Strategiefestlegung."[249]

Im Gegensatz zur deskriptiven Vorgehensweise von Ansoff und Stewart versuchen normative Ansätze, konkrete Entscheidungshilfen bei der Auswahl einer Strategie zu geben. Pfeiffer et al. haben neben dem bereits vorgestellten Technologieportfolio, das zur Ressourcenallokation im F&E-Bereich dient, auch Handlungsempfehlungen zum Markteintrittszeitpunkt entwickelt (vgl. Abbildung 35).[250]

Ausgangspunkt von Pfeiffer et al. ist die Beobachtung, daß generell eine Tendenz zur Kontraktion von Marktzyklen und zur Expansion der zugrundeliegenden Entstehungszyklen besteht. Aus diesen gegenläufigen Entwicklungstendenzen wird allgemein die Forderung einer Innovationsführerstrategie abgeleitet, um durch eine frühe Initiierung des Entstehungszyklus die zeitlich kontrahierte Marktphase voll ausschöpfen zu können.

Eine Generalisierung, wie sie in diesem Ansatz vorgenommen wird, erscheint im Hinblick auf die Komplexität und die Verschiedenartigkeit von Situationen, denen ein innovierendes Unternehmen gegenüberstehen kann, nicht vertretbar. Zwar mag eine generelle Führerstrategie, z.B. im Bereich der elektrotechnischen Industrie, empfehlenswert sein, doch sollten hieraus keine Rückschlüsse

---

[249] Perillieux, 1987, S. 143. Unter den Gliederungsebenen werden dabei der Markteintrittszeitpunkt, die Art der Adaption der Führertechnologie (Imitation vs. Modifikation) und der Grad der Markterfassung (Gesamtmarkt vs. Marktsegment) verstanden (vgl. Perillieux, 1987, S. 143).

[250] Vgl. zum folgenden Pfeiffer/Amler/Schäffner/Schneider, 1982, S. 44 ff.

auf sämtliche Branchen gezogen werden. Vielmehr sind situationsspezifische Determinanten zu betrachten, aus denen die Vorteilhaftigkeit einer Strategie abzuleiten ist.[251]

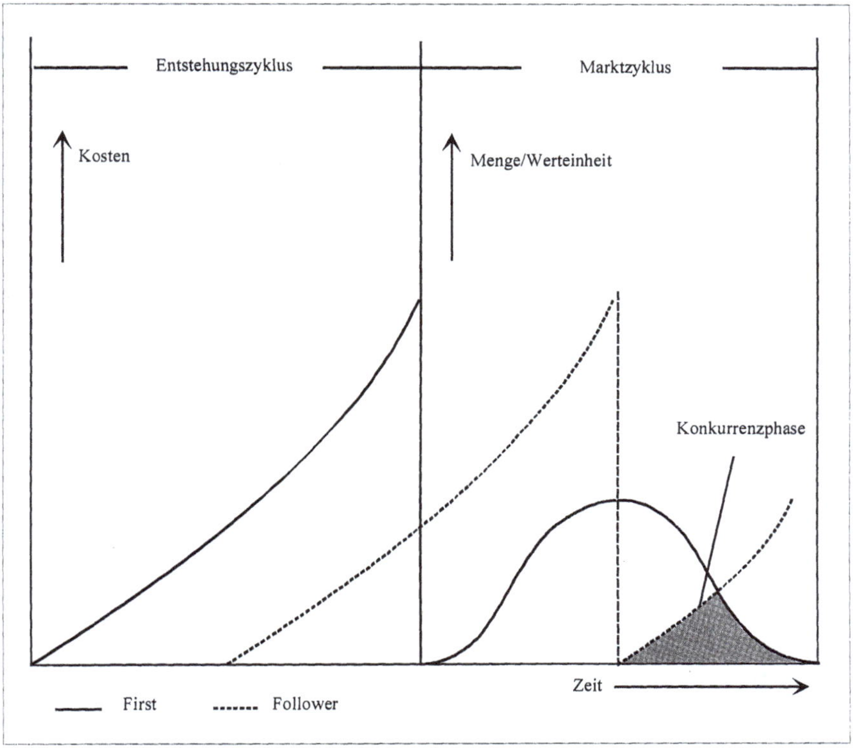

Abbildung 35: Konkurrenzphase von Führer und Folger im Ansatz von Pfeiffer
Quelle: Pfeiffer/Amler/Schäffner/Schneider, 1982, S. 45; zitiert nach Perillieux, 1987, S. 148

Der situationsspezifische Ansatz von Porter beruht auf dem Konzept der generischen Wettbewerbsstrategien.[252] Im Rahmen einer Wettbewerbsstrategie wird festgelegt, welche Aktivitäten die Unternehmung unter Berücksichtigung der herrschenden Wettbewerbskräfte (vgl. das Fünf-Kräfte-Modell nach Porter in Abbildung 36) auf einem bestimmten Geschäftsfeld ergreifen soll, um Wettbewerbsvorteile gegenüber Konkurrenten zu erlangen und ihre Ziele zu errei-

---

[251] Vgl. Perillieux, 1987, S. 150 f.
[252] Vgl. Porter, 1990, S. 62 ff.

chen.[253] Eine Übersicht über die wesentlichen Inhalte des Fünf-Kräfte-Modells findet sich in Kühn/Grünig.[254]

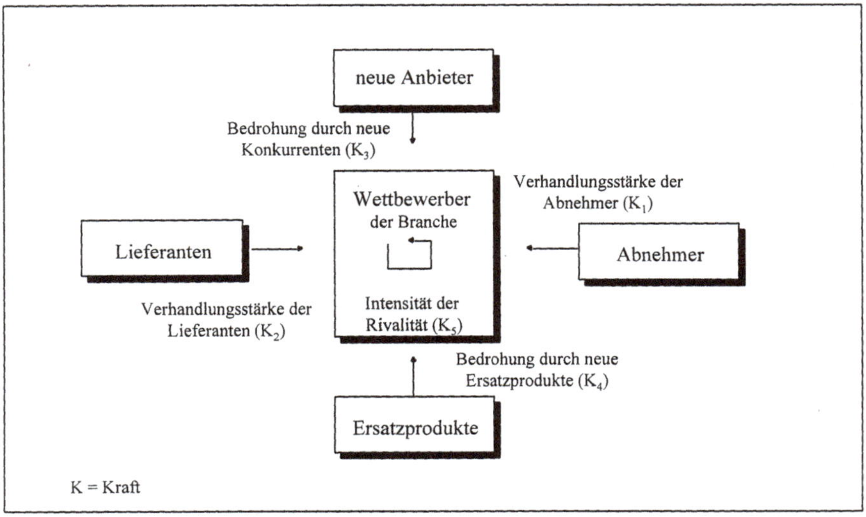

Abbildung 36: Porters Fünf-Kräfte-Modell
Quelle: Kühn/Grünig 1998, S. 122 in Anlehnung an Porter, 1987, S. 26

Zur Erzielung eines nachhaltigen Wettbewerbsvorteils gegenüber der Konkurrenz stehen einer Unternehmung prinzipiell drei generische Wettbewerbsstrategien offen,[255] die sich aufgrund der Art des zugrunde liegenden Wettbewerbsvorteils und der Breite der Wettbewerbs- bzw. Angebotspositionierung unterscheiden:[256]

- Kostenführerschaft: Der Wettbewerbsvorteil entsteht aus einem gesamtmarktbezogenen, primär kostenorientierten Denken und Handeln des Unternehmens, wobei die Kosten unterhalb denen der Branchenkonkurrenz liegen.
- Differenzierungsstrategie: Der Wettbewerbsvorteil entsteht aus der Schaffung eines innerhalb der Branche einzigartigen Produktes, wodurch sich auf dem Gesamtmarkt höhere Preise durchsetzen lassen und die Kosten nur noch sekundäre Bedeutung erlangen.

---

253 Vgl. Porter, 1980, S. 4 und Schendel/Hofer, 1979, S. 13.
254 Vgl. Kühn/Grünig, 1998, S. 43.
255 Vgl. Porter, 1990, S. 62 ff.
256 Vgl. Kühn/Grünig, 1998, S. 53.

- Nischenstrategie: Der Wettbewerbsvorteil entsteht aus der konzentrierten Bearbeitung einer oder mehrerer Nischen, z.B. bestimmter Abnehmergruppen, spezieller Teile des Produktionsprogramms oder geographisch abgegrenzter Märkte. Voraussetzung ist dabei, daß ein Unternehmen ein eng begrenztes Marktsegment effizienter bearbeiten kann als die Konkurrenten, die den Gesamtmarkt bedienen. Als Ergebnis der Strategie wird in der Nische wiederum Kostenführerschaft oder Differenzierung oder beides zusammen erreicht.

Für die Realisierung von Kostenführerschaft, Differenzierung oder Nischenstrategie haben die Unternehmen die Wahlmöglichkeit zwischen Führerschaft und Folgerschaft. Führer- bzw. Folgerschaft umfaßt dabei sowohl die Ebene des Markteintrittszeitpunkts als auch die Ebene der Technologieposition. Mit der Strategie der Führerschaft können auf der Ebene der Technologieposition durch neue Produktionsprozesse bzw. Produkte eher Kosten- bzw. Differenzierungsvorteile erzielt werden. Durch die Folgestrategie, die durch Adaption der Technologie versucht, aus den Fehlern des Führers zu lernen, können Produkte und Prozesse dagegen besser auf die Anforderungen bestimmter Marktnischen abgestimmt werden.

Bei differenzierter Betrachtung von Markteintrittszeitpunkt und Technologieposition bedeutet die Führerschaft auf der Ebene des Markteintrittszeitpunkts (= Pionier) gleichzeitig die Führerschaft auf der Ebene der Technologieposition. Technologieführer kann jedoch auch ein Unternehmen sein, das als Innovationsfolger zu einem späteren Zeitpunkt in den Markt eintritt. Die beschriebenen Zusammenhänge sind in Abbildung 37 verdeutlicht.

Technologie-position / Zeitpunkt des Markteintritts	Führer	Folger
Pionier	X	
Innovations-folger	X	X

Abbildung 37: Zwei Ebenen technologieorientierter Strategien im Ansatz von Porter
Quelle: zitiert nach Perillieux, 1987, S. 152

Nach Porter beruhen das Timing des Markteintritts sowie die Wahl der Technologieposition im wesentlichen auf den gleichen Kriterien.[257] Welche Strategie erfolgreich ist, hängt von den in Tabelle 10 dargestellten acht Gruppen von Situationsdeterminanten ab.

Situationsdeterminante	**Ausprägung der Situationsdeterminante**	
Grad der technischen Verbesserungsfähigkeit einer Technologie	hoch	gering
Grad der Einzigartigkeit der technologischen Fähigkeiten einer Unternehmung	hoch	gering
Ausmaß langfristiger Führervorteile, die über die Monopolphase hinaus wirksam sind (loyales Kundenverhalten, Führerimage, Produktwechselkosten, frühe Adopter, Erfahrungskurvenvorteile)	hoch	gering
Grad der Kontinuität produkt- und prozeßtechnologischer Veränderungen	gering	hoch
Grad der Stabilität von Abnehmerbedürfnissen	hoch	gering
Grad der Irreversibilität und Spezialisierung erforderlicher Investitionen	gering	hoch
Grad der Unsicherheit über die technologische Entwicklung	gering	hoch
Grad der Partizipation an Führerinvestitionen hinsichtlich Technologieentwicklung und Marktakzeptanz	gering	hoch
Strategieempfehlung	**Führerschaft**	**Folgerschaft**

Tabelle 10: Führer-/Folger-Strategieempfehlungen nach Porter

Porters Ansatz versucht, eine Verbindung zwischen der Wahl der Wettbewerbsstrategie und dem technologischen Wandel herzustellen.[258] Insgesamt hängt die empfohlene Strategie davon ab, mit welcher Dynamik sich das technologische Umfeld des Unternehmens verändert. Eine hohe Veränderungsdynamik führt im allgemeinen dazu, daß sich die Pioniervorteile des Technologieführers nur schwer verteidigen lassen. In einem solchen Falle verspricht die reaktive Folgerstrategie mehr Erfolg. Bei geringer Veränderungsdynamik ist dagegen eher die Strategie der Technologieführerschaft angezeigt.

Durch die Identifikation der teilweise interdependenten Situationsdeterminanten wird eine erste Orientierungshilfe für die Strategiewahl gegeben. Problematisch ist indessen, daß nicht davon ausgegangen werden kann, daß alle Situationsdeterminanten einheitlich entweder die Führer- oder die Folgerstrategie nahelegen.[259] Dies wäre nur bei einer vollkommenen Interdependenz dieser Faktoren

---

[257] Vgl. Porter, 1982, S. 36.

[258] Vgl. Porter, 1992, S. 219 ff.

[259] Vgl. Perillieux, 1987, S. 154.

der Fall. So muß im Regelfall eine Abwägung darüber erfolgen, welche situativen Faktoren den Ausschlag geben.

Neben der Wahl des geeigneten Markteintrittszeitpunkts und der Verteilung der Ressourcen auf einzelne, den Innovationsprojekten zugrundeliegende Technologien muß auch die Beschaffung von Ressourcen aus einer projektübergreifenden Perspektive betrachtet werden.[260] An dieser Stelle soll auf die Faktoren Personal, Wissen und Technologie näher eingegangen werden.

3.6.3 Beschaffung von Wissen und Technologie

Wissen bezieht sich auf hochkomplexe Zusammenstellungen von Daten und ist von Informationen zu unterscheiden, die sich auf einfache und diskrete Daten beziehen.[261] Explizites Wissen ist leicht artikulierbar, dokumentierbar und durch formale Methoden beschreibbar. Implizites Wissen umfaßt Erfahrungswissen - bestehend aus persönlichen Erkenntnissen und Erfahrungen, Prozeduren, Informationswegen sowie informeller Koordination - und soziales Wissen. Soziales Wissen umfaßt das Verständnis über zugrundeliegende Werte und Normen sowie über die Kultur.[262] Die Beschaffung von explizitem Wissen erscheint deutlich einfacher als die von implizitem Wissen, das sehr stark mit Personen und deren Erfahrungen zusammenhängt.[263]

Bei den Überlegungen zur Beschaffung von externem Wissen kann ein Unternehmen die nachfolgend aufgeführten Überlegungen anzustellen (vgl. Abbildung 38):

Erstens: Wird überhaupt eine eigene Innovation angestrebt? Ist dies nicht der Fall, bleibt dem Unternehmen - neben der bewußten Entscheidung zur Nicht-Innovation, die hier vernachlässigt werden soll - nur die Möglichkeit des Innovationseinkaufs, des Imitationsmanagements oder der Lizenznahme.

Zweitens: Für den Fall, daß eine eigene Innovation angestrebt wird: Soll die Innovation in die eigene Unternehmung eingegliedert werden? Falls ja, so sind organisatorische Überlegungen im Hinblick auf die Eingliederung des Innovationsprojektes ins eigene Unternehmen anzustellen. Falls nein, so bleiben dem Unternehmen entweder nicht-kooperative Strategiealternativen wie die Akquisition innovativer Unternehmen oder die Entwicklung von Innovationen im Konzernverbund oder kooperative Strategiealternativen wie die Auftragsfor-

---

[260] Vgl. Brockhoff, 1994, S. 146.

[261] Vgl. Gassmann, 1997, S. 26.

[262] Vgl. Gassmann, 1997, S. 150 f.

[263] Der Wissenstransfer über den Austausch von Personal ist dabei eine Möglichkeit, neben dem expliziten auch das implizite Wissen zu erlangen (vgl. Gassmann, 1997, S. 208 ff.).

schung oder Innovationskooperationen im engeren Sinne. Mischungen zwischen den Strategien sind hierbei durchaus möglich.[264]

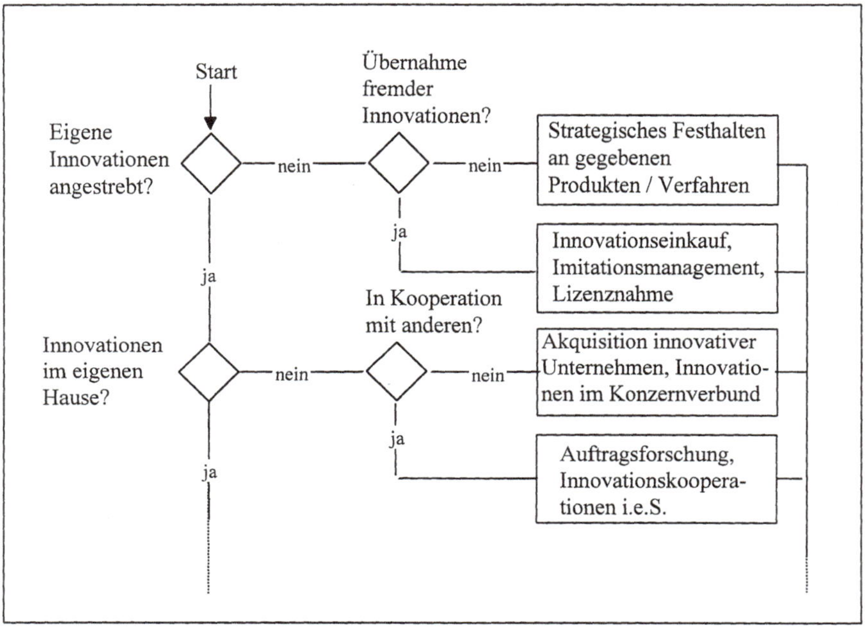

Abbildung 38: Innovationsstrategien und ihre organisatorischen Konsequenzen
Quelle: nach Hauschildt, 1993, S. 30

Sämtliche aufgezeigten Alternativen haben einen langfristigen Charakter und sind daher nicht auf operativer Projektebene, sondern auf strategischer Ebene zu betrachten. Dies gilt insbesondere für Alternativen, aus denen sich möglicherweise Synergieeffekte für andere Projekte ergeben könnten, wie z.B. Kooperationen.

Als Abgrenzung zu den Möglichkeiten der Wissensbeschaffung auf operativer Ebene sei eine Übersicht von Brockhoff aufgezeigt. In ihr werden sämtliche Möglichkeiten wiedergegeben, bei denen das Wissen nicht durch den Erwerb von Unternehmen oder durch Kooperationen gewonnen wird.[265]

---

[264] Zur detaillierten Beschreibung der einzelnen Strategiealternativen vgl. Hauschildt, 1993, S. 29 ff.; Pleschak/Sabisch, 1995, S. 272; zu den Strategien der Kooperation und Lizenznahme vgl. Specht/Beckmann, 1996, S. 385 ff. bzw. S. 445 ff.

[265] Vgl. Brockhoff, 1994, S. 115.

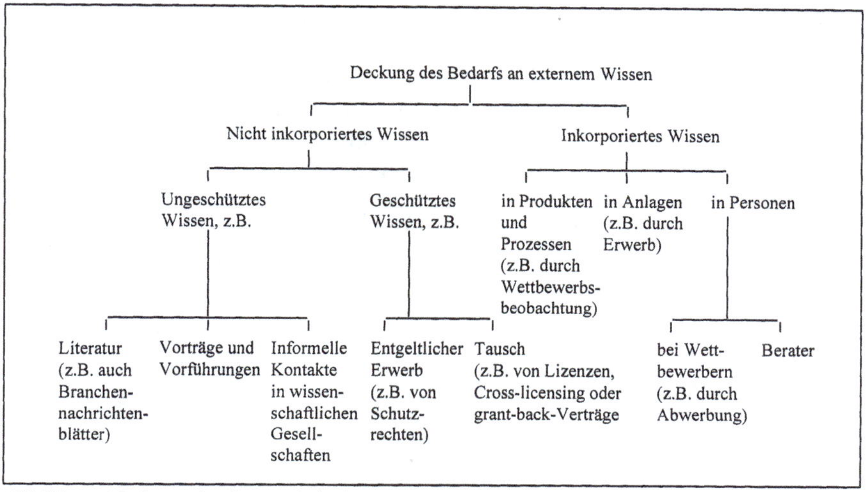

Abbildung 39: Operative bzw. taktische Alternativen zur Beschaffung von externem Wissen
Quelle: Brockhoff, 1994, S. 115

Die Beschaffung von externem Wissen bekommt zunehmend internationalen Charakter; je stärker ein Unternehmen in internationale Netzwerke eingebunden ist, desto leichter kann es auf neueste Forschungsergebnisse zurückgreifen.[266] Oppenländer stellt fest: „Empirische Untersuchungen weisen aus, dass innovationsdynamische Branchen solche sind, die für den Weltmarkt arbeiten und die weitgehend die weltweit herausgebildeten Technologiefelder auf sich vereinen.“[267]

Die Beschaffung von technologischem Wissen kann als stark risikoabhängig oder risikobestimmt betrachtet werden.[268] Zur Verringerung der Komplexität betrachten Roberts und Berry bei der „familiarity matrix“ nur das technologische Risiko und das Marktrisiko.[269] Abbildung 40 zeigt die „familiarity matrix“ nach Roberts/Berry.

Die Abszisse zeigt den Grad der Vertrautheit mit den Technologien, die in ein Produkt eingehen, die Ordinate den Grad der Vertrautheit mit dem Markt an. Je nach Kombination der Risiken sollen unterschiedliche Formen der Technologiebeschaffung vorteilhaft sein, wobei allerdings keine eindeutigen Zuordnungen bestehen.

---

[266] Vgl. Boutellier/Gassmann, 1996, S. 290 f.
[267] Oppenländer, 1995, S. 106.
[268] Vgl. Brockhoff, 1994, S. 119 ff.
[269] Vgl. Roberts/Berry, 1985, S. 3 ff.

Für jedes Feld der Matrix werden Norm-Strategien mit jeweils spezifischen Vor- und Nachteilen vorgeschlagen. Als Kritik sei die mangelnde empirische Überprüfung und die Zweifelhaftigkeit einiger Annahmen genannt. So ist z.B. die Annahme fraglich, daß generell Akquisitionen und die Lizenzierungen zu schnelleren Ergebnissen kommen als die interne Entwicklung. Auch die Annahme, daß interne Technologiebeschaffung und Akquisitionen in stärkerem Maße Managementkapazität und Finanzmittel binden als der Einsatz von „venture capital" oder „educational acquisitions", könnte sich als unzutreffend erweisen. Die Matrix bietet jedoch Aussagen, die für die spezifische Situation kritisch zu überprüfen sind.

Market Factors			
New Unfamiliar	Joint Ventures	Venture Capital or Venture Nurturing or Educational Acquisitions	Venture Capital or Venture Nurturing or Educational Acquisitions
New Familiar	Internal Market Developments or Acquisitions (or Joint Ventures)	Internal Ventures or Acquisitions or Licensing	Venture Capital or Venture Nurturing or Educational Acquisitions
Base	Internal Base Developments (or Acquisitions)	Internal Product Developments or Acquisitions or Licensing	„New Style" Joint Ventures
	Base	New Familiar	New Unfamiliar
		Technologies or Services Embodied in the Product	

Abbildung 40: Familiarity matrix nach Roberts/Berry
Quelle: Roberts/Berry, 1985, S. 8

3.6.4 Beschaffung von Personal

Für Innovationsprojekte ist es notwendig, den Personalbedarf insgesamt oder für einzelne Projektabschnitte zu ermitteln. Zur Durchführung von Projekten entsteht Personalzusatzbedarf, der eher kurzfristig und in Abhängigkeit vom Entwicklungsstand einzelner Projekte variabel ist. Der Personalgrundbedarf wird dagegen „aufgrund summarischer Vermutung oder durch politische Setzung festgelegt“[270]. Die Deckung von Personalgrundbedarf ist für die Funktionsbereiche des Unternehmens erforderlich, die ihre Aufgaben notwendigerweise kontinuierlich erfüllen müssen. In der Regel sind dies z.B. der Entwicklungs-, Marketing- oder Produktionsbereich.

Bei der Frage, wie der Personalbedarf für ein Projekt zu decken ist, muß die Gesamtsituation der Personalressourcen betrachtet werden. Für die Deckung des Personalbedarfs bestehen nach Kossbiel et al. grundsätzlich die folgenden Alternativen:[271]

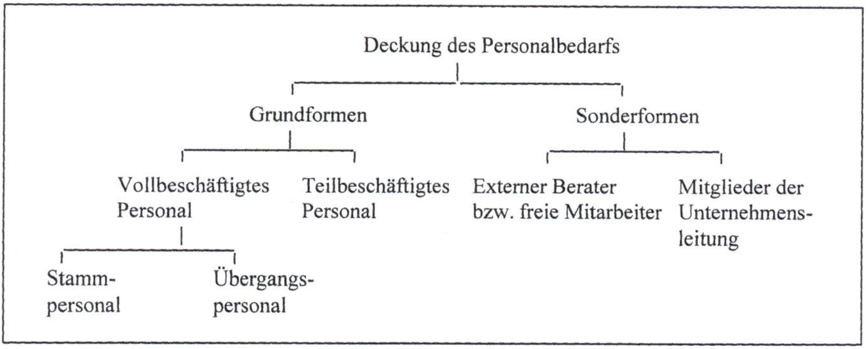

Abbildung 41: Alternativen zur Deckung von Personalbedarf
Quelle: Kossbiel et al., 1984a, S. 661; zitiert nach Brockhoff, 1994, S. 147

Eines der Hauptmerkmale von Projekten ist ihre zeitliche Abgeschlossenheit; daher ist der Personalbedarf für Projekte der obigen Einteilung zufolge in erster Linie über teilbeschäftigtes Personal, externe Berater, freie Mitarbeiter oder Mitglieder der Geschäftsleitung zu decken. Unter teilbeschäftigtem Personal sind Mitarbeiter zu verstehen, die für die Dauer des Projektes voll- oder teilzeitlich von ihrer üblichen Tätigkeit freigestellt werden.[272] Reichen die Personalressourcen des Unternehmens nicht aus, weil z.B. verschiedene umfangreiche Projekte parallel ablaufen, so müssen - vorausgesetzt, es sind entsprechende Folgeprojekte gesichert - neue Mitarbeiter eingestellt werden.

Bei der Auswahl des Personals sind die fachliche Kompetenz sowie die sozialen Fähigkeiten und individuelle Verhaltensmuster der Bewerber zu berücksichtigen.[273] Dazu gehören z.B. Konflikt- und Kommunikationsfähigkeit, Offenheit,

---

[270] Kossbiel, 1984, S. 114 ff.
[271] Vgl. Kossbiel et al., 1984a, S. 661.
[272] Vgl. Specht/Beckmann, 1996, S. 308.
[273] Vgl. Gmeiner, 1997, S. 159.

Bereitschaft zu Verantwortungsübernahme oder ein funktionsübergreifendes Verständnis betrieblicher Zusammenhänge. Weiterhin ist bei der Bewerberauswahl folgendes zu beachten:

- Die fachliche Ausrichtung des Personals muß mit den strategischen Zielen übereinstimmen.
- Das Wissen des Personals muß auf dem neuesten Stand sein, evtl. auch in bezug auf Wettbewerbsaktivitäten.
- Das Personal muß eine hohe Anpassungsfähigkeit[274] an innovationsspezifische Aufgabenstellungen aufweisen und diesen Aufgaben entsprechend mit hoher Konfliktfähigkeit[275] ausgestattet sein.

Die Projektpositionen sollten formal im Organisationsplan eines Unternehmens ausgewiesen werden und mit guten Aufstiegsmöglichkeiten versehen sein.[276] Weiterhin ist es notwendig, die Projektleiter in die entsprechenden Informations- und Entscheidungsprozesse einzubinden. So wird ein hoher Anreiz für eine Projektlaufbahn innerhalb des Unternehmens geschaffen, und es können qualifizierte Mitarbeiter für die Projektarbeit gewonnen werden. Um die Leistungen der Mitarbeiter darüber hinaus positiv zu beeinflussen, ist es auch möglich, bei projektbezogener Arbeit Anreizsysteme zu schaffen. So lassen sich z.B. Systeme entwickeln, die bei erfolgreichem Projektabschluß die Zahlung von Prämien oder die Besuche von Seminaren oder Messen vorsehen.

Da Personal nicht beliebig ersetzt oder beschafft werden kann, ist neben der Personalbeschaffung auch die Personalentwicklung, d.h. eine „Entwicklung und Verbesserung der Leistungsfähigkeit und -bereitschaft“[277] des vorhandenen Personals zu berücksichtigen. Hierbei sind alle gängigen Maßnahmen wie Schulungen, Seminare, Workshops usw. denkbar, in denen durch interne oder externe Trainer innovationsspezifische Fähigkeiten weiterentwickelt werden. Die Schwerpunkte der Personalentwicklungsinhalte für Mitglieder in Innovationsteams können Teamarbeitstechniken, Verbesserung der sozialen Kompetenz, des funktionsübergreifenden Verständnisses und der Gruppendynamik sowie der Umgang mit gruppenunterstützenden Informations- und Kommunikationstechnologien sein.[278]

---

274 Vgl. Brockhoff, 1994, S. 147.
275 Vgl. Hauschildt, 1993, S. 80.
276 Vgl. zum folgenden Specht/Beckmann, 1996, S. 320 f.
277 Gabler Wirtschaftslexikon, 1993, S. 2564 f.
278 Vgl. Gmeiner, 1997, S. 169 ff.

3.7 Zusammenfassung der theoretischen Phaseninhalte

In den vorangegangenen Abschnitten wurden die wesentlichen theoretischen Inhalte der fünf Phasen des Modells dieser Arbeit beschrieben. Abbildung 42 gibt einen Überblick über diese Inhalte.

Die Teilphasen sind dabei jeweils nach dem idealtypisch sequentiellen Verlauf numeriert, die Befähigungsfaktoren ergänzend aufgeführt.

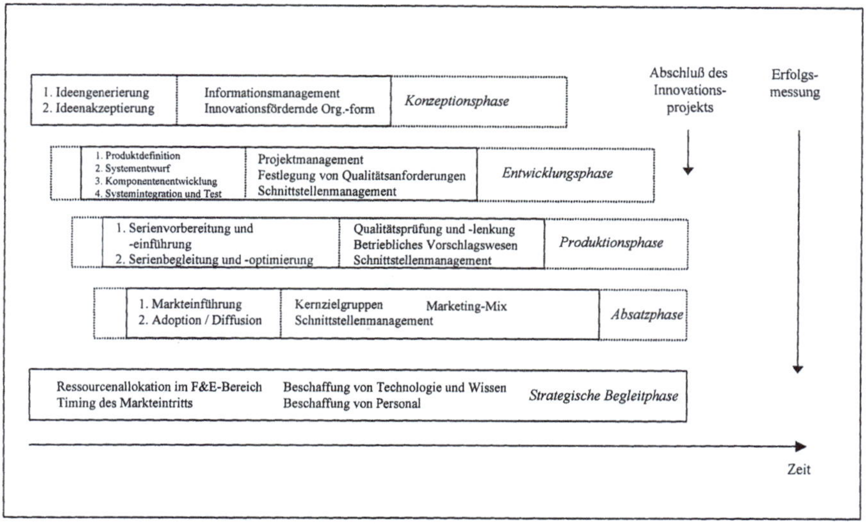

Abbildung 42: Theoretische Inhalte der Modellphasen

Im folgenden werden die Modellphasen zusammenfassend definiert und gegeneinander abgegrenzt.

⇒Konzeptionsphase:
Die Konzeptionsphase beschreibt den Teilprozeß von der ersten Idee und Suchfeldbestimmung bis zur Entscheidung für eine zu realisierende Innovationsidee. Dies beinhaltet eine eingehende Prüfung der verschiedenen Ideenalternativen mittels einschlägiger Bewertungsverfahren. Wesentliche Befähigungsfaktoren sind das Informationsmanagement und dabei insbesondere die Verfügbarkeit und weitgehende Vollständigkeit der Informationen und die innovationsfördernde Organisationsform, die positive Auswirkungen auf den Kreativitätsprozeß hat. An dieser Phase sind in der Regel verschiedene betriebliche Funktionen beteiligt, so daß eine eindeutige Zuordnung und funktionsspezifische Bezeichnung nicht möglich ist. In der Literatur werden häufig zwei primäre Ideenquellen genannt: Technologieorientierte Ideen entstammen dem Forschungs-

oder auch Vorentwicklungsbereich, marktorientierte Ideen tragen den Bedürfnissen der Kunden Rechnung und werden intern durch den Marketing- bzw. Absatzbereich kommuniziert.

⇒Entwicklungsphase:
In der Entwicklungsphase wird das Produkt im Hinblick auf die technische Problemlösung in einem Pflichtenheft definiert, und es erfolgt die Erarbeitung einer Baustruktur sowie eine endgültige Festlegung der Produkt- und Prozeßtechnologien. Weiterhin werden einzelne Komponenten entwickelt und integriert, und schließlich erfolgen Tests im Hinblick auf die Funktionsfähigkeit des Produktes. Der Befähigungsfaktor Projektmanagement hilft, die Produktentwicklung strukturiert zu planen, zu steuern und zu kontrollieren. Die Festlegung von Qualitätsanforderungen schafft die Grundlage für eine den Kundenanforderungen gerechte Produktqualität. Durch die Kommunikation und Information zwischen den beteiligten Bereichen Entwicklung, Konstruktion, Marketing und Fertigung wird eine möglichst vollständige Informationsbasis und ein schneller Informationsaustausch möglich. Die Entwicklungsphase wird von den Funktionsbereichen der Entwicklung und Konstruktion dominiert.

⇒Produktionsphase:
Die Vorbereitung und Einführung der Serienproduktion sowie die Serienbegleitung und -optimierung sind die wesentlichen Inhalte der Produktionsphase. Bei der Serienvorbereitung und -einführung geht es in erster Linie darum, das Produkt in den Erstellungsprozeß der bestehenden Produkte zu integrieren oder neue Produktionsmöglichkeiten aufzubauen. Dies betrifft sowohl strukturelle Bereiche wie die Anordnung der Maschinen oder den Produktionstyp (z.B. Werkstatt- oder Fließfertigung) als auch die Produktionsplanung und -steuerung. Bei der Serienbegleitung und -optimierung stehen Maßnahmen zur Qualitätsverbesserung im Vordergrund. Durch den Befähigungsfaktor der Qualitätsprüfung und -lenkung wird überprüft, ob bei der Herstellung die definierten Qualitätsanforderungen eingehalten werden. Im Rahmen des Schnittstellenmanagements wird die Kommunikation zwischen den beteiligten Funktionsbereichen betrachtet. Das Betriebliche Vorschlagswesen kann zu permanenten Innovationen in kleinen Schritten führen und eine Grundlage für ständige Verbesserungen darstellen. Die Produktionsphase wird vom Funktionsbereich der Produktion dominiert.

⇒Absatzphase
Die Absatzphase hat die Einführung des serienreifen Produktes am Markt zum Inhalt. Entscheidend für die weitere Verbreitung des Produktes am Markt ist die Definition und Ansprache von geeigneten Kernzielgruppen, die idealerweise als Meinungsführer und frühe Adoptoren für eine schnelle Diffusion des Produktes sorgen. Die Teilphasen wird vom Befähigungsfaktor des Marketing-Mix

unterstützt. So wird die Markteinführung von geeigneten Kommunikationsmaßnahmen begleitet. Neben der Werbung spielen die verbleibenden drei Elemente des Marketing-Mix eine zentrale Rolle. So sind Entscheidungen über den Preis und den Distributionsweg zu fällen und andere Produktmerkmale wie die Verpackung oder zusätzliche Serviceleistungen festzulegen. Beim Befähigungsfaktor Schnittstellenmanagement werden Informationen betrachtet, die direkt vom Kunden erfragt werden oder im Rahmen der Marktforschung bzw. von Produkttests ermittelt und anschließend verarbeitet werden. Die Absatzphase endet mit der Übergabe der Produktinnovation in die tägliche Routine des Produktmanagements. Sie ist von den Funktionsbereichen Absatz bzw. Vertrieb und Marketing dominiert.

⇒Strategische Begleitphase:
Die Strategische Begleitphase begleitet in zeitlicher Hinsicht alle anderen Phasen und ist dadurch per se nicht durch eine einzelne Funktion bestimmt. Sie umfaßt diejenigen Aktivitäten innerhalb des Innovationsprozesses, die langfristigen Charakter haben und eine integrale Betrachtung z.B. anderer Innovationsprojekte oder des Wettbewerbs notwendig machen. Die wesentlichen Innovationsaktivitäten sind die Verteilung von F&E-Ressourcen auf die den Projekten zugrundeliegenden Technologien und das Timing des Markteintritts mit den sich daraus ergebenden Konsequenzen. Die Beschaffung von Technologie, Wissen und Personal ist ein weiterer Schwerpunkt der Strategischen Begleitphase. Die Entscheidungen in der Strategischen Begleitphase sind im wesentlichen vom oberen Management des Unternehmens dominiert.

Die funktionsorientierten Bezeichnungen der Entwicklungs-, Produktions- und Absatzphase sollen nicht über deren integrale Inhalte hinwegtäuschen, sie bedeuten lediglich, daß diese Phasen von bestimmten funktionalen Bereichen dominiert werden. So sind z.B. bei der Entwicklung eines Produktes verschiedene Funktionsbereiche des Unternehmens involviert: Die F&E-Abteilung entwickelt das Produkt vom ersten Entwurf bis zum Prototyp, die Marketingabteilung liefert als Input die Anforderungen der Kunden an das Produkt, die Produktionsabteilung benötigt bereits im Entwicklungsstadium Informationen, um den späteren Produktionsbeginn so reibungslos wie möglich ablaufen zu lassen. Die Dominanz liegt in der Entwicklungsphase jedoch eindeutig beim Forschungs- und Entwicklungsbereich, durch den die eigentliche Innovation im Sinne eines physischen Produktes entsteht.

Wie bereits in Kapitel 2.2 angesprochen, liefert ein Phasenmodell dann eine hinreichend genaue Abbildung der Realität, wenn im Modell parallele Phasenverläufe sowie iterative Rückkopplungen zwischen den einzelnen Phasen möglich sind. Diese beiden Anforderungen sind zentrale Bestandteile des Modells. Die Möglichkeit der Überlappung der einzelnen Phasen ist im Modell durch die gestrichelten Linien kenntlich gemacht. Rückkopplungen sind ausdrücklich zugelassen, das Überspringen ganzer Phasen soll jedoch hier ausgeschlossen werden, d.h. zumindest Teile einer Phase müssen durchlaufen werden.

Die wichtigsten Inhalte und Abgrenzungen der Phasen sind zusammenfassend in Tabelle 11 dargestellt.

Phase	**Phaseninhalt**	**Dominierende Aktivität / Inhalt Funktion**
Konzeptionsphase	Prozeß von der ersten Idee und Suchfeldbestimmung bis zur Entscheidung für eine zu realisierende Idee	Kreativität, Entscheidungsmechanismen
Entwicklungsphase	Prozeß von der Projektdefinition bis zur Integration der Komponenten und Durchführung von Systemtests	Entwicklung Konstruktion
Produktionsphase	Prozeß, der sich mit allen produktionsspezifischen Themenstellungen befaßt, also von ersten Planungen zur Serienfertigung bis zu marginalen Produktionsänderungen nach Anlauf der Serienfertigung	Produktion
Absatzphase	Prozeß von der Vorbereitung der Markteinführung bis zu dem Zeitpunkt, zu dem das Innovationsprojekt in die tägliche Routine überführt wird	Marketing Vertrieb
Strategische Begleitphase	Verteilung von Ressourcen, Festlegung der Markteintrittsstrategie und Aufbau von Personal- und Wissensressourcen	Management

Tabelle 11: Die wesentlichen Inhalte des Phasenmodells

Im folgenden Kapitel werden dem Modell aus der empirischen Erfolgsfaktorenforschung Faktoren zugeordnet, die in einem direkten Zusammenhang mit dem Erfolg von Innovationsprojekten stehen. Dabei werden die Inhalte der Teilphasen und Befähigungsfaktoren auf ihre Relevanz im Rahmen der empirischen Erfolgsfaktorenforschung überprüft.

4 Erfolgsfaktoren und Erfolgsmessung

In diesem Kapitel werden zunächst einige Grundlagen der Erfolgsfaktorenforschung dargestellt. Anschließend werden Erfolgsfaktoren, die in der empirischen Erfolgsfaktorenforschung in früheren Studien ermittelt wurden, den Phaseninhalten und Befähigungsfaktoren des in Kapitel 3 entwickelten Modells zugeordnet. Abschließend werden Erfolgsmeßkriterien definiert, die ebenfalls auf der Literatur der empirischen Erfolgsfaktorenforschung basieren.

4.1 Grundlagen der Erfolgsfaktorenforschung

Die Suche nach den Einflußgrößen für Unternehmenserfolg oder -mißerfolg verlagerte sich in der Betriebswirtschaftslehre von den Versuchen einer holistischen Betrachtung der Totalmodelle immer mehr auf die Betrachtung einer überschaubaren Anzahl von Determinanten, die den Erfolg bestimmen.[1] Der Erstgebrauch des Ausdrucks „Erfolgsfaktor" wird im allgemeinen Daniel[2] zugeschrieben, der 1961 die Bestimmung von „critical success factors" vorschlug, um Ansatzpunkte für die Auswahl strategisch relevanter Führungsinformationen zu gewinnen.[3] Erfolgsfaktoren geben in einer Quasi-Gesetzmäßigkeit Zusammenhänge zwischen Entscheidungsalternativen der Faktoren und dem resultierenden Erfolg oder Mißerfolg an.[4] „Critical success factors thus are, for any business, the limited number of areas in which results, if they are satisfactory, will ensure competitive performance for the organization."[5] Nach Fritz ist das allgemeine Ziel der Erfolgsfaktorenforschung, „jene Kausalfaktoren empirisch zu ermitteln, die über Erfolg oder Mißerfolg der betrieblichen Aktivitäten maßgeblich entscheiden."[6]

Da der Wunsch, den Erfolg betrieblichen Handelns und seine Ursachen zu ermitteln zu den Grundlagen betriebswirtschaftlicher Forschung gehört, sind Erfolgsuntersuchungen keineswegs selten durchgeführt worden. So finden sich Studien u.a. in der Organisationsforschung, der Entscheidungsforschung, der

---

[1] Vgl. Susen, 1995, S. 35.

[2] Vgl. Daniel, 1961, S. 111 ff.

[3] Vgl. Kühn/Grünig, 1998, S. 91. Die Identifikation von zentralen, den langfristigen Unternehmenserfolg bestimmenden Faktoren wurde dabei erstmals im Zusammenhang mit der Gestaltung von Informationssystemen angestrebt, mit dem Ziel der Eindämmung von Informationen mit geringem Gehalt und dem systematischen Auffinden von benötigten Schlüsselinformationen (vgl. Grünig/Heckner/Zeus, 1996, S. 2 und Rockart, 1979, S. 81 ff.).

[4] Vgl. Susen, 1995, S. 35.

[5] Rockart, 1979, S. 85.

[6] Fritz, 1993, S. 1.

Personalführungsforschung, der Strategieforschung, der Marketingforschung[7] und der Innovationsforschung.

Im Rahmen dieser Arbeit werden im folgenden die Studien zum Thema Innovationsmanagement weiter betrachtet. Als Erfolgsfaktoren im Innovationsmanagement werden solche Sachverhalte bezeichnet, die den Unternehmenserfolg nachhaltig beeinflussen und deren Gestaltung primär die Aufgabe des Innovationsmanagements ist.[8]

Es lassen sich Erfolgsfaktoren großer Reichweite, die generelle Gültigkeit besitzen, von Erfolgsfaktoren mittlerer Reichweite abgrenzen, deren Gültigkeit nur für eine Branche oder nur für bestimmte Produkte besteht. Erfolgsfaktoren geringer Reichweite beziehen sich auf die Spezifika eines einzelnen Unternehmens.[9] Eine zusätzliche Unterteilung nehmen Kühn und Grünig vor, die noch auf funktionale bzw. subfunktionale Maßnahmenpakete bezogene Erfolgsfaktoren definieren.[10] Abbildung 43 zeigt die Arten von Erfolgsfaktoren nach der „Breite" des Gestaltungsbereichs nach Kühn und Grünig.

Im Rahmen dieser Arbeit werden alle Arten von Erfolgsfaktoren durch den Einsatz des Instrumentariums analysiert. Die generellen, marktspezifischen und unternehmensspezifischen Erfolgsfaktoren können dabei ein Bestandteil der Ergebnisse des Instrumentariums sein. Auch auf funktionale bzw. subfunktionale Maßnahmenpakete bezogene Erfolgsfaktoren werden im Rahmen des Instrumentariums berücksichtigt.

„Erfolgsfaktoren, die anderen Erfolgsfaktoren zeitlich vorgelagert sind und auf diese eine positive oder negative Wirkung haben, werden auch Einflußfaktoren genannt."[11]

Erfolgsfaktoren können in innerbetriebliche und außerbetriebliche Bestimmungsgrößen unterteilt werden:[12]

⇒außerbetriebliche, vom Unternehmen nicht beeinflußbare Faktoren:[13]

- Umweltfaktoren (z.B. Wettbewerb)

⇒innerbetriebliche, vom Unternehmen beeinflußbare Faktoren:

---

[7] Vgl. Fritz, 1993, S. 1 und Fritz, 1995, S. 56.

[8] angelehnt an die Definition der Erfolgsfaktoren im Marketing von Fritz, 1993, S. 7.

[9] Vgl. Trommsdorff, 1990, S. 4 und Susen, 1995, S. 35 f.

[10] Vgl. Kühn/Grünig, 1998, S. 92 ff.

[11] Popp, 1996, S. 34.

[12] Vgl. Johne/Snelson, 1988, S. 114 ff.

[13] Kritisch anzumerken bleibt, daß auch die außerbetrieblichen Faktoren vom Unternehmen beeinflußbar sind, wenn auch oftmals eher indirekt und langfristig.

- Gesamtunternehmensfaktoren (Tätigkeiten und Eigenschaften)
- Faktoren einzelner Unternehmensfunktionen (z.B. F&E, Marketing)
- Faktoren einzelner Individuen (Mitarbeiter).

Merkmale	Beispiele
generelle Erfolgsfaktoren	
• Nutzung erklärt Erfolgsunterschiede zwischen Unterneh-men/Geschäftsbereichen • gelten für „alle" Branchen bzw. Märkte • Erfolgswirkung gilt „immer" • abstrakt definierte Variablen	• Marktposition (absoluter und relativer Marktanteil) • Produkte- und Dienstleistungsqualität • Kundenorientierung
marktspezifische Erfolgsfaktoren	
• Nutzung erklärt Erfolgsunterschiede zwischen Unternehmen / Geschäftsbereichen • gelten für eine Branche oder einen Markt • Erfolgswirkung unterliegt gewissen Veränderungen im Zeitablauf • konkreter definierte Variablen	• spezifische Dimensionen der Produktqualität • Dichte des Kundendienstnetzes • Kosteneffizienter Herstellungsprozeß
unternehmensspezifische Erfolgsfaktoren (=effektive Erfolgspotentiale)	
• entspricht der Qualität der Nutzung eines generellen oder marktspezifischen Erfolgsfaktors durch ein Unternehmen • gilt für ein Unternehmen oder einen Geschäftsbereich und bestimmt wesentlich dessen Erfolg • Erfolgswirkung wird durch Verhalten der Konkurrenten mehr oder weniger stark beeinflußt • konkret definierter „Zustand" bzw. „Wert" einer Variablen	• durch eine bestimmte Unternehmung realisierter Qualitätsvorsprung gegenüber der Konkurrenz • technologisch der Konkurrenz überlegene Produktionsanlagen • zweimal so viele Kundendienstniederlassungen als der stärkste Konkurrent
auf funktionale bzw. subfunktionale Maßnahmenpakete bezogene Erfolgsfaktoren	
• „erklären" nicht den Unternehmenserfolg oder Geschäftsbereichserfolg „als Ganzes", sondern den oft mit Hilfskriterien zu messenden Erfolg von Maßnahmearten • beanspruchen oft generelle und zeitunabhängige Geltung • werden meist als konkrete Verhaltensvorschläge, zuweilen auch „rezeptartig" formuliert	• Erfolgsfaktoren beim Business Process Reengineering (z.B. Unterstützung durch Top-Management, Intensives Mitarbeitertraining, Einbindung der Lieferanten und Kunden usw.) • Erfolgsfaktoren der Rekrutierung von Kadermitarbeitern (z.B. Arbeitsinhalt, Führungsstil, externes Unternehmensimage usw.)

Abbildung 43: Arten von Erfolgsfaktoren nach der „Breite" des Gestaltungsbereichs
Quelle: Kühn/Grünig, 1998, S. 93

In der vorliegenden Arbeit konzentriert sich die Betrachtung auf innerbetriebliche Erfolgsfaktoren, vom Unternehmen nicht beeinflußbare Faktoren werden nicht betrachtet.

Erfolgsfaktoren der empirischen Forschung unterscheiden sich außer in ihrer Reichweite auch hinsichtlich ihrer Präzision und Kausalität deutlich voneinander. Komplexe, quantitative Analysen streben eine hohe Präzision an, qualitative Untersuchungen führen hingegen in aller Regel zu „weichen" Aussagen mit geringer Präzision. Die Kausalität im Sinne von Ursachen-Wirkungszusammenhängen ist bei Untersuchungen, die erfolgreiche und erfolglose Projekte analysieren, eher zu finden als bei einseitigen Betrachtungen.[14]

Bei der Erforschung der Erfolgsfaktoren wurde in den vergangenen Jahren eine große Anzahl unterschiedlicher Studien durchgeführt.[15] Die speziell neuproduktorientierte Erfolgsfaktorenforschung versucht, eine Korrelation zwischen dem Erfolg (Mißerfolg) neuer Produkte und verschiedenen unternehmungsinternen sowie -externen Parametern festzustellen.[16] Die Ergebnisse der empirischen Erfolgsfaktorenstudien sind aus Gründen oftmals mangelnder Vergleichbarkeit jedoch kritisch zu betrachten.[17] Die einzelnen Resultate sind jeweils nur begrenzt übertragbar, denn sie gelten „im Durchschnitt" für „bestimmte Innovationsprojekte" in „speziellen Märkten".[18] Im folgenden werden die wesentlichen Kritikpunkte an der empirischen Erfolgsfaktorenforschung kurz dargestellt.

Da ein theoretischer Ansatz für das Geflecht der Zusammenhänge im Innovationsmanagement nicht existiert,[19] ist eine Erfassung aller relevanten Einflußfaktoren in den Studien nicht sichergestellt. Es ist deshalb auch nicht möglich, immer wieder als bedeutungslos erkannte Variablen endgültig auszuschließen und in der weiteren Forschung zu vernachlässigen.[20]

Unterschiedlich gehandhabt wird bei den Studien die Bestimmung der Begriffe für Erfolg und Mißerfolg, wobei zwischen ökonomischem und nicht-ökonomischem Erfolg unterschieden wird. In den meisten Studien wird der

---

14 Vgl. Susen, 1995, S. 36 f.

15 Vgl. z.B. die Meta-Analysen der empirischen Erfolgsfaktorenforschung von Weiß/Neyer, 1990; Hauschildt, 1993a; Johne/Snelson, 1988; Montoya-Weiss/Calantone, 1994 und Lilien/Yoon, 1989.

16 Vgl. Piechottka, 1991, S. 15.

17 Vgl. Specht/Beckmann, 1996, S. 30 f.

18 Specht/Beckmann, 1996, S. 31.

19 Vgl. Hauschildt, 1993a, S. 320.

20 Vgl. Hauschildt, 1993a, S. 320 ff.

ökonomische Erfolg - jedoch oftmals in unterschiedlichen Ausprägungen[21] - gemessen und der nicht-ökonomische Erfolg - also z.B. der Erfolg der technischen Realisierung - vernachlässigt. Die technische Machbarkeit des Produktes wird dabei angenommen. Mit dieser Vorgehensweise werden die Projekte aus der Betrachtung ausgenommen, die aufgrund technischer Schwierigkeiten bereits vor der Markteinführung abgebrochen wurden.

Die Messung des Erfolges wird in den meisten Fällen auf Projektebene durchgeführt; es gibt jedoch auch Studien, die den Erfolg auf der Ebene des Produktprogrammes ermitteln.[22]

Einige Studien vergleichen erfolgreiche mit erfolglosen Projekten, andere untersuchen nur erfolgreiche oder nur erfolglose Projekte.[23] Verschieden ist ebenso der Detailliertheitsgrad der Untersuchung, wobei zum einen detaillierte Studien von wenigen Projekten oder eher übergreifende Analysen von vielen Projekten durchgeführt werden.[24]

In ihrer methodenkritischen Analyse weisen Weiß/Neyer nach, daß in den meisten der 15 von ihnen betrachteten Studien Innovationsprojekte untersucht werden, die inkrementalen Neuheitsgrad besitzen.[25] Weiterhin zeigt sich der ökonomische Erfolg von radikalen Innovationen oftmals erst in späten Phasen des Produktlebenszyklus, die nicht mehr in den Analysezeiträumen der empirischen Studien liegen. „Dies führt dazu, daß verstärkt inkrementale Innovationen als erfolgreich und radikale Innovationen als weniger erfolgreich gekennzeichnet werden."[26]

Die Auswahl der Stichproben kann eine Verzerrung der Ergebnisse bewirken, da bestimmte Variablen durch die Stichprobenauswahl unter- und andere überbewertet werden können. „Es liegt auf der Hand, daß diese Einseitigkeiten insbesondere bei geschichteten Stichproben, namentlich den so beliebten paarweisen Vergleichen ‚erfolgreicher' und ‚erfolgloser' Innovationen auftreten."[27] Weitere Probleme bei der Vergleichbarkeit können durch methodische Vorent-

---

[21] Die verschiedenen Meßdimensionen sind im Rahmen dieser Arbeit in Kapitel 2.4 dargestellt. Ein Überblick über die empirisch eingesetzten Dimensionen gibt Kapitel 4.3. Beispielhaft seien hier die Ausprägungen Umsatz, Gewinn und Marktanteil genannt (vgl. Hauschildt, 1991, S. 451 ff. und Hauschildt, 1993a, S. 320).

[22] Vgl. Johne/Snelson, 1988, S. 116.

[23] Vgl. Montoya-Weiss/Calantone, 1994, S. 397.

[24] Vgl. Lilien/Yoon, 1989, S. 4 ff.

[25] Vgl. Weiß/Neyer, 1990, S. 41 ff.

[26] Specht/Beckmann, 1996, S. 31.

[27] Hauschildt, 1993a, S. 320.

scheidungen bewirkt werden, die Einseitigkeiten hervorrufen. Dabei verweist die Bevorzugung mündlicher und schriftlicher Befragung die Einflußfaktoren auf das Niveau subjektiver Wahrnehmungsmaße und verhindert, daß alle Einflußfaktoren untersucht werden, die verdrängt, vergessen oder wegen des Wechsels der Akteure nicht mehr nachvollziehbar sind.[28] Auch können die unterschiedlichen methodischen Ansätze und statistischen Auswertungen zu Problemen hinsichtlich der Vergleichbarkeit der abgeleiteten Ergebnisse führen.[29]

Der Beginn des Beobachtungszeitraums divergiert in den Studien stark,[30] wobei wichtige Aktivitäten in den frühen Phasen des Innovationsprozesses - wie z.B. die technologische Früherkennung - oftmals nicht betrachtet werden. „Kritisch ist zudem, daß die unternehmensinterne Projektselektion als mögliche Determinante auf den späteren Erfolg der Innovationen meist nicht berücksichtigt wird."[31]

Da die Ergebnisse der Studien dennoch oftmals konsistent sind,[32] sollen die Erfolgsfaktoren trotz der Kritik und der oftmals problematischen Vergleichbarkeit der Studien[33] einer weiteren Auswertung unterzogen werden.

4.2 Ableitung phasenspezifischer Erfolgsfaktoren

Die Auswahl der Studien zur Erfolgsfaktorenforschung, die in der vorliegenden Arbeit berücksichtigt werden, erfolgt in Anlehnung an Hauschildt,[34] der anhand von 47 Untersuchungen eine Meta-Analyse der Determinanten des Innovationserfolges vornimmt.[35] Sein Untersuchungsgegenstand sind deutsch- und englischsprachige Studien, die den Erfolg von Innovationsprojekten analysieren. Die Auswahl der Studien ist dabei nicht willkürlich erfolgt.[36] Im Mittelpunkt der Betrachtung stehen Studien, die Innovationsprojekte beleuchten. Mit diesem Begriff werden „qualitativ 'neuartige' Produkte oder Verfahren [...], die erstmalig von einem Unternehmen in den Markt oder im Betrieb eingeführt wer-

---

28 Vgl. Hauschildt, 1993a, S. 321.

29 Vgl. Montoya-Weiss/Calantone, 1994, S. 397 ff.

30 Vgl. Weiß/Neyer, 1990, S. 90 ff.

31 Specht/Beckmann, 1996, S. 32.

32 Vgl. Lilien/Yoon, 1989, S. 4.

33 Eine ausführliche Diskussion der Kritikpunkte an den Studien der empirischen Erfolgsfaktorenforschung findet sich in den bereits genannten Meta-Analysen von Weiß/Neyer, 1990; Hauschildt, 1993a; Johne/Snelson, 1988; Montoya-Weiss/Calantone, 1994 und Lilien/Yoon, 1989.

34 Vgl. zum folgenden Hauschildt, 1993a, S. 298 ff. und Hauschildt, 1991, S. 451 ff.

35 Die Analyse von Hauschildt eignet sich wegen der Studienauswahl, Vorgehensweise und Aktualität in besonderem Ausmaß.

36 Vgl. Hauschildt, 1993a, S. 298.

den"[37] bezeichnet. Mit dieser Festlegung sind bereits bestimmte Ausgrenzungen verbunden. Hauschildt betrachtet nicht

1. „Innovation, Innovationsfähigkeit, Innovationsbereitschaft, „innovativeness" ganzer Unternehmen [...],
2. die Innovativität einzelner *Personen*, wie sie sich einerseits in der Forschung zum Publikations-, Zitations- und Patentierungsverhalten und wie sie sich andererseits in den Studien zum „gatekeeper" in Forschungs- und Entwicklungsabteilungen [...] spiegelt,
3. den regulären Prozeß von *Forschung und Entwicklung*, der die Innovationstätigkeit als spezialisierte, institutionalisierte, technologisch definierte Daueraufgabe begreift und damit zunehmend zum Projektaspekt abblendet [...]."[38]

Weitere Abgrenzungen von Hauschildt beziehen sich auf Methoden und Stichproben. Nicht berücksichtigt werden:[39]

4. experimentelle Untersuchungen, insbesondere nicht die Ergebnisse zu den sogenannten Kreativitätstechniken
5. Einzelfallstudien oder Untersuchungen mit einer geringen Fallzahl, bei denen eine quantifizierende Auswertung nicht möglich ist.

Bedingt durch die betriebswirtschaftliche Perspektive werden die folgenden Aspekte ausgeblendet:

6. industrieökonomische Studien zum Innovationsverhalten von ganzen Branchen
7. volkswirtschaftliche, sozialwissenschaftliche und politikwissenschaftliche Studien zu ökonomisch-sozialen Umweltbedingungen, unter denen es zu „Innovationswellen" kommt.

Durch die Fragestellung, welche Ergebnisse die empirische Forschung über Einflußfaktoren des Innovationserfolges geliefert hat, die von der Unternehmensführung bewußt gestaltet werden können, werden jene Untersuchungen ausgegrenzt,

8. die sich zwar mit dem Innovationsmanagement befassen, aber bewußt nicht nach dem Erfolg bestimmter Verhaltensweisen fragen.

---

[37] Hauschildt, 1993a, S. 298.
[38] Hauschildt, 1993a, S. 298 f.
[39] Vgl. hierzu und zum folgenden Hauschildt, 1993a, S. 299 f.

Da in dieser Arbeit der wirtschaftliche Erfolg als Zielgröße analysiert wird und sich der Phasenablauf im Modell schwerpunktmäßig auf „physisch anfaßbare" Produktinnovationen bezieht, ergeben sich abweichend zur Meta-Analyse von Hauschildt noch drei weitere Ausschlußkriterien. Nicht betrachtet werden

9. Studien, die nur den technischen Erfolg als Zielgröße haben,
10. Studien, die sich ausschließlich mit Prozeßinnovationen beschäftigen[40] und
11. Untersuchungen zu Dienstleistungsinnovationen.

Nach Anwendung dieser Auswahlkriterien stehen 26 Studien für die weitere Analyse zur Verfügung. Dahinter stehen mehr als 2.500 Untersuchungseinheiten, ein Zahl die sich ergibt, wenn man unter Zurückstellung aller Bedenken die Untersuchungselemente dieser Studien addiert.

Abbildung 44 gibt einen Überblick über die für die vorliegende Arbeit ausgewählten Studien. Dargestellt sind sämtliche von Hauschildt betrachteten Untersuchungen, wobei die in die vorliegende Arbeit einbezogenen Studien fett hervorgehoben sind.

Mansfield	1963						
Witte	1968					**Reidenbach/Moack**	**1986**
Myers/Marquis	**1969**					**Meyer/Roberts**	**1986**
Utterback	**1971**	**Gerstenfeld**	**1976**			**Cooper/Kleinschmidt**	**1986**
Witte	1972	**Rubenstein et al.**	**1976**			**Perillieux**	**1987**
Köhler	**1972**	**Teubal et al.**	**1976**	Biehl	1981	**Narin/Noma**	**1987**
Witte	1973	**Utterback et al.**	**1976**	Gemünden	1981	**Link**	**1987**
Grün	1973	v. Hippel	1976	Ettlie/Bridges	1982	de Brentani	1989
Chakrabarti	**1974**	Paolillo/Brown	1978	**Nyström/Edvardsson**	**1982**	**Brockhoff**	**1989**
Hauschildt	1974	**Souder/Chakrabarti**	**1978**	Ettlie	1983	**Choffray et al.**	**1989**
Klein	1974	**Cooper**	**1979**	Ebadi/Utterback	1984	Albach et al.	1991
Knorpp	1974	de Cotiis/Dyer	1979	**Johne**	**1984**	**Albers/Eggers**	**1991**
Rothwell et al.	**1974**	Strebel	1979	**Maidique/Zirger**	**1984**	**Schewe**	**1991**
Joost	1975	Cohn/Turyn	1980	**Baker et al.**	**1985**	**Köhler**	**1991**
bis 1975		1976 - 1980		1981 - 1985		1985-1991	

Abbildung 44: Erfolgsfaktorenstudien
Quelle: angelehnt an Hauschildt, 1993a, S. 298

Nach der Auswahl der für die vorliegende Arbeit relevanten Studien sollen nun in einem nächsten Schritt die dort ermittelten Erfolgsfaktoren den einzelnen Phaseninhalten und Befähigungsfaktoren des im vorherigen Kapitel gebildeten Modells zugeordnet werden. So entsteht eine phasenbezogene Sammlung von Bestimmungsgrößen für das Innovationsmanagement, aus der das Analysein-

[40] Prozeßinnovationen werden in dieser Arbeit im Zusammenhang mit Produktinnovationen betrachtet, da ein „physisch anfaßbares" Produkt als Ergebnis des Innovationsprojektes definiert ist. Vgl. hierzu Kapitel 1.

strumentarium später diejenigen Variablen ermitteln wird, die für das Einzelunternehmen relevant sind.

Die für das Unternehmen gefundenen Erfolgsfaktoren bilden also in jedem Fall eine Teilmenge der Summe der Erfolgsfaktoren, die aus den empirischen Studien abgeleitet wurden. Bestimmungsgrößen, die bislang noch nicht Gegenstand einer empirischen Untersuchung waren, können somit durch das Analyseinstrumentarium nicht ermittelt werden, obwohl sie vielleicht für das Einzelunternehmen von Bedeutung sind.

Für jede empirische Studie wurde überprüft, ob die ermittelten Erfolgsfaktoren eindeutig den Phaseninhalten bzw. den Befähigungsfaktoren der Konzeptions-, der Entwicklungs-, der Produktions-, der Absatzphase oder der Strategischen Begleitphase zugeordnet werden konnten. Die Zuordnung findet dabei auf einem möglichst hohen Aggregationsniveau hinsichtlich der Phaseninhalte und Befähigungsfaktoren statt. Erfolgsfaktoren, bei denen keine eindeutige Zuordnung möglich war, wurden nicht weiter berücksichtigt.

Die Problematik der hier verfolgten Vorgehensweise liegt in der eingeschränkten Vergleichbarkeit der Studien mit oftmals unterschiedlichem Untersuchungsaufbau. So unterscheiden sich sowohl die untersuchten Branchen als auch die Definition der Erfolgsfaktoren sowie die verwendeten Meßkriterien zum Teil erheblich. Daraus folgt, daß die Erfolgsfaktoren, die durch mehrere empirische Studien belegt sind, als das Ergebnis einer heuristischen Zusammenfassung der einzelnen Studienergebnisse zu betrachten sind.

Für die Zuordnung der Erfolgsfaktoren zu den Phaseninhalten und Befähigungsfaktoren des Modells wird aus Gründen der Übersichtlichkeit zunächst eine tabellarische Darstellung gewählt. Die Tabellen zeigen je Erfolgsfaktor auch die Ergebnisse der einzelnen empirischen Untersuchungen und machen somit die inhaltliche Bedeutung jedes Erfolgsfaktors transparent. Die Tatsache, daß zu manchen Erfolgsfaktoren sehr viel mehr empirische Belege existieren als zu anderen, spiegelt nicht deren Wichtigkeit wieder, sondern zeigt lediglich, daß diese in der bisherigen empirischen Forschung relativ viel Aufmerksamkeit erfahren haben.

Ideengenerierung und -akzeptierung			
Erfolgsfaktor	**Empirische Studie**	**Stichprobengröße**	**Ergebnisse**
Systematische Ideensuche	Cooper (1979)	103 Firmen = 195 Produktinnovationen	Innovationserfolg ist vor allem bei systematischer Suchfeldbestimmung und Informationssammlung gegeben.
	Johne (1984)	16 Firmen	Innovationserfolg ist positiv korreliert mit der systematischen Generierung von Ideen, z.B. durch Brainstorming. Innovationserfolg ist positiv korreliert mit der Breite des Ideensuchfeldes: Ein produktbezogenes Ideensuchfeld verspricht weniger Erfolg als ein Produkt-Markt-Suchfeld.
Strukturierte Ideenbewertung und Projektauswahl	Rothwell et al. (1974)	86 Projekte	Projekte, bei denen die Projektsuche und -auswahl sehr sorgfältig vorgenommen wird, sind erfolgreicher als Projekte, bei denen dies nicht der Fall ist.
	Cooper/Kleinschmidt (1986)	123 Firmen = 252 Produktinnovationen	Produkte, bei denen vor der Entscheidung für eine Ideenalternative detaillierte Bewertungsmethoden zum Einsatz kommen, haben höhere Erfolgschancen als andere Produkte.
	Brockhoff (1989)	69 Geschäftseinheiten	Mängel bei der Projektauswahl sind eine der wichtigen Ursachen für den Mißerfolg von Produktinnovationen.

Tabelle 12: Zuordnung der Erfolgsfaktoren zum Modell - Ideengenerierung und -akzeptierung

Informations- und Schnittstellenmanagement			
Erfolgsfaktor	**Empirische Studie**	**Stichprobengröße**	**Ergebnisse**
Frühe Marktanalyse	Cooper/Kleinschmidt (1986)	123 Firmen = 252 Produktinnovationen	Eine grobe Marktanalyse in der Phase der Ideengenerierung erhöht die Erfolgschancen eines Produktes. Frühzeitige Marktstudien (d.h. detaillierte Analysen von Marktgröße, Wettbewerb und Kundenbedürfnissen) haben signifikanten Einfluß auf den Innovationserfolg.
	Reidenbach/Moack (1986)	121 Firmen	Innovationserfolg ist positiv korreliert mit frühzeitiger Konzeptentwicklung und rechtzeitigem Test sowie der Abschätzung der ersten Marktreaktionen.
Projektanstoß durch Marktbedürfnisse	Myers/Marquis (1969)	121 Firmen = 567 Innovationen	Erfolgreiche Innovationen werden zum größten Teil durch bestehende Nachfrage oder ein latentes Bedürfnis stimuliert, weniger durch eine technische Idee oder Erfindung.
	Utterback (1971)	32 Produktinnovationen	Innovationserfolg ist höher, wenn das Projekt durch Marktbedürfnisse statt durch technologische Mittel stimuliert wird.
	Gerstenfeld (1976)	32 Projekte = 50 F&E-Manager	Projekte, die auf „demand pull" basieren, sind erfolgreicher als Projekte, die aus „technology push" hervorgehen.
	Rubenstein et al. (1976)	6 Firmen = 103 Projekte	Innovationen sind erfolgreich, wenn sie ihren Ursprung in Markt- oder Kundenbedürfnissen haben.
	Teubal et al. (1976)	23 Produktinnovationen	Produkte, bei denen die Produktidee ihren Ursprung im F&E-Bereich hat, sind weniger erfolgreich als Produkte, deren Ideenursprung in anderen Bereichen liegt.
	Baker et al. (1985)	21 Firmen = 211 Projekte = 422 Personen	Produkte, die vom F&E-Bereich allein vorgeschlagen werden, sind weniger erfolgreich als Produkte, die vom Marketingbereich und/oder Kunden allein vorgeschlagen werden. Am erfolgreichsten sind Produkte, die von beiden Seiten gemeinsam initiiert werden.

Tabelle 13: Zuordnung der Erfolgsfaktoren zum Modell - Informations- und Schnittstellenmanagement

Informations- und Schnittstellenmanagement (Fortsetzung)			
Erfolgsfaktor	**Empirische Studie**	**Stichprobengröße**	**Ergebnisse**
Schnittstelle Produktion und Entwicklung	Rothwell et al. (1974)	86 Projekte	Unternehmen, die im Hinblick auf Innovationen erfolgreich sind, binden den Entwicklungsbereich stärker in die Produktionsplanung mit ein.
	Rubenstein et al. (1976)	6 Firmen = 103 Projekte	Erfolgreich innovierende Unternehmen haben eine bessere Kommunikation zwischen den Entwicklungs- und Produktionsbereichen.
Schnittstelle Marketing und Entwicklung	Souder/Chakrabarti (1978)	114 Projekte	Der Innovationserfolg steigt mit der Effizienz des Informationstransfers zwischen Marketing und F&E.
	Johne (1984)	16 Firmen	Der Innovationserfolg ist höher, wenn neben dem F&E-Bereich auch der Marketingbereich in den Produktentwicklungsprozeß eingebunden ist und regelmäßig Informationen ausgetauscht werden.
Marketingforschung	Cooper (1979)	103 Firmen = 195 Produktinnovationen	Hohen Einfluß auf den Innovationserfolg haben die Ressourcen und das Know-how bezüglich der Marktforschung sowie das Test-Marketing und Testmärkte.
	Cooper/Kleinschmidt (1986)	123 Firmen = 252 Produktinnovationen	Das Know-how für die Durchführung von Testmärkten und Probeverkäufen hat einen signifikanten Einfluß auf den Innovationserfolg.

Tabelle 13: Zuordnung der Erfolgsfaktoren zum Modell - Informations- und Schnittstellenmanagement (Fortsetzung)

Produktqualität			
Erfolgsfaktor	**Empirische Studie**	**Stichprobengröße**	**Ergebnisse**
Technische Funktionsfähigkeit	Rothwell et al. (1974)	86 Projekte	Bei erfolgreichen Innovationen treten weniger technische „Kinderkrankheiten" in der Produktion auf und es sind weniger unerwartete Anpassungen in der Produktion notwendig.
	Teubal et al. (1976)	23 Produktinnovationen	Der Innovationserfolg des Herstellers ist um so größer, je effizienter die Innovationen die geforderten Funktionen erfüllen.
	Utterback et al. (1976)	59 Firmen = 164 Projekte	Technischer Innovationserfolg ist fast immer auch ein wirtschaftlicher Innovationserfolg.
	Perillieux (1987)	231 Produktinnovationen	Technischer Innovationserfolg korreliert positiv mit wirtschaftlichem Innovationserfolg. Der Grad der durch die technische Neuerung erreichten Leistungsverbesserung ist mit der Erfolgshäufigkeit positiv korreliert.
Qualitätsniveau der Produktion	Cooper (1979)	103 Firmen = 195 Produktinnovationen	Innovationen, die eine lange Lebensdauer und hohe Zuverlässigkeit besitzen, sind erfolgreicher als Innovationen, bei denen dies nicht der Fall ist.
Produkt-differenzierung zum Wettbewerb	Utterback et al. (1976)	59 Firmen = 164 Projekte	Innovationsprojekte, die einen klaren oder mehrere kleinere Wettbewerbsvorteile haben, sind erfolgreicher.
	Cooper (1979)	103 Firmen = 195 Produktinnovationen	Innovationen, die den Abnehmerwünschen besser als die des Wettbewerbs entsprechen, sind erfolgreicher.
	Cooper/Kleinschmidt (1987)	125 Firmen = 203 Produktinnovationen	Unternehmen, die ein qualitativ besseres Produkt als die Wettbewerber einführen, sind erfolgreicher.
	Köhler (1991)	153 Industriebetriebe = 244 Personen	Die Differenzierung zum Konkurrenzangebot ist einer der wichtigsten Faktoren für den Innovationserfolg.

Tabelle 14: Zuordnung der Erfolgsfaktoren zum Modell – Produktqualität

Produktqualität (Fortsetzung)			
Erfolgsfaktor	**Empirische Studie**	**Stichprobengröße**	**Ergebnisse**
Berücksichtigung von Kundenbedürfnissen	Rothwell et al. (1974)	86 Projekte	Innovationen sind um so erfolgreicher, je besser Kundenbedürfnisse vom Unternehmen verstanden werden und je früher die Kundenprobleme erkannt werden.
	Rubenstein et al. (1976)	6 Firmen = 103 Projekte	Die Erfolgswahrscheinlichkeit steigt in dem Maß der Genauigkeit, in dem die Bedürfnisse der Kunden spezifiziert sind.
	Utterback et al. (1976)	59 Firmen = 164 Projekte	Erfolgreiche Projekte haben eine klare Ausrichtung auf bestimmte Kundenbedürfnisse und Produkte.
	Souder/Chakrabarti (1978)	114 Projekte	Projekte, bei denen die Idee mit existierenden Kundenbedürfnissen übereinstimmt, sind erfolgreicher als Projekte, bei denen dies nicht der Fall ist.
	Cooper (1979)	103 Firmen = 195 Produktinnovationen	Erfolgreiche Produktinnovationen sind klar an Kundenbedürfnissen ausgerichtet.
	Nyström/Edvardsson (1982)	20 Firmen = 121 Produktinnovationen	Innovationserfolg ist höher, wenn die innovativen Produkte den existierenden Kundenbedürfnissen entsprechen.
	Maidique/Zirger (1984)	59 Personen = 118 Projekte	Erfolgreiche Innovationen stimmen mehr mit den Kundenbedürfnissen überein als nicht erfolgreiche Innovationen.
	Link (1987)	135 Unternehmen = 224 Personen	Produkte, bei denen die Produktionsqualität nach der Markteinführung die Kunden zufriedenstellt, haben größere Erfolgschancen. Innovationserfolg findet sich vor allem dann, wenn des Produkt wesentliche Vorteile für den Benutzer bietet.

Tabelle 14 : Zuordnung der Erfolgsfaktoren zum Modell - Produktqualität (Fortsetzung)

Projektmanagement			
Erfolgsfaktor	**Empirische Studie**	**Stichprobengröße**	**Ergebnisse**
Systematische Projektplanung	Rubenstein et al. (1976)	6 Firmen = 103 Projekte	Innovationserfolg ist positiv korreliert mit der Intensität der Projektplanung.
	Utterback et al. (1976)	59 Firmen = 164 Projekte	Erfolgreiche Innovationsprojekte werden mit einer besser strukturierten und komplexeren Planung durchgeführt.
	Cooper/Kleinschmidt (1986)	123 Firmen = 252 Produktinnovationen	Innovationsprojekte, bei denen eine solide Berechnung des Geschäftsplanes durchgeführt wird, sind erfolgreicher.
	Reidenbach/Moack (1986)	121 Firmen	Erfolgreiche Unternehmen setzen ein strukturiertes Neuproduktentwicklungsprogramm ein.
	Brockhoff (1989)	69 Geschäftseinheiten	Mängel bei der Projektplanung sind wichtige Mißerfolgsursachen bei Innovationsprojekten.
	Albers/Eggers (1991)	70 Unternehmen	Innovationserfolg findet sich bei der Anwendung anspruchsvoller standardisierter Verfahren.
Effiziente Prozeßsteuerung	Rothwell et al. (1974)	86 Projekte	Erfolgreich innovierende Unternehmen führen die Produktentwicklung effizienter aber nicht unbedingt schneller durch.
	Maidique/Zirger (1984)	59 Personen = 118 Projekte	Innovationen sind erfolgreicher, wenn sie im Rahmen eines straffen Zeitplanes entwickelt werden.
	Reidenbach/Moack (1986)	121 Firmen	Innovationserfolg ist positiv korreliert mit professioneller Prozeßsteuerung.
Projektcontrolling	Rothwell et al. (1974)	86 Projekte	Erfolgreiche Innovationsprojekte finden sich vornehmlich in Unternehmen mit besserer Budgetdisziplin.
	Johne (1984)	16 Firmen	Unternehmen, die zur Kontrolle von Innovationsprojekten in der Entwicklungsphase immer dieselben Kriterien verwenden, sind erfolgreicher als Unternehmen, die dies nicht tun.

Tabelle 15: Zuordnung der Erfolgsfaktoren zum Modell – Projektmanagement

Projektmanagement (Fortsetzung)			
Erfolgsfaktor	**Empirische Studie**	**Stichprobengröße**	**Ergebnisse**
Projektcontrolling (Fortsetzung)	Cooper/Kleinschmidt (1986)	123 Firmen = 252 Produktinnovationen	Innovationsprojekte, die im Projektverlauf laufend budgetiert werden, sind erfolgreicher.
	Brockhoff (1989)	69 Geschäftseinheiten	Mängel beim Controlling sind wichtige Mißerfolgsursachen bei Innovationsprojekten.
Zusammensetzung des Projektteams	Rothwell et al. (1974)	86 Projekte	Die verantwortlichen Prokjektteamitglieder in erfolgreichen Projekten sind erfahrener und haben mehr Einfluß und Macht als die Mitglieder bei erfolglosen Projekten. Innovationen sind erfolgreicher, wenn zu Beginn der Produktentwicklung größere Teams eingesetzt werden.
	Johne (1984)	16 Firmen	Der Innovationserfolg ist höher, wenn neben dem F&E-Bereich noch der Marketingbereich sowie andere Bereiche in den Produktentwicklungsprozeß eingebunden sind.
	Maidique/Zirger (1984)	59 Personen = 118 Projekte	Innovationen sind erfolgreicher, wenn sie von einem erfahrenen Projektteam durchgeführt werden.
	Brockhoff (1989)	69 Geschäftseinheiten	Unklare Zuständigkeiten bei der Projektorganisation sind wichtige Mißerfolgsursachen bei Innovationsprojekten.
Kommunikation innerhalb des Projektteams	Rothwell et al. (1974)	86 Projekte	Erfolgreich innovierende Unternehmen haben bessere interne Kommunikationsstrukturen.
	Rubenstein et al. (1976)	6 Firmen = 103 Projekte	Innovationen sind um so erfolgreicher, je besser die Kommunikation im Projektteam ist.
	Brockhoff (1989)	69 Geschäftseinheiten	Mängel bei der Kommunikation sind wichtige Mißerfolgsursachen bei Innovationsprojekten.

Tabelle 15: Zuordnung der Erfolgsfaktoren zum Modell - Projektmanagement (Fortsetzung)

Projektmanagement (Fortsetzung)			
Erfolgsfaktor	**Empirische Studie**	**Stichprobengröße**	**Ergebnisse**
Einbezug des Top Managements	Köhler (1972)	93 Unternehmen	Innovationserfolg wird niedriger eingeschätzt, wenn die Produktinnovation auf hierarchisch niedriger Ebene vorbereitet wird.
	Chakrabarti (1974)	45 Projekte	Innovationen sind erfolgreicher, wenn eine aktive Unterstützung durch das Top Management erfolgt.
	Rubenstein et al. (1976)	6 Firmen = 103 Projekte	Innovationen sind erfolgreicher, wenn sie vom Top Management unterstützt werden.
	Utterback et al. (1976)	59 Firmen = 164 Projekte	Innovationen, die vom Top Management initiiert werden, sind erfolgreicher. Projekte, die im Unternehmen als dringlich eingestuft werden, haben höhere Erfolgschancen.
	Maidique/Zirger (1984)	59 Personen = 118 Projekte	Innovationen, die vom Top Management unterstützt werden, sind erfolgreicher als solche, die keine Unterstützung erfahren.
	Baker et al. (1986b)	21 Firmen = 211 Projekte = 422 Personen	Bei Involvierung des Top Managements steigt die Erfolgswahrscheinlichkeit von Innovationen.
	Albers/Eggers (1991)	70 Unternehmen	Starkes Engagement der Geschäftsleitung ist vor allem bei mittelgroßen Unternehmen in der Schlußphase des Innovationsprozesses erfolgsrelevant.
Produktchampions und Fachpromotoren	Chakrabarti (1974)	45 Projekte	Innovationserfolg zeigen vornehmlich Projekte, bei denen Produktchampions auftreten.
	Rothwell et al. (1974)	86 Projekte	Erfolgreich innovierende Unternehmen haben erfahrene Produktchampions und Fachpromotoren (Technical Innovators).
	Rubenstein et al. (1976)	6 Firmen = 103 Projekte	Innovationsprojekte sind erfolgreich beim persönlichem Einsatz von Champions.

Tabelle 15: Zuordnung der Erfolgsfaktoren zum Modell - Projektmanagement (Fortsetzung)

Produktionsprozeß			
Erfolgsfaktor	**Empirische Studie**	**Stichprobengröße**	**Ergebnisse**
Nutzung bekannter Produktionsverfahren	Baker et al. (1986b)	21 Firmen = 211 Projekte = 422 Personen	Innovationen sind vor allem dann erfolgreich, wenn das Unternehmen schon entsprechende Produktionserfahrungen hat.
	Link (1987)	135 Unternehmen = 224 Personen	Innovationserfolg tritt ein, wenn Know-how in der Produktion vorhanden ist. Neue Produkte, die mit den bestehenden Produktionsfähigkeiten des Unternehmens kompatibel sind, sind erfolgreicher als Produkte, bei denen dies nicht der Fall ist.
	Perillieux (1987)	231 Produktinnovationen	Innovationserfolg ist dann höher, wenn der Standardisierungsgrad des Produktionsprozesses relativ groß ist, d.h. wenn nur bei der Fertigung bestimmter Produktkomponenten Abnehmerwünsche berücksichtigt werden.
	Schewe (1991)	88 Projekte	Je größer die Produktionserfahrung, desto höher der Innovationserfolg.
Analyse der Stärken der Produktion	Schewe (1991)	88 Projekte	Innovationserfolg ist tendenziell höher bei der Durchführung einer Analyse der Produktion.
Prozeßverbesserungen	Baker et al. (1986a)	21 Firmen = 211 Projekte = 422 Personen	Bei erfolgreichen Produkt- und Prozeßinnovationen werden ständig Prozeßverbesserungen durchgeführt.

Tabelle 16: Zuordnung der Erfolgsfaktoren zum Modell – Produktionsprozeß

Marketing-Mix			
Erfolgsfaktor	**Empirische Studie**	**Stichprobengröße**	**Ergebnisse**
Marketingkommunikation	Rothwell et al. (1974)	86 Projekte	Erfolgreiche Innovationen finden sich vor allem in Unternehmen, die für die Innovationen ein hohes Maß an Marketing und Werbung betreiben.
	Cooper (1979)	103 Firmen = 195 Produktinnovationen	Hohen Einfluß auf den Innovationserfolg haben das Promotions- und Werbe-Know-how.
	Maidique/Zirger (1984)	59 Personen = 118 Projekte	Innovationen sind um so erfolgreicher, je mehr für sie geworben wird.
	Cooper/Kleinschmidt (1986)	123 Firmen = 252 Produktinnovationen	Werbung und Verkaufsförderung haben einen signifikanten Einfluß auf den Innovationserfolg.
	Choffray et al. (1989)	92 Firmen = 112 Produktinnovationen	Der langfristige Erfolg von Innovationen hängt von der Effizienz der Marketingkommunikation ab.
Kundenschulung	Rothwell et al. (1974)	86 Projekte	Erfolgreiche Innovationen finden sich vor allem in Unternehmen, die mehr Kundenschulungen durchführen.
	Maidique/Zirger (1984)	59 Personen = 118 Projekte	Innovationen sind erfolgreicher, wenn die Marketingaktivitäten auch Kundenschulungen beinhalten.

Tabelle 17: Zuordnung der Erfolgsfaktoren zum Modell - Marketing-Mix

Marketing-Mix (Fortsetzung)			
Erfolgsfaktor	**Empirische Studie**	**Stichprobengröße**	**Ergebnisse**
Vertriebs-Know-how	Rothwell et al. (1974)	86 Projekte	Erfolgreiche Innovationen finden sich vor allem in Unternehmen, die größere Verkaufsanstrengungen unternehmen.
	Utterback et al. (1976)	59 Firmen = 164 Projekte	Innovationsprojekte, die geringere Vertriebs- und Marketingschwierigkeiten in der Einführungsphase haben, sind erfolgreicher.
	Cooper (1979)	103 Firmen = 195 Produktinnovationen	Hohen Einfluß auf den Innovationserfolg haben die Ressourcen und das Know-how bezüglich des Verkaufs.
	Maidique/Zirger (1984)	59 Personen = 118 Projekte	Innovationen sind um so erfolgreicher, je größer die Verkaufsmannschaft ist.
	Baker et al. (1986b)	21 Firmen = 211 Projekte = 422 Personen	Innovationen sind vor allem dann erfolgreich, wenn das Unternehmen schon entsprechende Vertriebserfahrung hat.
	Cooper/Kleinschmidt (1986)	123 Firmen = 252 Produktinnovationen	Professionelle Vertriebsaktivitäten haben einen signifikanten Einfluß auf den Innovationserfolg.
	Link (1987)	135 Unternehmen = 224 Personen	Das Vertriebs-Know-how bei der Markteinführung ist wesentlich für den Erfolg des Innovationsprojektes.
Distributions-Know-how	Cooper (1979)	103 Firmen = 195 Produktinnovationen	Hohen Einfluß auf den Innovationserfolg haben die Ressourcen und das Know-how bezüglich der Distribution.
	Link (1987)	135 Unternehmen = 224 Personen	Innovationserfolg findet sich vor allem dann, wenn das Produkt von bestehenden Distributionskanälen unterstützt wird.
	Choffray et al. (1989)	92 Firmen = 112 Produktinnovationen	Der Erfolg von Innovationen hängt von der Effizienz in der Distribution ab.

Tabelle 17: Zuordnung der Erfolgsfaktoren zum Modell - Marketing-Mix (Fortsetzung)

Strategische Ausrichtung			
Erfolgsfaktor	**Empirische Studie**	**Stichprobengröße**	**Ergebnisse**
Fokussierung auf bestehende Technologien und Geschäftsfelder	Souder/Chakrabarti (1978)	114 Projekte	Je größer der „Fit" zwischen der Technologie der Innovation und den vom Unternehmen bereits eingesetzten Technologien, desto größer der Erfolg.
	Nyström/Edvardsson (1982)	20 Firmen = 121 Produktinnovationen	Innovationserfolg ist größer, wenn die innovativen Produkte den existierenden Produkten ähnlich sind.
	Maidique/Zirger (1984)	59 Personen = 118 Projekte	Innovationen sind um so erfolgreicher, je näher sie den bestehenden Geschäftsbereichen des Unternehmens sind.
	Meyer/Roberts (1986)	10 Firmen = 79 Produkt-innovationen	Innovationserfolg ist davon abhängig, inwieweit ein Unternehmen aus einer gut beherrschten Schlüsseltechnologie möglichst viele neue Produkte ableiten kann.
	Link (1987)	135 Unternehmen = 224 Personen	Innovationserfolg findet sich vor allem dann, wenn das neue Produkt Synergien mit bestehendem Know-how in Technologien aufweist.
	Perillieux (1987)	231 Produktinnovationen	Innovationen sind erfolgreicher bei engem Bezug zum bisherigen Produktionsprogramm. Innovationen sind erfolgreicher bei umfangreicher Erfahrung mit der Technologie.
	Köhler (1991)	153 Industriebetriebe = 244 Personen	Je größer die Übereinstimmung des Produktprogramms mit den Unternehmenszielen, desto größer der Innovationserfolg.
Externe Beschaffung von technologischem Wissen	Rothwell et al. (1974)	86 Projekte	Erfolgreich innovierende Unternehmen haben bessere Beziehungen zu externen wissenschaftlichen und technischen Institutionen. Bei erfolgreichen Innovationsprojekten werden externe Technologien während der Produktion und nach der Serieneinführung besser genutzt.
	Nyström/Edvardsson (1982)	20 Firmen = 121 Produktinnovationen	Der Innovationserfolg ist um so größer, je mehr Forschung und Entwicklung des Unternehmens extern orientiert ist (Kooperation mit Beratern, Universitäten und Wettbewerbern).

Tabelle 18: Zuordnung der Erfolgsfaktoren zum Modell - Strategische Ausrichtung

Strategische Ausrichtung (Fortsetzung)			
Erfolgsfaktor	**Empirische Studie**	**Stichprobengröße**	**Ergebnisse**
Patentschutz	Utterback et al. (1976)	59 Firmen = 164 Projekte	Erfolgreiche Projekte haben einen dem technischen Entwicklungsniveau entsprechend adäquaten Patentschutz. Je leichter Patentschutz für eine Innovation erreicht wird, desto weniger erfolgreich ist sie.
	Narin/Noma (1987)	17 Unternehmen	Je mehr Patente ein Unternehmen eintragen läßt, desto erfolgreicher ist es. Je stärker die Patente in einer Patentklasse konzentriert sind, desto größer ist der Erfolg.
	Perillieux (1987)	231 Produktinnovationen	Bei patentgeschützten Technologien ist der Innovationserfolg größer als bei nicht geschützten.
Timing des Markteintritts	Maidique/Zirger (1984)	59 Personen = 118 Projekte	Erfolgreiche Innovationen sind im Vergleich zu erfolglosen Innovationen früher auf dem Markt als die Konkurrenz.
	Choffray et al. (1988)	92 Firmen = 112 Projekte	Eine spezifische Planung des Markteintrittszeitpunktes erhöht die Erfolgschancen.
	Brockhoff (1989)	69 Geschäftseinheiten	Ein falsches Timing der Markteinführung ist eine wichtige Mißerfolgsursache bei Innovationsprojekten.

Tabelle 18: Zuordnung der Erfolgsfaktoren zum Modell - Strategische Ausrichtung (Fortsetzung)

In den Übersichten der vorhergehenden Seiten wurden aus empirischen Studien 29 Erfolgsfaktoren definiert und den Phaseninhalten und Befähigungsfaktoren des Modells zugeordnet. Abbildung 45 zeigt diese Zuordnung im Überblick, wobei in einer weiteren Dimension die empirisch ermittelten Erfolgsfaktoren nicht nur den Phaseninhalten und Befähigungsfaktoren, sondern auch den Modellphasen zugeordnet sind.

In Abbildung 45 wird deutlich, daß die folgenden sieben im Kapitel 3 beschriebenen Phaseninhalte und Befähigungsfaktoren des Modells erfolgsrelevant sind:

- Ideengenerierung und -akzeptierung
- Informations- und Schnittstellenmanagement
- Produktqualität
- Projektmanagement
- Produktionsprozeß
- Marketing-Mix
- Strategische Ausrichtung.

Das Informations- und Schnittstellenmanagement sowie die Produktqualität haben dabei im Rahmen des Modells einen phasenübergreifenden Charakter.

Die genannten sieben Phaseninhalte und Befähigungsfaktoren können auch als theoretische Konstrukte bezeichnet werden. Sie sind gedankliche Hilfskonstruktionen für die Beschreibung von Dingen oder Erscheinungen, die nicht konkret beobachtbar sind, sondern nur aus anderen beobachtbaren Daten erschlossen werden können.[1] Theoretische Konstrukte haben zunächst noch keinen nachprüfbaren Wirklichkeitsbezug, sie lassen sich aber mit empirischen Aussagen verknüpfen und erhalten dadurch einen indirekten Wirklichkeitsbezug.[2]

Die in den empirischen Studien ermittelten 29 Erfolgsfaktoren können als Indikatoren der Konstrukte, die im theoretischen Modell der vorliegenden Arbeit enthalten sind, bezeichnet werden. Indikatoren sind Hilfsgrößen zur Operationalisierung von Begriffen bzw. theoretischen Konstrukten.[3] Sie sind beobachtbare Tatbestände, die auf das Vorhandensein des operationalisierten Begriffs hinweisen[4] und sind unmittelbar meßbar.[5]

---

1 Vgl. Drosdowski/Müller/Scholze-Stubenrecht/Wermke, 1990.
2 Vgl. Kroeber-Riel/Weinberg, 1996, S. 29.
3 Vgl. Nieschlag/Dichtl/Hörschgen, 1991, S. 1003.
4 Vgl. Neibecker, 1994, S. 837.

Phase	Erfolgsfaktor	Ideengenerierung und -akzeptierung	Informations- und Schnittstellenmanagement	Produktqualität	Projektmanagement	Produktionsprozeß	Marketing-Mix	Strategische Ausrichtung
Konzeptions-phase	Projektanstoß durch Marktbedürfnisse		x					
	Frühe Marktanalyse		x					
	Systematische Ideensuche	x						
	Strukturierte Ideenbewertung und Projektauswahl	x						
Entwicklungs-phase	Systematische Projektplanung				x			
	Effiziente Prozeßsteuerung				x			
	Projektcontrolling				x			
	Zusammensetzung des Projektteams				x			
	Kommunikation innerhalb des Projektteams				x			
	Einbezug des Top Management				x			
	Produktchampions und Fachpromotoren				x			
	Produktdifferenzierung zum Wettbewerb			x				
	Technische Funktionsfähigkeit			x				
	Berücksichtigung von Kundenbedürfnissen			x				
Produktions-phase	Nutzung bekannter Produktionsverfahren					x		
	Analyse der Stärken der Produktion					x		
	Prozeßverbesserungen					x		
	Qualitätsniveau der Produktion			x				
	Schnittstelle Produktion und Entwicklung		x					
Absatz-phase	Vertriebs-Know-how						x	
	Distributions-Know-how						x	
	Marketingkommunikation						x	
	Kundenschulung						x	
	Schnittstelle Marketing und Entwicklung		x					
	Marketingforschung		x					
Strategische Begleitphase	Fokussierung auf bestehende Technologien und Geschäftsfelder							x
	Externe Beschaffung von technologischem Wissen							x
	Patentschutz							x
	Timing des Markteintritts							x

(Spaltenkopf: Phaseninhalt / Befähigungsfaktor)

Abbildung 45: Zuordnung der Erfolgsfaktoren zum Modell - Überblick

5 Vgl. Kroeber-Riel/Weinberg, 1996, S. 31.

Unter dem Begriff der Operationalisierung wird die Zuordnung von direkt beobachtbaren Größen - also den Indikatoren - zu theoretischen Begriffen - also den theoretischen Konstrukten - verstanden.[6] Eine Operationalisierung bedeutet demnach, daß man sich konkrete Meßmöglichkeiten überlegt, die das Wesentliche des theoretischen Konstrukts erfassen.[7] „Theoretische Begriffe werden allerdings durch die zu ihrer Messung herangezogenen Indikatoren im allgemeinen nur partiell interpretiert, denn die Indikatoren geben nur bestimmte Aspekte des theoretisch gemeinten wieder."[8] Daher ist eine Operationalisierung in der Regel mit einem Informationsverlust verbunden. Um die Güte einer durchgeführten Operationalisierung oder Messung zu beurteilen, werden mehrere Maße benutzt, vor allem die Validität (Gültigkeit) und die Reliabilität (Zuverlässigkeit) der empirischen Werte.[9]
Bei der definitorischen Bestimmung von in der Forschung verwendeten theoretischen Konstrukten sollte möglichst darauf abgezielt werden, den Begriff in einer Art und Weise zu bestimmen, die von den Mitgliedern der wissenschaftlichen Fachgemeinschaft akzeptiert bzw. verstanden wird.[10] Für die Definition und Operationalisierung der theoretischen Konstrukte im Rahmen dieser Arbeit werden in Anlehnung an die Vorgehensweise von Dreier die in Kapitel 3 erarbeiten theoretischen Grundlagen bei der Operationalisierung der Konstrukte verwendet.[11] Die entwickelten Konstrukte wurden weiterhin in Expertengesprächen „nach Augenschein" validiert.[12]

Im folgenden wird als Erläuterung zu den vorstehenden Tabellen beschrieben, wo die inhaltlichen Übereinstimmungen zwischen den theoretischen Konstrukten des Modells und den Erfolgsfaktoren also den Indikatoren aus der Literatur liegen. Dies geschieht nur für solche Phaseninhalte und Befähigungsfaktoren, für deren Erfolgsrelevanz sich empirische Belege gefunden haben; die verbleibenden Bestandteile des theoretischen Phasenmodells werden nicht weiter betrachtet.

Dem Begriff der Ideengenerierung und -akzeptierung werden die Erfolgsfaktoren zugeordnet, die sich inhaltlich mit den gleichnamigen Phaseninhalten der Konzeptionsphase decken. Der Erfolgsfaktor „Systematische Ideensuche" kor-

---

[6] Vgl. Neibecker, 1994, S. 837.
[7] Vgl. Neibecker, 1994, S. 837.
[8] Kroeber-Riel/Weinberg, 1996, S. 32.
[9] Vgl. Kroeber-Riel/Weinberg, 1996, S. 32. Die Überprüfung der Validität und Reliabilität erfolgt in den Kapiteln 5 und 6.
[10] Vgl. Dreier, 1994, S. 77 f.
[11] Vgl. Dreier, 1994, S. 76 ff.
[12] Vgl. zu dieser Vorgehensweise, die mangels bewährter Indikatoren eingesetzt werden kann Stich, 1997, S. 122.

respondiert mit der Ideengenerierung, d.h. mit der Suchfeldbestimmung, der Ideenfindung[13] und dem Ideenvorschlag.[14] Der Erfolgsfaktor „Strukturierte Ideenbewertung und Projektauswahl" entspricht den in Kapitel 3.2.2 beschriebenen Themenfeldern der Ideenakzeptierung, d.h. der Prüfung und Bewertung der in der Ideengenerierungsphase gefundenen Ideen und der Entscheidung für bzw. gegen die einzelnen Alternativen. Die beiden Teilphasen des Modells werden hier zur Erreichung eines möglichst hohen Aggregationsniveaus innerhalb einer Phase zur Variable Ideengenerierung und -akzeptierung zusammengefaßt.

Das Informations- und Schnittstellenmanagement ist - wie bereits in verschiedenen Abschnitten des Kapitels 3 beschrieben - ein phasenübergreifender Befähigungsfaktor im Modell, da der Fluß von Informationen in allen Phasen des Innovationsprozesses von Bedeutung ist. Der Erfolgsfaktor „Frühe Marktanalyse" weist auf die Notwendigkeit der Schaffung einer fundierten Informationsbasis bereits in der Konzeptionsphase hin.[15] Der erfolgsfördernde Effekt des Faktors „Projektanstoß durch Marktbedürfnisse" korrespondiert im theoretischen Rahmen des Informationsmanagements mit der Schaffung von Informationskanälen, über die die Ideen von Kundenseite ins Unternehmen gelangen können.[16] Die „Marketingforschung" ist ebenfalls als externe Informationsschnittstelle zu betrachten, bei der die vom Kunden kommende Information wesentlich ist.[17] Unmittelbar nachzuvollziehen ist auch die inhaltliche Parallelität der Erfolgsfaktoren „Schnittstelle Produktion und Entwicklung"[18] sowie „Schnittstelle Marketing und Entwicklung"[19] mit dem Befähigungsfaktor Informations- und Schnittstellenmanagement.

Die Variable Produktqualität bezieht sich auf den innerhalb der Entwicklungsphase beschriebenen Befähigungsfaktor Festlegung von Qualitätsanforderungen und den Befähigungsfaktor Qualitätsprüfung und -lenkung[20] im Rahmen der Produktionsphase. Wie in Kapitel 3.3.3 beschrieben, ist ein wesentlicher Bestandteil der Festlegung von Qualitätsanforderungen die Berücksichtigung von Kundenbedürfnissen, die von der Entwicklungsabteilung in Sollwerte techni-

---

13 Zum Zusammenhang der Anwendung von Kreativitätstechniken bei der Ideenfindung und dem Unternehmenserfolg vgl. Geschka, 1998, S. 15 ff.

14 Die wesentlichen Inhalte der Ideengenerierung sind in Kapitel 3.2.1 dieser Arbeit beschrieben.

15 Vgl. Kapitel 3.2.3.

16 Vgl. Kapitel 3.2.3.

17 Vgl. Nieschlag/Dichtl/Hörschgen, 1991, S. 605 ff. und Kapitel 3.5.3 dieser Arbeit.

18 Vgl. Kapitel 3.4.4.

19 Vgl. die Kapitel 3.3.4 und 3.5.3.

20 Vgl. Kapitel 3.4.3.

scher Qualitätsmerkmale übersetzt werden.[21] Somit erklärt sich die Zuordnung der beiden Erfolgsfaktoren „Berücksichtigung von Kundenbedürfnissen“ sowie „Technische Funktionsfähigkeit“ zum Konstrukt Produktqualität. Weiterhin besitzt auch die „Produktdifferenzierung zum Wettbewerb“ eine logische Verbindung zu den beiden vorgenannten Faktoren, obwohl diese im theoretischen Teil dieser Arbeit unter Qualitätsaspekten nicht explizit erläutert wurde. Denn eine hohe Produktqualität, die vom Kunden bei seiner Kaufentscheidung gewählt wird, ist nicht nur eine Produktqualität, die technischen Maßstäben und Kundenanforderungen entspricht, sondern auch eine Produktqualität, die der Qualität der Produkte der Wettbewerber hinsichtlich dieser Anforderungen oftmals überlegen ist. Schließlich verlangt eine hohe Produktqualität auch ein hohes Qualitätsniveau der Produktion, das durch Qualitätskontrollen bzw. durch Maßnahmen zur Qualitätssteuerung und -lenkung[22] erreicht wird.

Dem Befähigungsfaktor Projektmanagement lassen sich alle Erfolgsfaktoren zuordnen, die im Rahmen des Innovationsprozesses die klassischen Projektmanagementaufgaben zum Inhalt haben.[23] Projektmanagement umfaßt die Planung, Steuerung und Kontrolle von Projekten sowie die Koordination dieser Führungstätigkeiten.[24] Die Erfolgsfaktoren „Systematische Projektplanung”, „Effiziente Prozeßsteuerung” und „Projektcontrolling” decken sich mit den drei zuerst genannten Aufgaben des Projektmanagements. Das Projektmanagement umfaßt jedoch auch die Koordination der Führungstätigkeiten, und es ist evident, daß hierfür die kommunikativen Prozesse zwischen den einzelnen Mitgliedern des Projektteams funktionieren müssen. Dies erklärt die Berücksichtigung des Erfolgsfaktors „Kommunikation innerhalb des Projektteams“ an dieser Stelle. Wesentliche Auswirkungen auf das Projektmanagement hat weiterhin die Zusammensetzung und Qualifikation des Projektteams[25], was den Einbezug des Erfolgsfaktors „Zusammensetzung des Projektteams” erklärt. Die Mitglieder des Projektteams sind bei der Bewältigung ihrer Aufgaben großen Widerständen ausgesetzt.[26] Zur Überwindung der Widerstände und zur Gestaltung des Entscheidungs- und Durchsetzungsprozesses im Rahmen des Innovationsprojektes ist die Unterstützung durch das Top Management und das Vorhandensein bestimmter Promotoren notwendig.[27] Deshalb werden die Erfolgsfaktoren „Ein-

---

[21] Die Diskussion, ob bestehende Kundenwünsche bestimmt oder neue Kundenwünsche geweckt werden müssen, würde im Rahmen dieser Arbeit zu weit führen (vgl. hierzu Hauschildt, 1993, S. 137 ff. und die dort angegebene Literatur).

[22] Vgl. Kapitel 3.4.3.

[23] Vgl. zum Projektmanagement Kapitel 3.3.2.

[24] Vgl. Zur, 1994, S. 2687 ff.

[25] Vgl. Litke, 1995, S. 182 ff.

[26] Vgl. Hauschildt, 1993, S. 106 ff.

[27] Vgl. Hauschildt, 1993, S. 106 ff. und auch Kapitel 3.3.2 dieser Arbeit.

bezug des Top Management" und „Produktchampions und Fachpromotoren" ebenfalls dem Befähigungsfaktor Projektmanagement zugeordnet.

Die Variable Produktionsprozeß faßt die Erfolgsfaktoren zusammen, die die Phaseninhalte der Produktionsphase betreffen. Die „Nutzung bekannter Produktionsverfahren" und die „Analyse der Stärken der Produktion" können beide den in Kapitel 3.4.1 beschriebenen Entscheidungen zur Produktionsstruktur, d.h. Entscheidungen über Produktionsorganisation, Produktionslayout, Maschinenausstattung usw., im Rahmen der Serienvorbereitung und -einführung zugeordnet werden.[28] Die Inhalte der Serienbegleitung und -optimierung wurden in Kapitel 3.4.2 dargestellt, wobei auch explizit auf die zentrale Bedeutung des Erfolgsfaktors „Prozeßverbesserungen" eingegangen wurde.

Dem Befähigungsfaktor Marketing-Mix werden alle Erfolgsfaktoren zugeordnet, die marketingrelevante Themenstellungen in der Absatzphase betreffen. Wie in Kapitel 3.5.2 dieser Arbeit beschrieben, gehören hierzu die Distributions-, Kommunikations-, Produkt- und Preispolitik.[29] „Vertriebs-Know-how" und „Distributions-Know-how" können als Bestandteile der Distributionspolitik angesehen werden, „Marketingkommunikation" und „Kundenschulung" sind sachlich der Kommunikationspolitik zugehörig.

Die Strategische Begleitphase umfaßt im Phasenmodell langfristige und projektübergreifende Entscheidungen, welche die strategische Ausrichtung des Unternehmens betreffen. Unter dem Begriff der strategischen Ausrichtung werden daher diejenigen Erfolgsfaktoren gebündelt, die die Ressourcenallokation und strategische Fokussierung des Unternehmens unter Berücksichtigung der Technologien, Produkte und Märkte (vgl. Kapitel 3.6.1), die Beschaffung von Technologie und Wissen (vgl. Kapitel 3.6.3) sowie das Timing des Markteintritts (vgl. Kapitel 3.6.2) betreffen. Hierunter sind zweifelsfrei die Erfolgsfaktoren „Fokussierung auf bestehende Technologien und Geschäftsfelder", die „externe Beschaffung von technologischem Wissen" sowie das „Timing des Markteintritts" zu fassen. Darüber hinaus besitzt die Patentpolitik strategische Bedeutung für technologieorientierte Unternehmen.[30] Im Rahmen der Sicherung der Technologiepotentiale durch Patentierung wird dabei beim Technologiemanagement eine konzeptionelle Grundsatzentscheidung festgelegt.[31] Im Hinblick auf die oben genannten strategischen Aspekte dient der Patentschutz der Sicherung des technologischen Wissens des Unternehmens gegenüber dem Wettbe-

---

28 Vgl. Pleschak/Sabisch, 1996, S. 211 ff.
29 Vgl. Nieschlag/Dichtl/Hörschgen, 1991, S. 23 f.
30 Vgl. Specht/Beckmann, 1996, S. 451 ff.
31 Vgl. Hauschildt, 1993, S. 27.

werb. Daher wird auch der Erfolgsfaktor „Patentschutz" der Variablen Strategische Ausrichtung zugeordnet.

Mit Hilfe bereits existierender Erfolgsfaktorenstudien anderer Autoren wurden aus dem in Kapitel 3 entwickelten Modell die jeweiligen Phaseninhalte und Befähigungsfaktoren identifiziert, für deren Erfolgsrelevanz es empirische Belege gibt. Dazu gehören die folgenden Variablen[32]:

- Ideengenerierung und -akzeptierung
- Informations- und Schnittstellenmanagement
- Produktqualität
- Projektmanagement
- Produktionsprozeß
- Marketing-Mix
- Strategische Ausrichtung.

Die Phaseninhalte und Befähigungsfaktoren, für die es noch keine empirischen Belege gibt, werden nicht weiter betrachtet, da es Ziel des Instrumentariums ist, nur bereits als erfolgsrelevant erkannte Faktoren zu betrachten. Sollten sich jedoch neue Ergebnisse in der empirischen Erfolgsfaktorenforschung ergeben, so ist ein Einbezug neuer Phaseninhalte und Befähigungsfaktoren in das Instrumentarium sinnvoll.

Bevor die erfolgsrelevanten Variablen zur Entwicklung eines Analyseinstrumentariums für Innovationsprojekte von einzelnen Unternehmen wieder aufgegriffen werden, sollen zunächst - als weitere Grundlage des Instrumentariums - Kriterien zur Erfolgsmessung von Innovationsprojekten definiert werden. Die Meßkriterien werden dabei wiederum aus der Literatur der empirischen Erfolgsfaktorenforschung abgeleitet.

4.3 Kriterien zur Erfolgsmessung

In einer vergleichenden Analyse von 35 großzahligen Untersuchungen stellt Hauschildt fest, daß in der empirischen Innovationsforschung mit sehr unterschiedlichen Erfolgs- bzw. Mißerfolgsbegriffen gearbeitet wird.[33] In einer Meta-Analyse werden von Griffin und Page[34] die folgenden fünf Meßbereiche ermittelt, die den Erfolg von Innovationsprojekten messen:

---

[32] Aus Gründen der sprachlichen Vereinfachung werden die Begriffe „Variable" und „Konstrukt" im folgenden als Synonym verwendet.

[33] Vgl. Hauschildt, 1991, S. 451 ff.

[34] Vgl. Griffin/Page, 1993, S. 291 ff.

- Measures of firm benefits
- Program-level measures
- Product-level measures
- Measures of financial performance
- Measures of customer acceptance.[35]

Mittels Faktorenanalyse ermitteln Cooper und Kleinschmidt im Rahmen ihrer Studien aus 10 Meßkriterien die drei Meßdimensionen „Financial Performance“, „Opportunity window“ und „Market impact“.[36] Für eine weiterführende Betrachtung der verschiedenen Dimensionen der Erfolgsmessung in der empirischen Innovationsforschung sei auf die weiterführende Literatur verwiesen.[37]

In Anlehnung an eine große Anzahl von empirischen Studien[38] beziehen sich die Meßkriterien im Rahmen dieser Arbeit in erster Linie auf wirtschaftliche bzw. finanzielle Größen auf Einzelprojektebene. Im folgenden sind Meßkriterien abzuleiten, die dem Unternehmen Aufschluß darüber geben, ob ein Innovationsprojekt erfolgreich war oder nicht.

Der Innovationserfolg wird als Maß bestimmt, das den Gesamterfolg des Innovationsprojektes und dessen Auswirkungen auf die Wettbewerbsstärke des gesamten Unternehmens bzw. der gesamten strategischen Geschäftseinheit betrachtet. Diese Meßkriterien sind in der empirischen Forschung häufig untersucht worden.[39]

Als Vergleichsmaßstab werden in der Literatur vom Unternehmen zuvor definierte Sollgrößen, Vergleichswerte aus anderen Innovationsprojekten innerhalb des Unternehmens bzw. der Strategischen Geschäftseinheiten und Vergleichsgrößen von Wettbewerbern genannt.[40] Im weiteren Verlauf dieser Arbeit werden interne Vergleichswerte verwendet. Diese stehen den Unternehmen oftmals zur Verfügung und sind somit im Rahmen der Analyse leicht zu beschaffen und zu verwenden.

---

35 Vgl. Griffin/Page, 1993, S. 295.

36 Vgl. Cooper/Kleinschmidt, 1987, S. 216.

37 Vgl. Hauschildt, 1991, S. 451 ff.; Griffin/Page, 1993, S. 291 ff.; Cooper/Kleinschmidt, 1987, S. 215 ff.; Griffin, 1993, S. 112 ff.; Cordero, 1990, S. 185 ff. und Hultink/Robben, 1995, S. 392.

38 Vgl. die Ausführungen in Griffin/Page, 1993, S. 291 ff.; Hauschildt, 1991, S. 451 ff.; Hultink/Robben, 1995, S. 392 ff.

39 Vgl. z.B. die im Artikel von Hauschildt genannten Untersuchungen (vgl. Hauschildt, 1991, S. 451 ff.).

40 Vgl. Chiesa/Coughlan/Voss, 1996, S. 115.

Im Rahmen des Instrumentariums werden der Umsatz, der Gewinn und der Return on Investment (ROI) von Innovationsprojekten gemessen. Außerdem wird in zeitlicher Hinsicht die Dauer vom Projektbeginn bis zum Break-Even-Zeitpunkt sowie das Umsatzwachstum pro Zeiteinheit ermittelt. Die Messung des Marktanteils, eines wettbewerbsbezogenen Kriteriums erfolgt im Rahmen des Instrumentariums allgemein, kann jedoch zusätzlich unterteilt auf nationaler und internationaler Ebene erfolgen.[41] Schließlich wird erhoben, inwieweit das Innovationsprojekt einen Beitrag zum Umsatz und Gewinn der gesamten strategischen Geschäftseinheit bzw. des gesamten Unternehmens geleistet hat. Tabelle 19 zeigt die spezifischen Erfolgsmeßkriterien des Modells und beispielhaft einige empirische Studien als Quellen, in denen sich die Erfolgsmeßkriterien wiederfinden.

Neben den spezifischen wird ein globales Erfolgsmeßkriterium erfaßt. Aufbauend auf die in Kapitel 2.4 erläuterten Dimensionen des Innovationserfolges nach Hauschildt[42] wird im Rahmen dieser Arbeit das Kriterium des wirtschaftlichen Gesamterfolges als globales Erfolgsmeßkriterium ermittelt. Es entspricht dem ökonomischen Nutzen, wie er von Hauschildt definiert wurde. [43] Dieses globale Erfolgsmeßkriterium entspricht der Forderung von Hauschildt nach einer klaren und systematischen Definition des Innovationserfolges.[44] Das globale Erfolgsmeßkriterium wird als Variable für die Ermittlung der erfolgsrelevanz der Variablen im Rahmen der simultanen Betrachtung der verwendet.

Die acht spezifischen Erfolgsmeßkriterien werden zusätzlich, zur Überprüfung des globalen Erfolgsmeßkriteriums eingesetzt. Das globale Erfolgsmeßkriterium des wirtschaftlichen Gesamterfolges sollte jeweils mit den acht spezifischen Erfolgsmeßkriterien korrelieren[45], was etwa in Bezug auf Umsatz bedeutet, daß bei den als erfolgreich eingestuften Projekten die Umsatzerwartungen häufiger übertroffen wurden, wogegen bei den als nicht erfolgreich klassifizierten Projekten die Erwartungen häufiger unterschritten wurden.[46]

---

41 Zur universellen Einsetzbarkeit des Instrumentariums wird der Marktanteil nur allgemein erfragt. Dies führt dazu, daß regionale Verschiebungen, die mit dem Innovationsmanagement ursächlich keinen Zusammenhang haben müssen, nicht zu Verzerrungen der Ergebnisse führen.

42 Vgl. Hauschildt, 1993, S. 323.

43 Vgl. Hauschildt, 1993, S. 323 ff. und Abbildung 11 in Kapitel 2.4.

44 Vgl. Hauschildt, 1991, S. 452 ff.

45 Vgl. Perillieux, 1987, S. 199 ff.

46 Vgl. Perillieux, 1987, S. 200.

Erfolgsmeßkriterium	**Autor**
Marktanteil (Cooper/Kleinschmidt, Chiesa/Coughlan/Voss, Hart/Craig: national/international); (Cooper/Kleinschmidt, Hart/Craig: 3 Jahre nach launch)	Chiesa/Coughlan/Voss (1996), Griffin/Page (1993), Hultink/Robben (1995), Cooper/Kleinschmidt (1986), Hart/Craig (1993)
Return on Investment (ROI)	Griffin/Page (1993), Hultink/Robben (1995)
Umsatz (Chiesa/Coughlan/Voss: national/international)	Griffin/Page (1993), Chiesa/Coughlan/Voss (1996), Hultink/Robben (1995), Cooper/Kleinschmidt (1986), Hart/Craig (1993)
Umsatzwachstum	Griffin/Page (1993), Hultink/Robben (1995), Hart/Craig (1993)
Gewinn (Chiesa/Coughlan/Voss: national/international)	Griffin/Page (1993), Chiesa/Coughlan/Voss (1996), Hultink/Robben (1995), Cooper/Kleinschmidt (1986), Hart/Craig (1993)
Zeitdauer von Projektbeginn bis zum Break-Even	Griffin/Page (1993), Hultink/Robben (1995), Hart/Craig (1993), Cooper/Kleinschmidt (1986)
Umsatz der strategischen Geschäftseinheit vor und nach dem Innovationsprojekt	Chiesa/Coughlan/Voss (1996)
Gewinn der strategischen Geschäftseinheit vor und nach dem Innovationsprojekt	Chiesa/Coughlan/Voss (1996)

Tabelle 19: Erfolgsmeßkriterien der empirischen Erfolgsfaktorenforschung

Abbildung 46 zeigt abschließend die Erfolgsmeßkriterien, die im Rahmen des Modells eingesetzt werden.

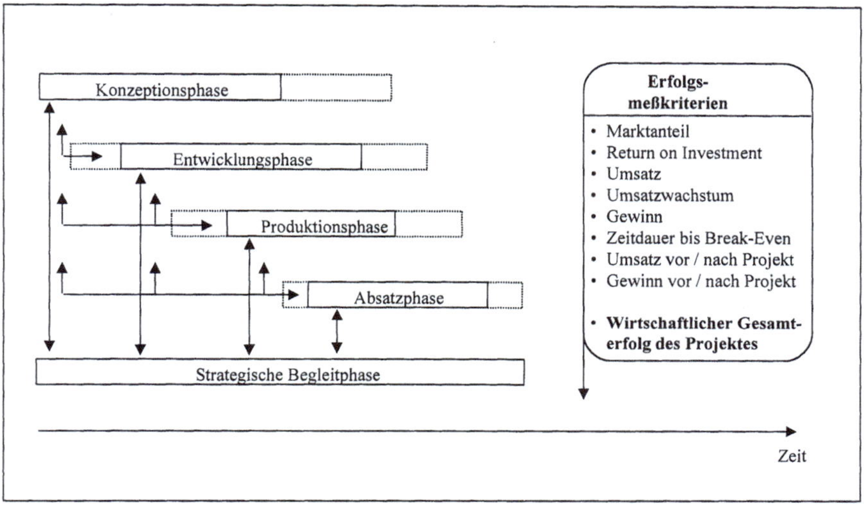

Abbildung 46: Erfolgsmeßkriterien des Modells

Im folgenden Kapitel wird das Instrumentarium zur Erfolgsanalyse von Innovationsprojekten aufgebaut, bevor in Kapitel 6 eine eigene empirische Untersuchung durchgeführt wird.

5 Entwicklung des Instrumentariums

In den vorangegangenen Kapiteln sind Schritt für Schritt die theoretischen und empirisch ermittelten Grundlagen für ein Instrumentarium zur Erfolgsanalyse von Innovationsprojekten erarbeitet worden. Bestandteile des Gerüsts sind:

- die fünf Phasen des Innovationsprozesses mit den entsprechenden theoretischen Inhalten,
- die in früheren empirischen Studien ermittelten Erfolgsfaktoren als Indikatoren der Phaseninhalte und Befähigungsfaktoren des theoretischen Modells und
- die Erfolgsmeßkriterien, die zu einem dem Innovationsprozeß nachgelagerten Zeitpunkt gemessen werden.

Das Ziel dieses Abschnittes liegt in der Entwicklung eines Instrumentariums, mit dessen Hilfe der Erfolg von Innovationsprojekten in der Praxis analysiert werden kann. Dabei werden die für das untersuchte Unternehmen erfolgsrelevanten Phaseninhalte und Befähigungsfaktoren aus der Summe der in der Literatur ermittelten Erfolgsfaktoren herausgefiltert. Dies schafft für Unternehmen die Möglichkeit, sich nicht an allgemein definierten Faktoren orientieren zu müssen, sondern die unternehmensspezifischen Erfolgsfaktoren festzulegen.

Die Datenerhebung und -analyse erfolgt im Hinblick auf einzelne Innovationsprojekte eines Unternehmens, und zwar sowohl auf erfolgreiche als auch auf nicht erfolgreiche Projekte.

Zuerst werden die deskriptiven Ergebnisse und qualitativen Informationen der Indikatoren dargestellt und die Zuordnung der Indikatoren zu den theoretischen Konstrukten überprüft. Die Analyse der Daten wird dann in drei Schritten durchgeführt

1. Ziel des ersten Schrittes ist es, die Erfolgsbeiträge der Variablen simultan zu quantifizieren. Im Rahmen einer multiplen Regressionsanalyse erfolgt eine integrierte Betrachtung der Erfolgsbeiträge der einzelnen Variablen. Als Ergebnis werden die Variablen ermittelt, welche die höchsten und signifikanten quantitativen Erfolgsbeiträge im Rahmen des Modells erbringen. Die Regressionsanalyse ist vergangenheitsorientiert und ermöglicht eine simultane Betrachtung aller Variablen.
2. Ziel des zweiten Schrittes ist die zukunftsorientierte Berücksichtigung von unterschiedlichen Aufwand-Nutzen-Verhältnissen bei einer Veränderung der Variablen. Für die im Rahmen der Regressionsanalyse ermittelten Variablen wird dabei anhand einer subjektiven Schätzung durch das Management das Verhältnis von Aufwand und Nutzen für die Veränderung einer Variablen

ermittelt. Dies geschieht anhand eines paarweisen Vergleichs des Aufwand-Nutzen-Verhältnisses der Variablen. Die Aufwand-Nutzen-Schätzung ist zukunftsorientiert und priorisiert die Variablen, die ein günstiges Aufwand-Nutzen-Verhältnis haben.

3. Ziel des dritten Schrittes ist die Priorisierung von Variablen unter Berücksichtigung der Ergebnisse aus der Regressionsanalyse und der Aufwand-Nutzen-Schätzung. Dabei erfolgt eine abschließende Auslese der Variablen, deren Verbesserung den größten Erfolgsbeitrag für das untersuchte Unternehmen leisten kann.

Abschließend wird das Instrumentarium in einem Exkurs erweitert. Dabei werden für strukturähnliche Innovationsprojekte eines Unternehmens Untersuchungsgruppen entwickelt, die dann jeweils mittels des Instrumentariums analysiert werden können.

Vor dem ausführlichen Aufbau des Instrumentariums soll noch auf die Reliabilität des Erfolgsmeßkriteriums wirtschaftlicher Gesamterfolg eingegangen werden. Im Rahmen des Instrumentariums wird der wirtschaftliche Gesamterfolg als Erfolgsmeßkriterium bei der Regressionsanalyse eingesetzt. Wie bereits an anderer Stelle bemerkt,[1] werden weitere spezifische Erfolgsmeßkriterien zur Überprüfung des wirtschaftlichen Gesamterfolges erfaßt, die Teilaspekte des finanziellen und wirtschaftlichen Erfolges des Innovationsprojektes messen. Anhand dieser spezifischen Erfolgsmeßkriterien wird untersucht, inwieweit die Einschätzung des Befragten bezüglich dieser Kriterien und dem Kriterium des wirtschaftlichen Gesamterfolges übereinstimmen. Eine hohe Übereinstimmung ist dabei ein Anzeichen für eine hohe Reliabilität des Erfolgsmeßkriteriums wirtschaftlicher Gesamterfolg.

Bei kleiner Fallzahl in der empirischen Untersuchung kann mittels eines direkten Vergleichs der Ergebnisse der zusätzlich erfaßten Meßkriterien mit den Ergebnissen des wirtschaftlichen Gesamterfolgs eine erste Überprüfung vorgenommen werden. Dabei wird untersucht, inwiefern die spezifischen Erfolgsmeßkriterien zur gleichen Unterteilung in erfolgreiche und nicht erfolgreiche Innovationsprojekte führen wie das Meßkriterium wirtschaftlicher Gesamterfolg. Die Einteilung erfolgt dabei anhand des erfaßten Skalenwertes der Antworten, die erfragt werden. Weiterhin kann im Rahmen einer Korrelationsanalyse untersucht werden, inwiefern jeweils einzeln betrachtet Zusammenhänge zwischen den spezifischen Erfolgsmeßkriterien und dem wirtschaftlichen Gesamterfolg bestehen.

---

[1] Vgl. Kapitel 4.3.

Bei ausreichend großer Fallzahl in der empirischen Untersuchung ist folgende dreistufige Vorgehensweise zur Überprüfung der Erfolgsmeßkriterien möglich:[2] Zuerst kann eine Faktorenanalyse durchgeführt werden[3], anhand derer erfaßt wird, inwieweit die Erfolgsmeßkriterien hohe Ladungen auf einen oder mehrere Faktoren aufweisen. Da die zusätzlich erfaßten Erfolgsmeßkriterien dieser Arbeit den wirtschaftlichen Erfolg zum Inhalt haben, wäre die Ladung auf nur einen Faktor zu erwarten. Zur Analyse der Beziehungen zwischen den spezifischen Erfolgsmeßkriterien und dem wirtschaftlichen Gesamterfolg können weiterhin Kontingenztests durchgeführt werden. Die Ergebnisse zeigen, inwieweit die spezifischen Erfolgsmeßkriterien mit dem wirtschaftlichen Gesamterfolg verbunden sind. Zur Bestimmung, welche der spezifischen Erfolgskriterien am stärksten zwischen wirtschaftlich erfolgreichen und erfolglosen Innovationsprojekten diskriminieren kann abschließend noch eine Diskriminanzanalyse durchgeführt werden[4].

Im folgenden wird die Vorgehensweise bei der Zuordnung der Indikatoren zu den Konstrukten und der Überprüfung der inhaltlichen Konsistenz ausführlicher diskutiert. Danach werden die drei Schritte des Instrumentariums und deren Inhalte ausführlicher beschrieben. Weiterhin werden Aspekte der Datenerhebung und -auswahl im Rahmen des Instrumentariums dargestellt.

In Kapitel 4.2 wurden die ermittelten 29 Erfolgsfaktoren als Indikatoren sieben theoretischen Konstrukten zugeordnet. Wie bereits in Abbildung 45 dargestellt, bilden diese Indikatoren, welche die Konstrukte beschreiben, die Grundlage für die empirische Untersuchung.

Um die Erfolgsrelevanz der Indikatoren für das jeweils betrachtete Einzelunternehmen empirisch überprüfen zu können, müssen diese zunächst operationalisiert werden. Dies geschieht in Anlehnung an die ermittelten Erfolgsfaktoren, die jeweils als Indikator einem Konstrukt zugeordnet sind.

Im Anhang in Tabelle 30 sind die im Fragebogen verwendeten Operationalisierungen für die in die empirischen Untersuchung einbezogenen Indikatoren wiedergegeben.

Es ist im nächsten Schritt statistisch zu überprüfen, ob die Indikatoren und Konstrukte den gleichen Sachverhalt messen und damit die innere Konsistenz der

---

[2] Vgl. zu dieser Vorgehensweise Perillieux, 1987, S. 199 ff.

[3] Vgl. zur Faktorenanalyse z.B. Backhaus/Erichson/Plinke/Weiber, 1994, S. 188 ff. und Geider, 1982.

[4] Vgl. zur Diskriminanzanalyse und deren Anwendungsvoraussetzungen z.B. Schuchard-Ficher, 1980, S. 151 ff. und Backhaus/Erichson/Plinke/Weiber, 1994, S. 90 ff.

hypothetischen Konstrukte gegeben ist. Die innere Konsistenz des theoretischen Konstrukts wird mittels des Verfahrens der Item-Gesamtwert-Korrelationsanalyse statistisch überprüft, ein Verfahren, das sich z.B. in der empirischen Forschung im Bereich Marketing und Psychologie bewährt hat.[5] Da dieses Verfahren in der empirischen Erfolgsfaktorenforschung bisher nur sehr sporadisch eingesetzt wurde[6], soll im folgenden das Grundprinzip dieser Analyseform kurz beschrieben werden.[7]

Die Item-Gesamtwert-Korrelationsanalyse ist ein Verfahren, mit dem diejenigen Indikatoren (Items)[8] identifiziert werden können, die den gleichen Sachverhalt messen und somit einen hohen Zusammenhang aufweisen. Damit können die Indikatoren identifiziert werden, die als brauchbare Items eines theoretischen Konstrukts dienen. Anders als bei der Faktorenanalyse dient das Verfahren der Item-Gesamtwert-Korrelationsanalyse ausschließlich der Hypothesenüberprüfung, d.h. es müssen a priori konkrete Vorstellungen vorhanden sein, welche Items zusammengehören und sich durch eine hypothetische Variable (theoretisches Konstrukt) erklären lassen.[9]

Anwendungsvoraussetzungen der Item-Gesamtwert-Korrelationsanalyse sind bei der Verwendung des Bravais-Pearson'schen Korrelationskoeffizienten ein metrisches Skalenniveau und annähernde Normalverteilung der untersuchten Variablen.[10] Weiterhin sollten nur solche Items in die Analyse aufgenommen werden, die eine hinreichende inhaltliche Validität (face validity) besitzen.[11]

---

5 Vgl. Peter, 1979, S. 9; Churchill, 1979, S. 68; Bühl, 1996, S. 465 und Tryon, 1957, S. 229 ff.

6 Vgl. Albers/Eggers, 1991; Kotzbauer, 1992 und Böcker/Kotzbauer/Ott, 1989.

7 Für eine ausführliche Verfahrensbeschreibung vgl. Bauer, 1986, S. 235 ff.; Wolf, 1967, S. 21 ff. und Klapprott, 1975, S. 47 ff.

8 Ein Item ist im Rahmen dieser Arbeit wie folgt definiert: „Aufbauelement einer Skala (eines Tests, Index, Fragebogens u.ä.), das die Auskunftsperson zu einer als Indikator verwendbaren Reaktion veranlassen soll" (Nieschlag/Dichtl/Hörschgen, 1991, S. 1004). Die Definition von Indikatoren findet sich in Kapitel 4.2. Items und Indikatoren werden im Rahmen dieses Kapitels als synonym verwendet.

9 Vgl. Kotzbauer, 1992, S. 205 und Bauer, 1986, S. 247.

10 Vgl. Wittenberg, 1991, S. 176 ff. und Benninghaus, 1996, S. 56.

11 Vgl. Churchill, 1979, S. 69 und Bauer, 1986, S. 248. Unter Inhaltsvalidität wird die sogenannte augenscheinliche Validität der Untersuchungsergebnisse verstanden. Sie beschränkt sich auf die Frage, ob die Untersuchungsergebnisse plausibel sind, d.h. auch, ob alle Aspekte der Dimensionen, die gemessen werden sollen berücksichtigt wurden (vgl. Dreier, 1994, S. 85).

Weitere Anwendungsvoraussetzungen für die folgenden Ausführungen sind die Konstruktvalidität[12] des Meßinstrumentes und die Kriteriumsvalidität.[13]

Das Verfahren berechnet zunächst die korrigierte Korrelation eines einzelnen Items mit der Summe der restlichen, als zusammengehörig eingestuften Items.[14] Dabei wird die Korrelation eines Indikators mit der um den betreffenden Indikator verkürzten oder korrigierten Summe der Indikatoren berechnet und man erhält den korrigierten Item-Gesamtwert-Korrelationskoeffizienten,[15] der auch als Trennschärfenkoeffizient bezeichnet wird.[16] Im Rahmen dieser Arbeit wird der Bravais-Pearson'sche Korrelationskoeffizient als Trennschärfenkoeffizient verwendet,[17] der Koeffizient bringt zum Ausdruck, ob das einzelne Item und die Summe der Items das Gleiche messen.[18] Je höher dieser Koeffizient ist, desto besser läßt sich dieses Item durch die theoretische Variable erklären.

Ab wann eine Korrelation als hinreichend hoch gilt, ist letztlich das Ergebnis einer Konvention.[19] Man kann sagen, daß bei $r = 0{,}70$ etwa 50% der Variation des Indikators durch die Variation der theoretischen Variablen erklärt wird.[20] Der Korrelationskoeffizient kann, wenn alle Items die gleiche Richtung aufweisen, Werte zwischen 0 und 1 annehmen. Klapproth nennt $r = 0{,}40$ bei weniger und $r = 0{,}30$ bei relativ vielen Indikatoren als Untergrenze für eine zufriedenstellende Item-Gesamtwert-Korrelation,[21] andere Autoren schlagen Werte von 0,50 bzw. 0,30 als Mindestwerte vor.[22]

Items, die nur unterhalb der Mindestwerte mit dem Summenwert korrelieren, können als unbrauchbare Indikatoren interpretiert werden. Es ist zu überprüfen,

---

12 Vgl. Wittenberg, 1991, S. 159 f. Unter Konstruktvalidität wird die theoretisch korrekte Auswahl der Items zur Messung eines Konstruktes verstanden (vgl. Wittenberg, 1991, S. 160).

13 Kriteriumsvalidität bedeutet das Vorhandensein einer Korrelation zwischen einer Messung mit dem Meßinstrument und einem anders gemessenen empirischen Kriterium, d.h. einem externen Kriterium. Ist die Korrelation hoch, so ist die Messung für ein solches Kriterium valide (vgl. Dreier, 1994, S. 86).

14 Vgl. Bauer, 1986, S. 247 ff.

15 Vgl. Benninghaus, 1986, S. 55 f. Zu den verschiedenen rechnerischen Korrekturmöglichkeiten vgl. Wolf, 1967, S. 21 ff.

16 Vgl. Klapprott, 1975, S. 47 ff.

17 Je nach den statistischen Voraussetzungen können jedoch auch andere Korrelationskoeffizienten verwendet werden (vgl. Benninghaus, 1996, S. 56).

18 Vgl. Kotzbauer, 1992, S. 204 f.

19 Vgl. Bauer, 1986, S. 249.

20 Vgl. Bauer, 1986, S. 249.

21 Vgl. Klapproth, 1975, S. 49.

22 Vgl. Bauer, 1986, S. 250 und Kotzbauer, 1992, S. 204.

ob eine Eliminierung des Items erfolgen kann. In einem solchen Fall sollte zuerst überlegt werden, warum das entsprechende Item problematisch ist. Es kann daran liegen, daß das Item inhaltlich nicht zum Gesamttest paßt, dann sollte es auf jeden Fall eliminiert werden; es kann aber auch daran liegen, daß eine zu komplizierte Formulierung im Fragebogen für das Item gewählt wurde.[23] Durch die Elimination unbrauchbarer Indikatoren steigt in der Regel die Korrelation zwischen den verbleibenden Items und dem neu gebildeten Summenwert.[24]

Die innere Konsistenz der theoretischen Konstrukte wird durch den Reliabilitätskoeffizienten Alpha von Cronbach[25] berechnet. Der Alpha-Koeffizient läßt sich bestimmen, indem man die Summe der Varianzen der einzelnen Items mit der Varianz der Summe über alle Items eines Faktors vergleicht. Die Höhe von Alpha hängt von der Höhe der Interkorrelation der Items ab. Zur Berechnung von Alpha werden die zu untersuchenden Indikatoren einer Faktoranalyse unterzogen und, mit der jeweiligen Ladung auf den Hauptfaktor gewichtet, zu einer Kunstvariablen addiert.[26]

Der Alpha-Koeffizient kann Werte zwischen +1 und -1 annehmen. Für eine hinreichende innere Konsistenz eines Konstrukts wird ein Alpha-Koeffizient von 0,70 angenommen, zumeist werden in den empirischen Arbeiten aber auch Werte größer als 0,50 akzeptiert.[27]

Anwendungsvoraussetzungen zur Ermittlung des Alpha-Koeffizienten von Cronbach sind ein metrisches Meßniveau und annähernde Normalverteilung der untersuchten Indikatoren. Für den Einsatz des Alpha-Koeffizienten von Cronbach ist die untersuchte Fallzahl von Bedeutung. Nach Nunnally sollten für jedes Konstrukt mindesten fünf Fälle pro Indikator vorhanden sein.[28] Eine geringere Fallzahl kann dazu führen, daß der Alpha-Koeffizient überhöht ist.[29]

---

[23] Vgl. Bühl, 1996, S. 500.

[24] Vgl. Bauer, 1986, S. 249.

[25] Vgl. Cronbach, 1951, S. 297 ff. Zum Einsatz von Cronbach-Alpha vgl. Peter, 1979, S. 6 ff.; Churchill, 1979, S. 64 ff. und Peter, 1981, S. 133 ff.

[26] Vgl. Wittenberg, 1991, S. 159.

[27] Cronbach's Alpha wird nach Wittenberg per Konvention folgendermaßen interpretiert (vgl. Wittenberg, 1991, S. 160):
- Alpha $< 0{,}50$ keine ausreichende Reliabilität
- Alpha $\geq 0{,}50$ ausreichende Reliabilität
- Alpha $\geq 0{,}70$ zufriedenstellende Reliabilität
- Alpha $\geq 0{,}90$ hohe Reliabilität.

[28] Vgl. Nunnally, 1967, S. 280.

[29] Vgl. Peter, 1979, S. 16.

Der Ausprägungswert der theoretischen Konstrukte im Einzelfall ergibt sich durch die Addition der jeweils zusammengehörenden Indikatoren und die entsprechende Normierung dieser Summe mit der Anzahl der einbezogenen Indikatoren.[30]

Wenn im Rahmen der empirischen Untersuchung die Werte für Cronbach's-Alpha und der korrigierte Item-Gesamtwert-Korrelationskoeffizient die empirisch als sinnvoll eingestuften Mindestwerte überschreiten, wird für die folgenden Auswertungen mit dem theoretischen Konstrukt weitergearbeitet.[31] Aus Gründen der sprachlichen Vereinfachung werden die theoretischen Konstrukte im weiteren Verlauf als Variablen bezeichnet.

5.1 Regressionsanalyse - Aufbau eines Erfolgsmodells

Im Rahmen der Regressionsanalyse wird mit den Variablen im ersten Schritt des Instrumentariums ein Modell erstellt, das zur simultanen Erklärung des Gesamterfolges dient. Dadurch wird eine integrierte Betrachtungsweise ermöglicht, die den Erfolgsbeitrag der Variablen nicht einzeln, sondern simultan betrachtet und relative Gewichtungen berücksichtigt.

Die Ermittlung der Gesamterfolgsgleichung erfolgt anhand multipler linearer Regressionsanalyse und besitzt die Form:

$$Y = a + \beta_1 x_1 + \ldots + \beta_n x_n$$

dabei bedeuten:

Y	Abhängige Variable (Wirtschaftlicher Gesamterfolg)
a	Konstantes Glied der Regressionsfunktion
$\beta_1,\ldots,\beta_n$	Regressionskoeffizienten
$x_1,\ldots,x_n$	unabhängige Variablen - Regressoren (Variablen)
n	Zahl der Regressoren.

Von vorrangigem Interesse ist die Schätzung der Regressionskoeffizienten, denn diese geben an, um wieviel sich die abhängige Variable verändert, wenn die unabhängige Variable - ceteris paribus - um eine Einheit vergrößert wird.[32]

---

30 Die Anforderung an Intervallskalierung der Daten ist im Rahmen dieser Arbeit erfüllt (vgl. Brosius, 1995, S. 915). Vor der Addition der Indikatoren ist zu beachten, daß alle Antworten gleich gepolt sein müssen (vgl. Bühl, 1996a, S. 467).

31 Vgl. Böcker/Kotzbauer/Ott, 1989, S. 20 ff. und Kotzbauer, 1992, S. 211 f.

32 Vgl. Bamberg/Bauer, 1989, S. 225.

Beim Einsatz der linearen multiplen Regression sind einige Anwendungsvoraussetzungen zu erfüllen. Folgende Prämissenverletzungen können die Ergebnisse des multiplen Regressionsmodells verfälschen:[33]

- Nicht korrekte Spezifizierung des Modells
- Nicht-Normalverteilung der Variablen in der Grundgesamtheit
- Nichtlinearität
- Multikollinearität
- Autokorrelation
- Heteroskedastizität

Für die Diskussion der Anwendungsvoraussetzungen sei auf die Fachliteratur verwiesen.[34] Bedingt durch die hohe Bedeutung für die Themenstellung, wird der Aspekt der Multikollinearität kurz diskutiert. Zwischen den Variablen darf keine Multikollinearität vorliegen. „Unter Multikollinearität versteht man die wechselseitige Abhängigkeit von Variablen im Kontext multivariater Verfahren“[35]. Das lineare Regressionsmodell basiert auf der Prämisse, daß die Regressoren nicht vollständig linear abhängig sind. Dies ist der Fall, wenn zwischen zwei oder mehreren Variablen ein deterministischer linearer Zusammenhang besteht.[36] Bei empirischen Daten ist diese Bedingung allerdings niemals ideal erfüllt, es besteht vielmehr immer ein gewisser Grad an linearer Abhängigkeit zwischen den Variablen.[37] Ein Regressor läßt sich dann als lineare Funktion der übrigen Regressoren darstellen. Multikollinearität wird zum Problem, wenn eine starke lineare Abhängigkeit zwischen den unabhängigen Variablen besteht.[38] Zur Aufdeckung der Multikollinearität bei paarweisen Abhängigkeiten liefert die Korrelationsmatrix erste Anhaltspunkte.[39] Hohe Korrelationskoeffizienten zwischen den unabhängigen Variablen bedeuten hohe Multikollinearität. Hübler nennt Korrelationswerte von 0,8 bzw. 0,9 als kritische Werte für das Vorliegen von Multikollinearitäten.[40] Bei den im Modell erfaßten Variablen ist durch die

---

33 Vgl. Backhaus/Erichson/Plinke/Weiber, 1994, S. 31 ff. und die dort angegebene Literatur.

34 Vgl. Bortz, 1993, S. 417 ff.; Aiken/West, 1991, S. 139 ff.; Sachs, 1992, S. 550 f.; Backhaus/Erichson/Plinke/Weiber, 1994, S. 31 ff. und Groebner/Shannon, 1991, S. 523.

35 Bortz, 1993, S. 419.

36 Vgl. Hübler, 1989, S. 85.

37 Vgl. Backhaus/Erichson/Plinke/Weiber, 1994, S. 33.

38 Die Standardfehler der Regressionskoeffizienten werden mit zunehmender Multikollinearität größer und damit deren Schätzung unzuverlässiger (Ineffizienz der Schätzwerte).

39 Trotz durchgängig niedriger Werte in der Korrelationsmatrix für paarweise Abhängigkeiten können jedoch auch Multikollinearitäten zwischen z.B. zusammengesetzten Werten der Regressoren und anderen unabhängigen Variablen bestehen.

40 Vgl. Hübler, 1989, S. 99 (vgl. auch Eckey/Kosfeld/Dreger, 1995, S. 89).

bereits beschriebene hohe Verflechtung und Interdependenz der Variablen Multikollinearität zu erwarten.[41]

Eine Möglichkeit, hoher Multikollinearität zu begegnen, besteht in der Entfernung einer oder mehrerer betroffener Variablen aus der Regressionsgleichung. Zur Lösung des Problems können deshalb multikollineare Variablen, die anderen zeitlich nachgelagert sind, aus der Gleichung ausgeschlossen werden. Die Veränderung der zeitlich vorgelagerten Variable wird, bedingt durch die hohe Korrelation, zumeist auch Auswirkungen auf die nachgelagerte Variable haben. Liegt in der vorliegenden Arbeit z.B. zwischen den Variablen Ideengenerierung und -akzeptierung und Marketing-Mix Multikollinearität vor, wird die letztgenannte Variable aus der Gleichung ausgeschlossen. Bei Variablen, die sich zeitlich überlappen (z.B. Projektmanagement und Produktionsprozeß), muß eine kritische und subjektive Beurteilung der Einzelsituation erfolgen.[42]

Die Auswahl der in die Regressionsgleichung einzubeziehenden Variablen wird anhand verschiedener Vorgehensweisen durchgeführt. Im Rahmen der empirischen Untersuchung wird die Regressionsgleichung zuerst mittels des Verfahrens „Enter" in SPSS ermittelt.[43] Dabei werden alle Faktoren gleichzeitig in die Regressionsgleichung aufgenommen. Zur Überprüfung der gefundenen Regressionsgleichung wird zusätzlich die stufenweise Regression angewendet. Dabei wird durch das verwendete Statistikpaket eine Auswahl von Modellen berechnet, die das Datenmaterial gut abbilden. Der Beurteiler versucht dann, die Ergebnisse sinnvoll zu interpretieren.[44] Ausgehend von einer erklärenden Variablen, die den höchsten Erklärungswert von allen in Frage kommenden erklärenden Variablen besitzt, werden bei der stufenweisen Regressionsanalyse Schritt für Schritt weitere erklärende Variablen in die Regressionsbeziehung aufge-

---

In der Ökonometrie nutzt man neben der Korrelationsmatrix eine Reihe von Verfahren, Techniken und Maßzahlen zur Aufdeckung multikollinearer Beziehungen zwischen zwei und mehr Regressoren. Allerdings stellen diese nur mehr oder weniger befriedigende Lösungen des Kollinearitätsproblems dar (vgl. Eckstein, 1997, S. 272). Zu den verschiedenen Verfahren vgl. z.B. Fox, 1997, S. 337 ff. und Hübler, 1989, S. 93 ff.

41 Auch Cooper weist auf die großen Interdependenzen der im Rahmen seiner Erfolgsfaktorenstudien erfaßten Kriterien hin (vgl. Cooper, 1980, S. 284). Dies liegt wohl in der hohen Komplexität und Interdependenz der Erfolgsfaktoren des Innovationsprozesses begründet.

42 Zu den theoretischen Vorschlägen und Praktiken zur Lösung des Multikollinearitätsproblems vgl. Hübler, 1989, S. 100 ff.

43 Mit der Methode „Enter" werden vorher definierte Variablen in eine Regressionsgleichung einbezogen. Im vorliegenden Fall werden alle sieben Variablen gleichzeitig in die Gleichung aufgenommen. Vgl. z.B. Backhaus/Erichson/Plinke/Weiber, 1994, S. 49 zur Ermittlung einer Regressionsgleichung mittels der Methode „Enter".

44 Zur Vorgehensweise der stufenweisen Regression vgl. Bortz, 1993, S. 426 f.; Hippmann, 1997, S. 181; Bühl/Zöfel, 1994, S. 257 ff.

nommen. Die Auswahl der hinzukommenden erklärenden Variablen erfolgt dabei so,[45] daß sie von allen möglichen aufzunehmenden den höchsten Erklärungsanteil beisteuert.[46] Zusätzlich werden die Ergebnisse der Ermittlung der Regressionsgleichung mittels der Verfahren „Forward", „Backward" und „Best Subset" mit den oben genannten Ergebnissen verglichen.[47] Da es keine statistische Vorgehensweise für das Finden der „besten" Regressionsgleichung gibt,[48] wird versucht, diese mittels mehrerer Vorgehensweisen zu ermitteln und zu überprüfen. Ergänzend sei bemerkt, daß nicht alle Vorgehensweisen zu den gleichen Ergebnissen kommen müssen.[49] Bei abweichenden Ergebnissen sollte das kritische Urteilsvermögen des Betrachters zur Auswahl der relevanten Gleichung führen.

Für die Auswertung der empirischen Ergebnisse ist die untersuchte Fallzahl von Bedeutung. Groebner/Shannon weisen darauf hin, daß zumindest eine Beobachtung mehr als in der Regressionsgleichung vorhandene unabhängige Variablen zu betrachten ist. Um zu praktisch sinnvollen Ergebnissen zu kommen, schlagen sie vor, mindestens viermal so viele Beobachtungen zu haben wie unabhängige Variablen.[50] Andere Autoren schlagen eine „genügend" große Stichprobe vor, bei der die Zahl der Beobachtungen wenigstens doppelt so groß sein sollte wie die Anzahl der Variablen in der Regressionsgleichung.[51]

Durch das Verfahren der multiplen Regression können auch die Variablen erkannt werden, die nicht Erfolgs- sondern Mißerfolgsfaktoren sind. Bei einem negativen Vorzeichen des Regressionskoeffizienten erwirkt eine Veränderung dieser Variablen auf der Fragebogenskala nach oben eine Verschlechterung der Ergebnisse des Gesamterfolges. Durch das Erkennen der Mißerfolgsfaktoren kann gezielt an diesen gearbeitet werden.

Die ermittelten Ergebnisse sind vergangenheitsorientiert, da die Erfolgsfaktoren bereits durchgeführter Projekte Grundlage der Analyse sind. Bei sich schnell

---

45 Vgl. Hippmann, 1997, S. 181.

46 Beim Einsatz der stufenweisen Regression können Probleme auftreten, wenn viele unabhängige Variablen eingesetzt werden und es zu zufälligen Ergebnissen kommt (vgl. Cohen/Cohen, 1983, S. 124 f.).

47 Zur Vorgehensweise, den Ergebnissen und der Kritik der jeweiligen Vorgehensweise vgl. Dunn/Clark, 1987, S. 339 ff.; Draper/Smith, 1981, S. 296 ff. und Fox, 1997, S. 356 ff.

48 Vgl. Draper/Smith, 1981, S. 294 f.

49 Vgl. Draper/Smith, 1981, S. 295.

50 Vgl. Groebner/Shannon, 1991, S. 639.

51 Vgl. Backhaus/Erichson/Plinke/Weiber, 1994, S. 49. Zur nachträglichen Berechnung „optimaler" Stichprobenumfänge vgl. Bortz, 1993, S. 429 ff.

verändernden Märkten kann die Vergangenheitsorientierung der Regressionsanalyse ein Nachteil darstellen.

Ergebnis der Regressionsanalyse ist eine Gleichung mit den Variablen, die den höchsten Erklärungsbeitrag für den Erfolg der Innovationsprojekte des Unternehmens liefern. Damit ist eine eindeutige Präferierung der Variablen möglich. Je höher der (standardisierte) Regressionskoeffizient,[52] desto höher der Erfolgsbeitrag der Variablen.

5.2 Zukunftsorientierte Aufwand-Nutzen-Schätzung

In einem nächsten Schritt ist nun durch das Management herauszufinden, in welchem Aufwand-Nutzen-Verhältnis zukunftsorientierte Veränderungsmaßnahmen bei den Variablen zueinander stehen. Im Rahmen der Aufwand-Nutzen-Schätzung werden nur die Variablen untersucht, die in der abschließenden multiplen Regressionsgleichung enthalten sind.[53]

Der im Rahmen der Regressionsanalyse ermittelte Erfolgsbeitrag einer Variablen (also der standardisierte Regressionskoeffizient) unterscheidet sich wesentlich vom zu ermittelnden Wert in der Aufwand-Nutzen-Betrachtung. Der Wert des Erfolgsbeitrags einer Variable ist ein vergangenheitsorientierter Wert, der sich auf die in den letzten fünf Jahren durchgeführten Innovationsprojekte bezieht. Durch die rasche Veränderung der Märkte und des Wettbewerbsumfeldes erscheint dies nicht ausreichend für eine Zukunftsbetrachtung. Die im Rahmen der Aufwand-Nutzen-Schätzung ermittelten Werte sind zukunftsorientiert, da das Management den zukünftigen Nutzen beim Einsatz einer Geldeinheit (also konstantem Aufwand) der Erfolgsfaktoren schätzt. Grundlage der Schätzung des Managements ist also die Erwartung über zukünftige Aufwand-Nutzen-Verhältnisse im Unternehmen.

---

52 Der standardisierte Regressionskoeffizient ermöglicht eine direkte Vergleichbarkeit der Regressionswerte und ist wie folgt definiert: Standardisierter Regressionskoeffizient$_n$ = Unstandardisierter Regressionskoeffizient$_n$ * (Standardabweichung von x_n / Standardabweichung von Y); (vgl. Backhaus/Erichson/Plinke/Weiber, 1994, S. 19 ff.). Standardisierte Regressionskoeffizienten sind dimensionslose Größen, die sich für den Vergleich der im allgemeinen unterschiedlich dimensionierten Regressionskoeffizienten eignen (vgl. Eckstein, 1997, S. 258).

53 Anhand der Aufwand-Nutzen-Schätzung werden für die Priorisierung der Faktoren die Grundlagen gelegt. Eine Fokussierung auf die für den Erfolg wesentlichen Faktoren, die im Rahmen der Regressionsanalyse ermittelt wurden, reicht also aus. Die im Rahmen der Regressionsanalyse nicht erfolgsrelevanten Variablen - die nicht in der abschließenden Erfolgsgleichung enthalten sind - werden nicht weiter betrachtet, da kein signifikanter Einfluß auf den wirtschaftlichen Gesamterfolg festgestellt werden konnte und deshalb eine Veränderung des Faktors nicht zielführend ist.

Die Aufwand-Nutzen-Schätzung sollte von verschiedenen Mitarbeitern des Unternehmens durchgeführt werden. Dabei können das Top-Management und die betroffenen Abteilungsleiter für die jeweils relevanten Bereiche befragt werden. So empfiehlt sich bei der Variablen Produktionsprozeß zusätzlich die Befragung des Produktionsleiters und bei der Variablen Marketing-Mix die Befragung des Marketingleiters. Für die Auswertung ist anschließend der Mittelwert der Antworten zu bilden. Bei großen Unterschieden in der Einschätzung der Befragten empfiehlt sich die gemeinsame Diskussion der Einschätzungen und Ergebnisse.[54]

Bedingt durch die hohe Komplexität der Variablen und die jeweiligen situationsspezifischen Besonderheiten ist eine direkte quantitative Erfassung von Aufwand und Nutzen sehr schwierig. Das Aufwand-Nutzen-Verhältnis wird deshalb dadurch erfaßt, daß der relative Nutzen im Vergleich zweier Variablen beim Einsatz von jeweils einer Geldeinheit[55] ermittelt wird.

Bei der Aufwand-Nutzen-Schätzung verteilt das Management jeweils 100 Punkte bei einem für alle Variablen durchgeführten vollständigen Paarvergleich.

Wie groß ist der Nutzen beim Einsatz von jeweils einer Geldeinheit im Vergleich der beiden Variablen?
Verteilen Sie pro Variablenpaar jeweils 100 Punkte.
Beispiel: Ein Wertepaar von 75 zu 25 bedeutet, daß beim Einsatz von einer Geldeinheit je Variable der Nutzen für die erstgenannte Variable dreimal so hoch ist wie für die zweitgenannte.

Produktqualität	*60*	:	*40*	Projektmanagement
Marketing-Mix	*33*	:	*67*	Strategische Ausrichtung
Produktqualität	*55*	:	*45*	Marketing-Mix
Marketing-Mix	*65*	:	*35*	Projektmanagement
Strategische Ausrichtung	*65*	:	*35*	Produktqualität
Projektmanagement	*25*	:	*75*	Strategische Ausrichtung

Zur genaueren Beschreibung der wesentlichen Inhalte der Variablen benutzen Sie bitte die zusätzlich verteilten Karten, welche die Indikatoren der Variablen genauer beschreiben.

Abbildung 47: Aufwand-Nutzen-Schätzung durch des Management - Beispiel

---

[54] Vgl. zu dieser Vorgehensweise Cooper, 1985, S. 40 f.

[55] Je nach Unternehmensgröße können zur Vereinfachung für das Management z.B. Werte von DM 100.000,-- oder DM 10 Mio. eingesetzt werden. Die Aufwand-Nutzen-Schätzung kann jedoch auch ohne spezifische Werte für „1 Geldeinheit" durchgeführt werden. Wichtig ist der paarweise Vergleich der Variablen, nicht die Werte der Geldeinheiten.

Abbildung 47 zeigt das Erfassungsformular der Aufwand-Nutzen-Schätzung anhand eines Beispiels für die vier Variablen Produktqualität, Projektmanagement, Marketing-Mix und Strategische Ausrichtung.

Zur Erläuterung der Inhalte der Variablen werden den Befragten Karten zur Verfügung gestellt, auf denen jeweils die Indikatoren der Variablen aufgeführt sind. Dadurch wird es den Befragten ermöglicht, bei jedem direkten Vergleich die Karten der Variablen mit den jeweiligen Indikatoren nebeneinander zu legen und einen direkten Vergleich der erfolgsrelevanten Einflußfaktoren zu erhalten. Abbildung 48 zeigt beispielhaft die Karte für die Variable Produktqualität.

Produktionsprozeß

wird maßgeblich bestimmt durch folgende Indikatoren:

- **Nutzung bekannter Produktionsverfahren**
- **Analyse der Stärken der Produktion**
- **Prozeßverbesserungen**

Abbildung 48: Karte für die Variable Produktqualität

Die Vorgehensweise stellt hohe Anforderungen an das Vorstellungs- und Urteilsvermögen der Befragten. Durch die Befragung des Managements sollte jedoch von einer entsprechenden Qualifikation und einem entsprechenden Urteilsvermögen ausgegangen werden können.

Durch die Konstant-Summen-Skala mit vollständigem Paarvergleich wird die Komplexität der Themenstellung deutlich reduziert, und auch die interne Konsistenz der Auskünfte ist leicht prüfbar.[56] Die Skala liefert n(n-1)/2 Paarvergleichdaten für n Variablen und läßt eine Rekonstruktion der interessierenden ratioskalierten n-1 Meßwerte für die Variablen zu. Ein Meßwert kann bei einer Ratioskala im positiven Wertebereich willkürlich festgelegt werden. Anhand des Verfahrens nach Comrey[57] wird von den Meßwerten für die Variablenpaare

[56] Vgl. zum folgenden Gierl, 1995, S. 47 ff.

[57] Vgl. Comrey, 1950, S. 317 ff. und Gierl, 1995, S. 48 ff.

auf die Schätzwerte für die einzelnen Variablen nach folgender Formel geschlossen:

$$\frac{\hat{a}_i}{\hat{a}_{i+1}} = \frac{1}{n-1}\left(\frac{a_i}{a_{i+1}} + \sum_{\substack{k \neq i \\ k \neq i+1}} \frac{a_k}{a_{i+1}} \Big/ \frac{a_k}{a_i}\right) \qquad i = 1, ..., n-1$$

Aufbauend auf die nachfolgend dargestellt Formel von Ekman[58] ergeben sich bei intern konsistenten Daten die geschätzten Werte für die Variablen:

$$\hat{a}_i = \left(\frac{\sum_{j=1}^{n} \frac{a_i}{a_j}}{\sum_{j=1}^{n} \frac{a_j}{a_i}}\right)^{1/2} \qquad i = 1, ..., n.$$

Einer der Werte $\hat{a}_i$ kann dem Wert 1 gleichgesetzt und die verbleibenden Werte können berechnet werden, da eine proportionale Transformation bei ratioskalierten Werten keinen Informationsverlust bewirkt.[59] Abbildung 49 zeigt die Ergebnisse der Berechnung des Beispiels für die Aufwand-Nutzen-Schätzung.

Variable	**Transformierter Wert**
Produktqualität	1,4
Projektmanagement	1,0
Marketing-Mix	1,3
Strategische Ausrichtung	2,6

Abbildung 49: Transformierte Werte des Aufwand-Nutzen-Verhältnisses - Beispiel

Die Ergebnisse aus Abbildung 49 sind beispielhaft wie folgt zu interpretieren: Wenn das Unternehmen bei den Variablen Strategische Ausrichtung und Projektmanagement jeweils eine Geldeinheit aufwendet, ist der bei der Strategischen Ausrichtung erreichte Nutzen 2,6mal höher als der beim Projektmanagement.

---

58 Vgl. Ekman, 1958, S. 290 f.

59 Vgl. Gierl, 1995, S. 49.

In diesem Beispiel ist durch die Veränderung der Variable Projektmanagement der höchste Aufwand-Nutzen-Beitrag für das Unternehmen möglich. Die Veränderung des Projektmanagements bringt den geringsten Aufwand-Nutzen-Beitrag.

5.3 Priorisierung und Zusammenfassung

Die Ergebnisse der Regressionsanalyse und Aufwand-Nutzen-Schätzung werden im dritten Schritt des Instrumentariums in der Rangfolge einander gegenübergestellt. Bei Abweichungen in der Rangfolge ist es von der Situationseinschätzung des Entscheiders abhängig, ob die Ergebnisse der Regressionsanalyse oder der Aufwand-Nutzen-Schätzung priorisiert werden.

Aus Sicht des Verfassers können bei abweichenden Rangfolgen folgende Kriterien und Aspekte eine sinnvolle Entscheidung unterstützen:

- Bei großer Fallzahl der untersuchten Projekte sind die Ergebnisse der Regressionsanalyse statistisch besser fundiert als die Ergebnisse der Aufwand-Nutzen-Schätzung. Die Regressionsanalyse basiert auf einer große Anzahl von Variablen. Die Aufwand-Nutzen-Schätzung basiert auf subjektiven Schätzungen weniger Personen, die nur einmal für das untersuchte Unternehmen erfaßt werden.
- Wenn die Ergebnisse zweier Variablen z.B. bei der Aufwand-Nutzen-Schätzung sehr nahe beieinander liegen - also der transformierte Wert eine ähnlich hohe Ausprägung hat - können die Ergebnisse der Regressionsanalyse für die zwei Variablen favorisiert werden, da nur kleine Unterschiede beim Aufwand-Nutzen-Verhältnis vorliegen. Das Gesagte gilt auch umgekehrt, wenn in der Regressionsanalyse kleine Unterschiede vorliegen.
- Bei sich schnell verändernden und innovativen Märkten haben die zukunftsorientierten Werte der Aufwand-Nutzen-Schätzung Vorteile gegenüber den vergangenheitsorientierten Werten der Regressionsanalyse.
- Bei großen Unterschieden in den Rangfolgen ist zu überprüfen, ob die Ergebnisse logisch erklärbar sind. Gegebenenfalls können die Ergebnisse der Aufwand-Nutzen-Schätzung neu erhoben werden und durch zusätzlich untersuchte Projekte kann eine Kontrollgruppe für die Regressionsanalyse gebildet werden.[60]

---

[60] Der Einsatz von Kontrollgruppen und auch der Cross-Split-Half Methode sollten, soweit als möglich, generell zur Validierung der empirischen Untersuchungen eingesetzt werden (vgl. zu dieser Vorgehensweise auch Cooper, 1985, S. 40).

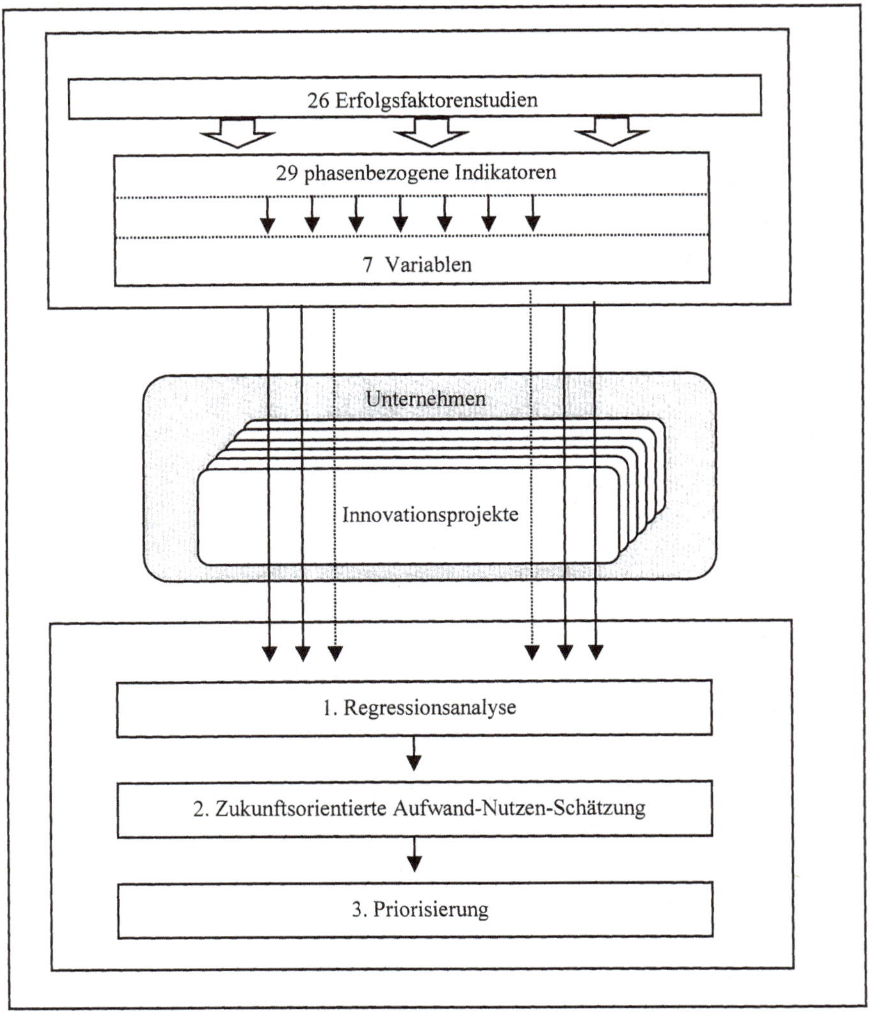

Abbildung 50: Instrumentarium zur Erfolgsanalyse von Innovationsprojekten

---

Bei der Cross-Split-Half Methode wird das Sample zufällig in zwei Hälften aufgeteilt und mit beiden Hälften jeweils das Instrumentarium durchlaufen. Stimmen die Ergebnisse der beiden Gruppen überein, können die Ergebnisse als valide angesehen werden. Zur Cross-Split-Half Methode und der Validierung von Modellen vgl. auch Draper/Smith, 1981, S. 419 ff.

Aus den Ergebnissen der Priorisierung lassen sich Empfehlungen ableiten, bei welchen Variablen das Unternehmen für eine Optimierung des Innovationsprozesses zuerst ansetzen sollte. Bevor die Optimierung einer Variable aber tatsächlich begonnen wird, sollte diese einer detaillierten Analyse unterzogen werden. Dabei können pro Variable die bereits erfaßten Indikatoren unterstützend genauer untersucht und analysiert werden.

Abbildung 50 gibt abschließend einen Überblick über die Inhalte und die Vorgehensweise des Instrumentariums zur Erfolgsanalyse von Innovationsprojekten.

Vor einer ersten empirischen Anwendung des Instrumentariums folgen einige Anmerkungen zur Datenerhebung und -auswertung. Weiterhin wird das Instrumentarium erweitert, so daß Priorisierungsempfehlungen für strukturähnliche Projekte möglich werden.

5.4 Zur Datenerhebung und -auswertung

Zur quantitativen Auswertung werden die Daten mittels standardisierter Befragung in Form eines Fragebogens erhoben. Ein wesentlicher Vorteil dieser standardisierten Erhebungsmethode liegt in der relativ einfachen Durchführbarkeit und Handhabbarkeit der Datenbeschaffung, was für den häufigen Einsatz des Instrumentariums in der Unternehmenspraxis eine sinnvolle Voraussetzung darstellt. Weiterhin ermöglicht diese standardisierte Erhebungsmethode eine Vergleichbarkeit[61] zwischen mehreren Unternehmen (z.B. eines Konzerns) und gegebenenfalls eine Zusammenfassung der Ergebnisse verschiedener Studien. Außerdem entfallen die Beeinflußungsmöglichkeiten durch den Interviewer, ein Problem, unter dem mündliche Befragungen leiden.[62] Das Problem der Rücklaufquote[63] ist bei entsprechender Unterstützung durch das Management im Rahmen des Instrumentariums zu vernachlässigen, da die Datenerfassung jeweils nur in einem Unternehmen erfolgt.[64] Das Kommunikationsproblem der schriftlichen Befragung, das aus der Tatsache entstehen kann, daß die Auskunftsperson zur Klärung von Mißverständnissen keine Rückfragemöglichkeit

---

[61] Vgl. Böhler, 1985, S. 76.

[62] Vgl. Nieschlag/Dichtl/Hörschgen, 1991, S. 699.

[63] Vgl. Nieschlag/Dichtl/Hörschgen, 1991, S. 699 und Fritz, 1995, S. 96.

[64] Zu weiteren Vor- und Nachteilen der Befragungsmethoden bzw. der schriftlichen Befragung vgl. z.B. Gierl, 1995, S. 206 ff.; Nieschlag/Dichtl/Hörschgen, 1991, S. 698 ff.; Böhler, 1985, S. 74 ff. und Churchill, 1976, S. 158 ff.

bei einem Interviewer hat, ist durch einen verständlichen und transparenten Fragebogen zu minimieren.[65]

5.4.1 Fragebogeninhalte

Der Fragebogen ist unterteilt in „Fragen zum Projektverlauf" und „Fragen zum Projekterfolg" des Innovationsprojektes und erfaßt damit im ersten Teil die Ausprägungen der Indikatoren und im zweiten Teil die Ergebnisse des Innovationsprojektes. Die genaue Formulierung der einzelnen Fragen findet sich in dem im Anhang wiedergegebenen Originalfragebogen wieder.

Die Fragebogenentwicklung wurde in einem iterativen Prozeß durchgeführt. Der Erstellung des endgültigen Fragebogens ging ein Pretest voraus, bei dem der Fragebogen mehreren Experten vorgelegt wurde. Diese nahmen eine kritische Bewertung des Inhalts, der Verständlichkeit und Eindeutigkeit der Fragen vor. Aufgrund der daraus gewonnenen Erkenntnisse wurde der Fragebogen bis zur abschließend eingesetzten Form angepaßt. Durch den iterativen Prozeß der Fragebogenerstellung erfolgte eine Überprüfung und Berücksichtigung der Inhaltsvalidität[66] des Fragebogens im Sinne einer „expert validity"[67].

Der Großteil der Meßwerte zu den Erfolgsfaktoren, etwa 90%, wird anhand von Ratingskalen (bipolare Intervallskalen von 1 bis 7) erhoben. Der am stärksten erfolgsfördernden Ausprägung eines Faktors ist eine „7" zugeordnet, der niedrigsten eine „1". Etwa 10% der Fragen zu den Erfolgsfaktoren besitzen nominales Skalenniveau (z.B. Aktivitäten zur Marktbeurteilung und Erschließung der Marktbedürfnisse vor Projektbeginn). Diese Fragen dienen als qualitative Ergänzungen zu den Antworten aus den Ratingskalen und werden im Rahmen der quantitativen Analyse nicht ausgewertet. Sie werden als Zusatzinformationen im Rahmen der Variablenüberprüfung dargestellt.

---

65 Vgl. Fritz, 1995, S. 95.

66 Die Validität trifft eine Aussage darüber, ob in einer Erhebung tatsächlich das gemessen wird, was auch gemessen werden sollte (vgl. Lienert, 1961, S. 16 ff.). Man unterscheidet die drei Teilaspekte Inhaltsvalidität, Kriteriumsvalidität und Konstruktvalidität. Die Inhaltsvalidität gibt Auskunft darüber, ob auf einer Skala das zu messende Merkmal tatsächlich repräsentiert ist. Die Kriteriumsvalidität fragt nach der Übereinstimmung der Meßwerte mit den tatsächlichen Werten. Die Konstruktvalidität zeigt, inwieweit die gemessenen Werte mit den prognostizierten übereinstimmen (vgl. Brinkmann, 1997, S. 65 f.). Die Kriteriums- und Konstruktvalidität ist in der vorliegenden Untersuchung nicht zu überprüfen, da keine Referenzwerte, prognostizierten Werte und Längsschnittanalysen vorliegen.

67 Vgl. Nieschlag/Dichtl/Hörschgen, 1991, S. 682.

Die Antworten zu den Erfolgsmeßkriterien werden in Form von Ratingskalen (bipolare Intervallskalen von 1 bis 7) erhoben. Dem größten Erfolg ist der Wert „7“ zugeordnet, dem größten Mißerfolg der Wert „1“.

5.4.2 Auswahl der Meßsubjekte

Für jedes Innovationsprojekt ist ein Fragebogen auszufüllen, wobei das Meßsubjekt bzw. die Meßsubjekte, welche die Beantwortung der Fragen durchführen, wesentlich ist bzw. sind. Wird diese Aufgabe nur einer Person pro Projekt übertragen, was im Hinblick auf den Befragungsaufwand die günstigste Alternative darstellt, so muß bei der Beantwortung der Fragen gewährleistet sein, daß sie durch die Person vorgenommen wird, die hierfür den höchsten Informationsstand im Unternehmen besitzt. Dies kann sowohl eine Person innerhalb des Unternehmens sein (z.B. der Projektleiter des Innovationsprojektes oder der Produktmanager) als auch ein externer Unternehmensberater. In der Praxis bekleidet diese Person bzw. der Projektleiter des Innovationsprojektes häufig eine Funktion innerhalb des Produktmanagements, welches dann im Rahmen einer organisatorischen Linien- oder Matrixfunktion die Informationen bezüglich des innovierten Produktes sammelt und vorhält.

Die Antworten stellen für den Fall, daß nur ein Fragebogen beantwortet wird, subjektive Schätzungen einer einzelnen Person dar. Dies kann zu Verzerrungen führen, da verschiedene Befragte das Untersuchungsobjekt möglicherweise unterschiedlich beurteilen würden, wobei die Zugehörigkeit zu verschiedenen Funktionsbereichen eine Rolle spielen kann.[68] Dies weist auf ein Gütekriterium hin, das in der empirischen Forschung als Grundanforderung an einen Meßvorgang gilt: die Reliabilität.[69] Wie bereits erwähnt, bezeichnet Reliabilität „den formalen Aspekt der Genauigkeit, der danach fragt, ob das, was gemessen werden soll, auch exakt erfaßt wird.“[70] Damit bezieht sich dieses Gütekriterium auf die prinzipielle Wiederholbarkeit eines Meßvorgangs. Voraussetzungen sind die Konsistenz des Meßinstrumentes (auch Stabilität genannt) und die Eindeutigkeit des Meßinstrumentes (auch Objektivität genannt).[71]

Prinzipiell bieten sich verschiedene Möglichkeiten an, die Reliabilität der gewonnenen Meßwerte zu verbessern. Eine Möglichkeit stellt die Beantwortung des Fragebogens nicht durch eine Einzelperson, sondern durch ein Gremium aus den Personen dar, die hauptsächlich am Innovationsprojekt beteiligt waren.

---

[68] Vgl. Perillieux, 1987, S. 193 ff.

[69] Vgl. Gierl, 1995, S. 29 f.; Malhotra, 1993, S. 307; Nieschlag/Dichtl/Hörschgen, 1991, S. 681 f.

[70] Vgl. Atteslander, 1984, S. 36.

[71] Vgl. Brockhoff, 1993, S. 208.

Bei diesem Vorgehen wird innerhalb der Gruppe ein verbaler Konsens gefunden. Eine weitere Möglichkeit besteht darin, je Projekt nicht nur einen, sondern mehrere Fragebögen von verschiedenen am Projekt beteiligten Personen ausfüllen zu lassen. Durch die Mittelung der Meßwerte über alle Befragten kann die Reliabilität der Werte im Hinblick auf subjektive Verzerrungen wesentlich verbessert werden.

5.4.3 Auswahl der Meßobjekte

Sofern keine Vollerhebung von allen im Unternehmen durchgeführten Innovationsprojekten möglich ist, muß bei der Auswahl der Projekte eine repräsentative Stichprobe gebildet werden. Dies geschieht durch eine Zufallsauswahl.[72] Die Grundgesamtheit umfaßt dabei alle Innovationsprojekte, die das Unternehmen in der Vergangenheit durchgeführt hat. Auf der praktischen Ebene stehen dieser Vorgehensweise Probleme der Datenverfügbarkeit entgegen. Zu Projekten, die mehrere Jahre zurückliegen, können oftmals keine Daten mehr erhoben werden, da z.B. die entsprechenden Mitarbeiter inzwischen das Unternehmen gewechselt haben. Auch sind für Projekte, die relativ weit in der Vergangenheit liegen, Verzerrungen in den Antworten zu erwarten, da sich die Befragten eventuell nicht mehr genau an die tatsächlichen Vorgänge erinnern können. Zu empfehlen ist die Betrachtung eines bestimmten Zeitraumes in der Vergangenheit, so z.B. fünf zurückliegende Jahre.[73]

Vor der Durchführung eines ersten Fallbeispiels in der Praxis wird das Instrumentarium abschließend noch dahingehend erweitert, daß für strukturgleiche oder -ähnliche Innovationsprojekte mittels der Bildung von Projektgruppen die jeweils unterschiedlichen Erfolgsfaktoren ermittelt werden können.

---

[72] Zur Zufallsauswahl sind in der Statistik verschiedene Vorgehensweisen bekannt. Hierzu gehören insbesondere die einfache Zufallsauswahl, die systematische Zufallsauswahl, die Klumpenauswahl sowie die geschichtete Zufallsauswahl (vgl. z.B. Bortz, 1993, S. 84 ff.; Malhotra, 1993, S. 362 ff.; Atteslander, 1984, S. 247 ff.). Welche der verschiedenen Auswahlarten im Einzelfall eingesetzt wird, muß vom jeweiligen Unternehmen selbst entschieden werden. Zu empfehlen sind hierbei die einfache Zufallsauswahl oder, soweit möglich, eine Vollerhebung.

[73] Vgl. Perillieux, 1987, S. 189 zur Zweckmäßigkeit dieser zeitlichen Restriktion. „Die Beschränkung der Auswahlmöglichkeit auf einen Fünfjahreszeitraum ist insofern sinnvoll, als die Begleitumstände von Innovationen, die noch weiter in der Vergangenheit liegen, vermutlich nicht mehr präzise erfaßt werden können [...].“ (Perillieux, 1987, S. 189).

5.5 Exkurs - Bildung von Projektgruppen

Die im Laufe des bisher vorgestellten Instrumentariums abgeleiteten Verbesserungsvorschläge beziehen sich auf die Optimierung des Innovationsprozesses beim untersuchten Unternehmen im allgemeinen. Dabei analysiert das Instrumentarium eine Vielzahl von Innovationsprojekten, die jedoch nicht notwendigerweise alle strukturgleich oder -ähnlich sein müssen. Innovationsprojekte mit sehr großem Umfang können andere Charakteristika und Anforderungen haben als Innovationsprojekte mit geringem Umfang, die sich z.B. mit Produktmodifikationen befassen.[74]

Da verschiedenartige Innovationsprojekte - wie z.B. „kleine" und „große" Projekte - unter Umständen unterschiedliche Erfolgsfaktoren haben und somit andere Verbesserungsmaßnahmen erforderlich sind, ist neben einer allgemeinen Analyse auch eine weiterführende Betrachtung zweckmäßig, bei der die Struktur von Innovationsprojekten berücksichtigt wird. Ziel dieses Abschnitts ist die Ableitung von Kriterien, die eine Unterteilung in verschiedene Projektstrukturen ermöglicht.

Ist eine ausreichend große Fallzahl von Innovationsprojekten vorhanden, so können anhand von noch näher zu bestimmenden Kriterien Gruppen von Projekten definiert werden. Jede Gruppe durchläuft dann für sich die verschiedenen Schritte des Instrumentariums, d.h. es sind für die verschiedenen Gruppen von Projekten die vier Schritte des Instrumentariums zu durchlaufen. Die Einsatzmöglichkeit des Instrumentariums erweitert sich dabei von einer Gesamtbetrachtung aller Projekte eines Unternehmens auf die Konzentration auf verschiedene Projektstrukturen. Nach Ermittlung der Erfolgsfaktoren der verschiedenen Projektstrukturen ist deren spezifische Veränderung möglich.

Zur Bildung von Projektgruppen können verschiedene Merkmale von Innovationsprojekten herangezogen werden. Im folgenden werden zwei Varianten hierfür dargestellt.

Mögliche Kriterien für die Bildung von Gruppen von Innovationsprojekten sind der Komplexitätsgrad, der Grad an Neuheit und Risiko, der Grad an Interdisziplinarität[75] und der Projektaufwand.[76] Theoretisch sind bei dieser Gruppenbildung 16 verschiedene Arten von Projekten möglich, die Praxis zeigt jedoch, daß

---

[74] Vgl. Murmann, 1994, S. 92 ff.

[75] Vgl. Pleschak/Sabisch, 1996, S. 4 ff.

[76] Diese Kriterien können bei Bedarf noch ergänzt werden, z.B. um die Zielformulierung (scharf - unscharf) und den Grad der Einmaligkeit (hoch - niedrig); (vgl. Pleschak/Sabisch, 1996, S. 4 ff.).

im wesentlichen zwei verschiedene Gruppen von Projekten auftreten.[77] Tabelle 20 zeigt die beiden Projektgruppen A und B und deren jeweilige Zuordnungskriterien.

Merkmal	**Projektgruppe**	
	A	B
Komplexitätsgrad	hoch	niedrig
Grad an Neuheit und Risiko	hoch	niedrig
Grad der Interdisziplinarität	hoch	niedrig
Projektaufwand	hoch	niedrig

Tabelle 20: Kriterien der Bildung von Projektgruppen - Variante 1
Quelle: angelehnt an Pleschak/Sabisch, 1996, S. 125 ff.

Eine weitere eher praxisorientierte Möglichkeit der Bildung von Gruppen bei Innovationsprojekten ist an Murmann angelehnt. In der Tabelle 21 sind mögliche Unterscheidungskriterien für Projektgruppen nach Murmann dargestellt.

Merkmal	**Projektgruppe**	
	A	B
Anzahl der Teile	hoch	niedrig
Anzahl der Neuteile	hoch	niedrig
Entwicklungszeit	hoch	niedrig
Entwicklungsressourcen	hoch	niedrig
Paralellisierungsgrad	hoch	niedrig
Projektgröße	groß	klein

Tabelle 21: Kriterien der Bildung von Projektgruppen - Variante 2
Quelle: angelehnt an Murmann, 1994, S. 92 ff.

Die Erfassung der Anzahl der Teile erfolgt dabei in Stück, ebenso wie die der Anzahl der Neuteile. Die tatsächlich benötigte Entwicklungsdauer wird in Wochen gemessen, die tatsächlich benötigten Entwicklungsressourcen in Personen-Wochen. Der Parallelisierungsgrad wird definiert als Entwicklungsressourcen im Verhältnis zur Entwicklungsdauer. Die Projektgröße ist ein Kriterium der Ressourcenbeanspruchung, wobei kleine Projekte in der Definition nach Murmann weniger als 100 Personen-Wochen beanspruchen, große Projekte mehr als 100 Personen-Wochen.[78] Die Unterteilung nach Murmann impliziert einige Annahmen, die problematisch erscheinen. Die Anzahl der Teile und Neuteile sowie der Parallelisierungsgrad scheinen als Indikator für den Komplexitätsgrad

[77] Vgl. Pleschak/Sabisch, 1996, S. 125 ff. und Murmann, 1994, S. 90 ff.

[78] Die Auswahl der Grenzwerte zur Unterscheidung in große und kleine Projekte erscheint theoretisch schwer begründbar. Es ist vielmehr eine praxisorientierte, situativ motivierte Trennung.

zu dienen, was jedoch in der Realität nicht unbedingt der Fall sein muß.[79] Ähnliche Aussagen sind zum Grad an Neuheit und Risiko zu treffen. Auch der Grad der Interdisziplinarität wird nicht explizit erfaßt.

Abhängig von der Situation ist die Entscheidung für eine der beiden Varianten der Gruppenbildung zu treffen. Die Projekte können dann einer der Projektgruppen zugeordnet werden. Anhand der gebildeten Projektgruppen können nun die Schritte des Instrumentariums, wie in den vorherigen Kapiteln beschrieben, durchlaufen und die wesentlichen Erfolgsfaktoren anhand der Regressionssanalyse und Aufwand-Nutzen-Schätzung ermittelt und priorisiert werden.

Da die Fallzahl der in Kapitel 6 durchgeführten empirischen Studie für diese Erweiterung des Modells nicht ausreichend groß ist, wird die Bildung von Projektgruppen in der Studie dieser Arbeit nicht durchgeführt.

Wie in diesem Exkurs deutlich wird, ermöglicht eine Erweiterung des Analyseinstrumentariums um eine Betrachtung strukturähnlicher Projekte eine noch fokussiertere Optimierung erfolgsrelevanter Faktoren.

---

[79] Es sind durchaus Projekte mit vielen Teilen und Neuteilen möglich, die einen sehr niedrigen Komplexitätsgrad aufweisen.

6 Fallbeispiel

Die empirische Studie soll dazu dienen, einerseits die Vorgehensweise beim Einsatz des Instrumentariums und bei der Auswertung der erhobenen Daten zu verdeutlichen und andererseits die Anwendbarkeit des Instrumentariums für die Erfolgsanalyse von Innovationsprojekten in der Praxis zu untersuchen. Zur Erprobung wurde eine empirische Untersuchung in einem Unternehmen der Luft- und Kältetechnik durchgeführt, welches zu einem international tätigen Konzern gehört. Das Unternehmen ist Marktführer in einigen Märkten, unter anderem im deutschsprachigen Raum.

Befragungsgegenstand waren Produktinnovationen, die innerhalb der letzten fünf Jahre[1] entwickelt und vertrieben wurden. Aufgrund der geringen Projektanzahl, die im Unternehmen durchgeführt wurde, war eine Vollerhebung von 16 Projekten möglich. Bedingt durch den oben genannten Zweck der ersten Studie, erscheint die kleine Projektanzahl als ausreichend.

Die Beantwortung der Fragen zum Projektverlauf erfolgte jeweils durch den verantwortlichen Produktmanager aus dem Marketingbereich, der für die Betreuung des Produktes zuständig war und der in den meisten Fällen auch Projektleiter des Innovationsprojektes war. Der Produktmanager war bei allen betrachteten Projekten in den Innovationsprozeß involviert und betreute auch im Anschluß daran das Produkt am Markt, so daß sowohl eine hohe technische als auch kaufmännische Kompetenz über das innovierte Produkt vorhanden war.

Eine Verbesserung der Reliabilität der Daten durch das Hinzuziehen eines Gremiums konnte nicht erreicht werden, da eine größere Anzahl der weiteren an den Projekten beteiligten Mitarbeiter mittlerweile das Unternehmen verlassen hatte oder aus anderen Gründen nicht mehr befragt werden konnte. Aus Gründen der Methodenstetigkeit wurden Gremien auch bei den Projekten nicht eingesetzt, bei denen dies theoretisch möglich gewesen wäre.

Die Befragung wurde von November bis Dezember 1996 durchgeführt. Die Übergabe des Fragebogens erfolgte in einem persönlichen Gespräch mit den beteiligten Mitarbeitern. Wenn nach drei Wochen noch kein Fragebogenrücklauf erfolgt war, wurden die Mitarbeiter telefonisch erinnert. Alle 16 verteilten Fragebögen wurden zurückgegeben, die Rücklaufquote beträgt somit 100%. Diese Rücklaufquote erklärt sich aufgrund besonders günstiger Befragungsvoraussetzungen, da der Studienleiter selbst Mitarbeiter des befragten Unternehmens war. Bei fünf Projekten wurden fehlende Antworten in weiterführenden

---

[1] Vgl. Perillieux, 1987, S. 189 zur Zweckmäßigkeit dieser zeitlichen Restriktion.

Gesprächen, bei denen auch weitere Projektmitglieder einbezogen wurden,[2] ergänzt.

Die Fragen zum Projekterfolg wurden von der Geschäftsführung des Unternehmens beantwortet, um eine möglichst objektive Beurteilung zu erhalten. Bei den Erfolgsmeßkriterien Return on Investment und Zeitdauer bis zum Break Even Point liegen Antworten nicht für alle 16 Projekte vor, da einige Ergebnisse aufgrund fehlender Datenbasis nicht ermittelt werden konnten.

Die statistische Auswertung der Daten wurde im wesentlichen anhand des Programmpaketes SPSS für Windows (Release 5.0.1) durchgeführt.[3]

Die Signifikanz einzelner Testergebnisse ist jeweils explizit angegeben (Irrtumswahrscheinlichkeit) oder mit einem Sternchen (*) gekennzeichnet, wobei folgende Abstufung für die gesamte weitere Vorgehensweise gilt:

*** :

** :

* : .

Nach Gierl wird in empirischen Studien bei großen Stichprobenumfängen das Signifikanzniveau meist auf 1%, bei kleineren Stichprobenumfängen oft auf 5% und bei ganz kleinen Stichprobenumfängen überwiegend auf 10% festgelegt.[4] Eine Begründung für diese Beobachtung in der Praxis ist, daß bei sonst konstanten Bedingungen sich die Irrtumswahrscheinlichkeit bei einer Vergrößerung des Stichprobenumfanges verringert.[5] Aufgrund des geringen Stichprobenumfanges wird für die empirische Untersuchung dieser Arbeit wird das Signifikanzniveau auf 10% als Ablehnungskriterium beim zweiseitigen Test festgelegt.[6]

Von den untersuchten 16 Projekten wurden anhand des Meßkriteriums wirtschaftlicher Gesamterfolg acht Projekte als erfolgreich und acht Projekte als

---

[2] So wurden z.B. Fragen zum Projektcontrolling mit Unterstützung der Mitarbeiter des Bereichs Controlling beantwortet.

[3] Das Verfahren „Best Subset“ der Multiplen Regressionsanalyse ist nicht Bestandteil des Statistikprogrammes SPSS. Die Ergebnisse des Verfahrens können z.B. durch das Statistikpaket BMDP ermittelt werden.

[4] vgl. Gierl, 1995, S. 473.

[5] vgl. Bortz, 1993, S. 111.

[6] vgl. die Ausführungen von Bortz, 1993, S. 111; Perillieux, 1987, S. 196; Maidique/Zirger, 1984, S. 197; Kotzbauer, 1989, S. 205 und Gierl, 1995, S. 473.

nicht erfolgreich eingestuft.[7] Ein Projekt wird im Rahmen dieser Arbeit dann als erfolgreich definiert, wenn der Skalenwert ≥ 4,0 ist. Als nächster Schritt wird die Übereinstimmung des erfragten Meßkriteriums wirtschaftlicher Gesamterfolg mit den zusätzlich erhobenen Erfolgsmeßkriterien überprüft. Weiterhin werden die deskriptiven Ergebnisse der Studie als Grundlage für die weiteren Auswertungen dargestellt.

Abbildung 51 zeigt die Fallzahl, den Mittelwert, die Standardabweichung, die Übereinstimmung und Abweichung mit dem Gesamterfolg bei erfolgreichen und nicht erfolgreichen Projekten der zusätzlich erfaßten Erfolgsmeßkriterien. Dabei wird jeweils dargestellt, wieviele der acht Projekte, die mittels des globalen Meßkriteriums wirtschaftlicher Gesamterfolg als erfolgreich definiert wurden, bei dem spezifischen Meßkriterium als erfolgreich oder erfolglos eingruppiert wurden. Auch für die acht erfolglosen Projekte wird diese Unterteilung vorgenommen.

				Projekt wurde anhand des Meßkriteriums „Wirtschaftlicher Gesamterfolg" als ...			
				... erfolgreich definiert		*... nicht erfolgreich definiert*	
Spezifisches Erfolgsmeßkriterium	*n*	$\bar{x}$	*s*	*EP (Anzahl)*	*NEP (Anzahl)*	*EP (Anzahl)*	*NEP (Anzahl)*
Umsatz	16	3,47	1,88	8	-	-	8
Umsatzwachstum	16	3,19	1,85	8	-	-	8
Gewinn	16	3,50	1,88	7	1	1	7
Return on Investment	6	3,58	2,97	3	-	-	3
Marktanteil	16	2,94	1,75	8	-	1	7
Zeitdauer bis Break Even	14	4,86	1,90	2	6	1	5
Gesamtumsatz vor / nach dem Projekt	16	4,22	1,26	8	-	-	8
Gewinn vor / nach dem Projekt	16	4,22	1,65	7	1	-	8

$\bar{x}$ = Mittelwert; *s* = Standardabweichung; *n* = Fallzahl;
EP = Anzahl Projekte, die anhand des jeweiligen spezifischen Erfolgsmeßkriteriums als Erfolgreiche Projekte definiert werden
NEP = Anzahl Projekte, die anhand des jeweiligen spezifischen Erfolgsmeßkriteriums als Nicht Erfolgreiche Projekte definiert werden

Abbildung 51: Überprüfung des Gesamterfolges anhand der Erfolgsmeßkriterien

---

[7] Diese Frage wurde durch eine metrische Skala mit den Maximalausprägungen „Mißerfolg" und „Erfolg" erfaßt.

Die Überprüfung des globalen Erfolgsmeßkriteriums zeigt bei den Faktoren Umsatz, Umsatzwachstum, Return on Investment und Gesamtumsatz vor und nach dem Projekt eine vollständige Übereinstimmung der Zuordnung zu den Gruppen erfolgreiche und nicht erfolgreiche Produkte. Für die Meßkriterien Marktanteil sowie Gesamtgewinn vor und nach dem Projekt gibt es jeweils eine Abweichung. Für das Kriteriun Gewinn werden zwei Abweichungen festgestellt. Das Kriterium Zeitdauer bis zur Erreichung des Break-Even-Punktes kommt im Vergleich zum globalen Erfolgsmeßkriterium zu gegensätzlichen Ergebnissen. Bei sieben der 14 Projekte werden unterschiedliche Erfolgszuordnungen getroffen. Für das Kriterium Zeitdauer bis zur Erreichung des Break-Even-Punktes ist in weiteren Studien zu überprüfen, ob mit diesem Erfolgsmeßkriterium zur Überprüfung des wirtschaftlichen Erfolges gearbeitet werden kann.

Zur Überprüfung der Normalverteilung der spezifischen Erfolgsmeßkriterien wird der Kolmogorov-Smirnov-Test eingesetzt. Dabei ergeben sich - wie in Tabelle 22 dargestellt - für keines der spezifischen Meßkriterien Anhaltspunkte, daß die Normalverteilungsannahme verletzt sein könnte. Damit ist eine Anwendungsvoraussetzung für den Einsatz des Korrelationskoeffizienten nach Bravais-Pearson erfüllt.

Erfolgsmeßkriterium	**z**	α
Umsatz	0,83	0,49
Umsatzwachstum	1,04	0,23
Gewinn	0,81	0,53
Return on Investment	0,75	0,62
Marktanteil	1,00	0,26
Zeitdauer bis Break Even	0,79	0,56
Gesamtumsatz vor und nach dem Projekt	0,92	0,36
Gewinn vor und nach dem Projekt	0,98	0,30
Wirtschaftlicher Gesamterfolg	0,59	0,88

Tabelle 22: Ergebnisse des Kolmogorov-Smirnov-Tests zur Überprüfung der Normalverteilung der Erfolgsmeßkriterien

In Tabelle 23 sind die Korrelationskoeffizienten nach Bravais-Pearson und das Signifikanzniveau der zusätzlich erhobenen Erfolgsmeßkriterien und des globalen Erfolgsmeßkriteriums wirtschaftlicher Gesamterfolg dargestellt.

Spezifisches Erfolgsmeßkriterium	**Fallzahl**	**Korrelations-koeffizient**	**Signifikanz-niveau**
Umsatz	16	0,89	***
Umsatzwachstum	16	0,93	***
Gewinn	16	0,71	***
Return on Investment	6	0,85	***
Marktanteil	16	0,88	***
Zeitdauer bis Break Even	14	-0,06	n.s.
Gesamtumsatz vor und nach dem Projekt	16	0,76	***
Gewinn vor und nach dem Projekt	16	0,79	***

Tabelle 23: Korrelation der spezifischen Erfolgsmeßkriterien mit dem globalen Erfolgsmeßkriterium (2-seitiger Test)

Alle zusätzlichen Erfolgsmeßkriterien - außer der Variablen Zeitdauer bis Break Even[8] - sind signifikant mit dem globalen Meßkriterium wirtschaftlicher Gesamterfolg korreliert. Die dargestellten Ergebnisse unterstreichen die Auswahl des globalen Erfolgsmeßkriteriums wirtschaftlicher Gesamterfolg als Kriterium zur Unterscheidung in erfolgreiche oder nicht erfolgreiche Projekte.

Die Datenbasis der empirischen Untersuchung, d.h. die Anzahl unterschiedlicher Projekte, die Mittelwerte und die Standardabweichung der erfaßten 29 Indikatoren ist in Tabelle 24 dargestellt.

---

[8] Die Ergebnisse der Variable Zeitdauer bis Break Even sind in weiteren Analysen zu untersuchen. Hierbei ist festzustellen, inwieweit das spezifische Erfolgsmeßkriterium auch in weiteren Untersuchungen berücksichtigt werden kann.

Variable	Indikator	Mittelwert	Standardabweichung
Ideengenerierung und -akzeptierung	Systematische Ideensuche	4,19	1,60
	Strukturierte Ideenbewertung und Projektauswahl	3,62	1,54
Informations- und Schnittstellenmanagement	Projektanstoß durch Marktbedürfnisse	4,44	1,55
	Frühe Marktanalyse	4,69	1,29
	Schnittstelle Produktion und Entwicklung	4,75	1,06
	Schnittstelle Marketing und Entwicklung	4,56	1,79
	Marketingforschung	4,19	1,18
Produktqualität	Produktdifferenzierung zum Wettbewerb	4,44	1,68
	Technische Funktionsfähigkeit	4,43	1,58
	Berücksichtigung von Kundenbedürfnissen	4,00	1,58
	Qualitätsniveau der Produktion	4,09	1,77
Projektmanagement	Systematische Projektplanung	3,44	1,86
	Effiziente Prozeßsteuerung	3,97	1,77
	Projektcontrolling	3,22	1,68
	Zusammensetzung des Projektteams	4,60	1,45
	Einbezug des Top Management	3,67	1,61
	Produktchampions und Fachpromotoren	4,03	1,54
	Kommunikation innerhalb des Projektteams	4,91	1,99
Produktionsprozeß	Nutzung bekannter Produktionsverfahren	4,25	1,29
	Analyse der Stärken der Produktion	4,50	1,15
	Prozeßverbesserungen	4,19	1,17
Marketing-Mix	Vertriebs-Know-how	4,00	1,97
	Distributions-Know-how	4,06	2,05
	Marketingkommunikation	4,88	1,78
	Kundenschulung	3,56	1,97
Strategische Ausrichtung	Fokussierung auf bestehende Technologien und Geschäftsfelder	4,13	1,60
	Externe Beschaffung von technologischem Wissen	3,53	1,87
	Patentschutz	4,25	1,57
	Timing des Markteintritts	4,13	1,86

Tabelle 24: Deskriptive Ergebnisse der empirischen Untersuchung (Fallzahl: n = 16)

Die deskriptiven Ergebnisse werden im folgenden anhand von qualitativen Zusatzinformationen interpretiert, die im Rahmen der Studie erhoben wurden.[9]

Im Rahmen der Ideensuche wird der Einsatz von Kreativitätstechniken und eine systematische Ideengenerierung in überdurchschnittlichem Ausmaß durchgeführt, was der Mittelwert des Indikators von 4,19 aufzeigt. Die strukturierte Ideenbewertung und Projektauswahl wird nur in geringem Umfang durchgeführt. Eine mögliche Erklärung hierfür ist die geringe Anzahl durchgeführter Innovationsprojekte im betrachteten Unternehmen, was dazu führen kann, daß die Mit-

[9] Zu den Zusatzfragen vgl. den im Anhang dargestellten Originalfragebogen.

arbeiter keine Übung in der strukturierten Ideenbewertung und Projektauswahl haben.

Die qualitative Zusatzanalyse für das Informations- und Schnittstellenmanagement zeigt, daß der Projektanstoß in den meisten Fällen auf Einflüsse des Marktes zurückzuführen ist: In zehn Fällen erfolgte der Anstoß des Projektes durch die kundennahen Funktionen Marketing und Vertrieb, nur in vier Fällen durch die techniknahen Funktionen Forschung und Entwicklung. Dies kann als Zeichen für die marktnahe Konzeption von Innovationsprojekten im betrachteten Unternehmen gewertet werden. Der Indikator Frühe Marktanalyse hat über alle Projekte betrachtet eine sehr hohe Ausprägung. Konkret wurden in zehn von sechzehn Fällen systematische Marktstudien und -beurteilungen und/oder eine Vertriebs- und Kundenbefragung vor Projektbeginn durchgeführt. Dieses Ergebnis zeigt, daß die Marktbedürfnisse dem Unternehmen in der Regel gut bekannt sind. Die Schnittstelle zwischen Produktion und Entwicklung sowie zwischen Marketing und Entwicklung weist sehr hohe Mittelwerte auf. Dies kann durch die frühzeitige und intensive Einbindung der beiden Funktionen in die Innovationsprojekte erklärt werden. Der Indikator Marketingforschung hat dagegen nur eine durchschnittliche Ausprägung. Ein möglicher Grund hierfür ist, daß das untersuchte Unternehmen in seinem Markt über eine hohe Reputation und über ein großes Potential an Stammkunden verfügt, denen die Innovationen im persönlichen Verkaufsgespräch frühzeitig angeboten und vorgestellt werden. Angesichts dieser Situation scheint dem Management Marketingforschung für die Neuprodukte offenbar teilweise als verzichtbar.

Die Produktdifferenzierung zum Wettbewerb ist der am höchsten ausgeprägte Indikator der Variable Produktqualität. Im einzelnen stellte sich die Wettbewerbssituation bei der Produkteinführung wie folgt dar: Bei fünf Projekten wurden keine Wettbewerbsprodukte mit ähnlichen Eigenschaften auf dem Markt angeboten, in elf Fällen waren bereits ähnliche Produkte vorhanden. Die Anzahl der bereits vorhandenen Wettbewerbsprodukte reichte von eins bis sechs (sechs Fälle), über sechs bis zehn (zwei Fälle) bis zu mehr als zehn Produkten am Markt (drei Fälle). Der Indikator technische Funktionsfähigkeit ist bei dem untersuchten Unternehmen ähnlich hoch ausgeprägt. Der Wert ist dahingehend zu relativieren, daß sich das Branchensegment durch eine relativ niedrige technische Komplexität auszeichnet, wodurch die technische Funktionsfähigkeit leichter erreichbar scheint. Für das Unternehmen ist es also relativ leicht möglich, ein technisches funktionierendes Produkt zu entwickeln. Im Hochtechnologiebereich ist dieser Indikator vermutlich aussagekräftiger, da die Risiken für das Scheitern eines technischen Projektes höher sind und sich das notwendige technische Entwicklungs-Know-how schneller verändert. Die Indikatoren Berücksichtigung von Kundenbedürfnissen und Qualitätsniveau der Produktion haben jeweils eine durchschnittliche Ausprägung.

Für die Variable Projektmanagement weist der Indikator systematische Projektplanung sehr niedrige Werte auf. Dies kann durch die niedrige Komplexität der durchgeführten Projekte bedingt sein, die dem Unternehmen eine Projektplanung nicht notwendig erscheinen ließen. Die Prozeßsteuerung ist durchschnittlich ausgeprägt. Das Projektcontrolling für die Produktentwicklung zeigt deutliches Verbesserungspotential auf, die Kosten und Zeiten der durchgeführten Projekte wurden nur in sehr geringem Ausmaß erfaßt und die Erfahrungen nicht systematisch auf Folgeprojekte übertragen. Die Zusammensetzung und Qualifikation des Projektteams wurde mit hohen Werten eingeschätzt. Die Teamgröße im betrachteten Unternehmen lag in zehn Fällen bei einer mittleren Teamgröße von vier bis acht Personen. Der Einbezug des Top Managements sowie das Vorhandensein von Produktchampions und Fachpromotoren hatten eine durchschnittliche Ausprägung. Die Kommunikation und Zusammenarbeit innerhalb des Projektteams hat mit einem Mittelwert von 4,91 einen sehr hohen Wert, was für die gute Kommunikation und Zusammenarbeit im Rahmen des Projektteams spricht.

Beim Konstrukt Produktionsprozeß ist der Indikator Nutzung bekannter Produktionsverfahren mit einem Mittelwert von 4,25 überdurchschnittlich ausgeprägt. Die neuen Produkte konnten oftmals mit ähnlichen oder bestehenden Produktionsverfahren hergestellt werden, und die bisherigen Stärken der Produktion wurden im Projektverlauf in hohem Ausmaß analysiert, was der hohe Mittelwert von 4,50 zeigt. Bedingt durch die geringe Innovationsfreudigkeit der Branche überrascht dies nicht, da vermutlich wenig wesentliche Fortschritte in der Produktionstechnologie erfolgten. Der Indikator Prozeßverbesserungen hat einen durchschnittlichen Wert.

Für die Variable Marketing-Mix weisen die Indikatoren Vertriebs-Know-how und Distributions-Know-how jeweils durchschnittlich hohe Werte auf. Der Indikator Marketingkommunikation ist überdurchschnittlich ausgeprägt, d.h. Aktivitäten im Bereich von Messen, Werbung und Vorankündigung neuer Produkte wurden in hohem Maße durchgeführt. Der Indikator Kundenschulung ist deutlich unterdurchschnittlich ausgeprägt, d.h. Kundenschulungen wurden nur in geringem Umfang durchgeführt. Dies kann sich durch die geringe technologische Entwicklung im Markt erklären lassen, wodurch wenig neue Themenstellungen Kundenschulungen notwendig erscheinen lassen.

Die Analyse der Strategischen Ausrichtung zeigt, daß der Mittelwert des Indikators Fokussierung auf bestehende Technologien und Geschäftsfelder durchschnittlich ausgeprägt ist. Die Beschaffung von technologischem Wissen findet generell nur in geringem Ausmaß statt, wobei die Beschaffung durch Wissensaustausch mit externen Informationsquellen wie z.B. Universitäten niedriger bewertet wurde als die generelle Einschätzung der Beschaffung von technologischem Know-how. Der F&E-Bereich des betrachteten Unternehmens scheint eher intern orientiert zu sein. Bei einer zusätzlichen Frage nach den ergriffenen Forschungs- und Entwicklungsmaßnahmen, die eingesetzt wurden, um neue Technologien im Produkt anwenden zu können, dominiert die Eigenentwicklung mit 15 Nennungen, gefolgt von der Gemeinschafts-Forschung und Entwicklung mit acht Nennungen, und der Lizenznahme, Vergabe von Forschungs- und Entwicklungsaufträgen und dem Kauf technischer Konzepte mit jeweils zwei Nennungen. Die Gemeinschafts-Forschung und Entwicklung[10] wurde in sechs Fällen mit Lieferanten, in zwei Fällen mit Universitäten und in vier Fällen mit „Sonstigen" (z.B. dem TÜV) durchgeführt. Der Mittelwert des Indikators Patentschutz ist leicht überdurchschnittlich ausgeprägt. Der Patentschutz spielt mit hoher Wahrscheinlichkeit in dieser Branche, die durch eine niedrige Technologieintensität gekennzeichnet ist, keine herausragende Rolle. Die systematische Planung des Markteintritts hat einen durchschnittlich hohen Wert, wobei tendenziell ein später Markteintritt durchgeführt wird.

Im folgenden werden die Indikatoren aller Konstrukte statistisch daraufhin überprüft, ob sie jeweils den gleichen Sachverhalt messen (innere Konsistenz der Variable).

Zur Überprüfung der Normalverteilung der Indikatoren wird der Kolmogorov-Smirnov-Test eingesetzt. Dabei ergeben sich wie in Tabelle 25 dargestellt für keinen der Indikatoren Anhaltspunkte, daß die Normalverteilungsannahme verletzt sein könnte. Damit ist eine Anwendungsvoraussetzung für den Einsatz der weiteren statistischen Verfahren erfüllt.

---

[10] Diese und die vorherige Frage erlauben jeweils Mehrfachnennungen.

Variable	Indikator	z	α
Ideengenerierung und -akzeptierung	Systematische Ideensuche	0,69	0,73
	Strukturierte Ideenbewertung und Projektauswahl	0,87	0,44
Informations- und Schnitt-stellen-management	Projektanstoß durch Marktbedürfnisse	0,70	0,72
	Frühe Marktanalyse	0,81	0,52
	Schnittstelle Produktion und Entwicklung	0,79	0,56
	Schnittstelle Marketing und Entwicklung	0,74	0,65
	Marketingforschung	1,00	0,27
Produktqualität	Produktdifferenzierung zum Wettbewerb	0,69	0,72
	Technische Funktionsfähigkeit	0,64	0,81
	Berücksichtigung von Kundenbedürfnissen	0,75	0,63
	Qualitätsniveau der Produktion	0,68	0,75
Projekt-management	Systematische Projektplanung	0,70	0,71
	Effiziente Prozeßsteuerung	0,53	0,94
	Projektcontrolling	0,81	0,52
	Zusammensetzung des Projektteams	0,60	0,87
	Einbezug des Top Managements	0,64	0,80
	Produktchampions und Fachpromotoren	0,78	0,57
	Kommunikation innerhalb des Projektteams	0,84	0,49
Produktions-prozeß	Nutzung bekannter Produktionsverfahren	1,05	0,21
	Analyse der Stärken der Produktion	0,92	0,37
	Prozeßverbesserungen	0,47	0,98
Marketing-Mix	Vertriebs-Know-how	0,88	0,42
	Distributions-Know-how	0,79	0,56
	Marketingkommunikation	0,94	0,34
	Kundenschulung	0,90	0,40
Strategische Ausrichtung	Fokussierung auf bestehende Technologien und Geschäftsfelder	0,61	0,85
	Externe Beschaffung von technologischem Wissen	0,70	0,71
	Patentschutz	0,52	0,95
	Timing des Markteintritts	0,72	0,67

Tabelle 25: Ergebnisse des Kolmogorov-Smirnov-Tests zur Überprüfung der Normalverteilung der Indikatoren

Die statistische Überprüfung erfolgt mittels dem Verfahren der Item-Gesamtwert-Korrelationsanalyse[11] und erbrachte die nachfolgend dargestellten Ergebnisse.

[11] Vgl. Kapitel 5 dieser Arbeit.

Variablenname und Cronbach's-Alpha	Indikatoren	korrigierte Gesamtwertkorrelation
Ideengenerierung und -akzeptierung (α = 0,808)	Systematische Ideensuche	0,678
	Strukturierte Ideenbewertung und Projektauswahl	0,678
Informations- und Schnittstellenmanagement (α = 0,749)	Projektanstoß durch Marktbedürfnisse	0,587
	Frühe Marktanalyse	0,421
	Schnittstelle Produktion und Entwicklung	0,687
	Schnittstelle Marketing und Entwicklung	0,436
	Marketingforschung	0,548
Produktqualität (α = 0,889)	Produktdifferenzierung zum Wettbewerb	0,714
	Technische Funktionsfähigkeit	0,872
	Berücksichtigung von Kundenbedürfnissen	0,755
	Qualitätsniveau der Produktion	0,701
Projektmanagement (α = 0,867)	Systematische Projektplanung	0,610
	Effiziente Prozeßsteuerung	0,752
	Projektcontrolling	0,846
	Zusammensetzung des Projektteams	0,748
	Kommunikation innerhalb des Projektteams	0,503
	Einbezug des Top Management	0,455
	Produktchampions und Fachpromotoren	0,640
Produktionsprozeß (α = 0,850)	Nutzung bekannter Produktionsverfahren	0,613
	Analyse der Stärken der Produktion	0,855
	Prozeßverbesserungen	0,709
Marketing-Mix (α = 0,798)	Vertriebs-Know-how	0,645
	Distributions-Know-how	0,594
	Marketingkommunikation	0,498
	Kundenschulung	0,707
Strategische Ausrichtung (α = 0,822)	Fokussierung auf bestehende Technologien und Geschäftsfelder	0,653
	Externe Beschaffung von technologischem Wissen	0,668
	Patentschutz	0,671
	Timing des Markteintritts	0,604

Tabelle 26: Zusammensetzung und innere Konsistenz der Variablen

Es zeigt sich, daß für alle Konstrukte der Wert von Cronbach's-Alpha und auch für alle einbezogenen Indikatoren die Werte des korrigierten Item-Gesamtwert-Korrelationskoeffizienten die empirisch als sinnvoll eingestuften Mindestwerte von 0,50 bzw. 0,30 deutlich überschreiten.

Nach den in Kapitel 5 beschriebenen Anwendungsvoraussetzungen für die Überprüfung der internen Konsistenz anhand des Koeffizienten Cronbach Alpha sind pro Indikator mindestens fünf Fälle notwendig. Nach dieser Regel werden bei den Variablen Ideengenerierung und -akzeptierung und Produktionsprozeß 10 bzw. 15 Fälle benötigt, was durch den Stichprobenumfang von 16 Fällen in der empirischen Studie gewährleistet ist.

Bei den Variablen Produktqualität, Marketing-Mix und strategische Ausrichtung wären jeweils mindestens zwanzig Fälle notwendig. Da in der empirischen Untersuchung jedoch nur 16 Fälle zur Verfügung stehen, sind die Anwendungsvoraussetzungen für die Berechnung von Cronbach Alpha an dieser Stelle verletzt, und es können nur eingeschränkte Aussagen bezüglich der internen Konsistenz der Variablen getroffen werden. Da die Wahrscheinlichkeit eines zufälligen Ergebnisses beim Koeffizienten Cronbach Alpha positiv mit der Anzahl der Indikatoren und negativ mit der Fallzahl zusammenhängt,[12] ist bei diesen drei Variablen mit Zufallseffekten zu rechnen. Da aber lediglich vier Fälle zur Erreichung der geforderten Mindestfallzahl fehlen, sind die Ergebnisse mit leichten Einschränkungen für die weitere Analyse verwendbar.

Bei den Variablen Informations- und Schnittstellenmanagement sowie Projektmanagement ist die untersuchte Fallzahl dagegen deutlich kleiner als gefordert (25 bzw. 35 Fälle). Die Anwendungsvoraussetzungen sind hier in schwererem Ausmaß verletzt und die Höhe von α kann in noch größerem Umfang vom Zufall bestimmt sein. Wenn sich die beiden letztgenannten Variablen im Verlaufe der weiteren Analyse als erfolgsrelevant ergeben sollten, so werden weitere Untersuchungen zur Reliabilität dieser Variablen notwendig.

Da die empirisch als sinnvoll eingestuften Mindestwerte der Cronbach-Alpha- und der korrigierten Item-Gesamtwert-Korrelationskoeffizienten deutlich überschritten sind, wird im folgenden auf der Ebene der Variablen weitergearbeitet.[13]

6.1 Regressionsanalyse

Das Ziel der Regressionsanalyse ist die Ermittlung eines Modells, durch das die Einflüsse der Variablen auf den Gesamterfolg gleichzeitig ermittelt werden können.

Hinsichtlich der Darstellung der Ergebnisse der Regressionsanalyse gilt, daß neben den unstandardisierten und standardisierten Regressionskoeffizienten, dem Bestimmtheitsmaß und der Anzahl der einbezogenen Fälle auch jeweils der maximale Korrelationskoeffizient zwischen unabhängigen Variablen angegeben wird, der als ein Indikator für das Ausmaß der Multikollinearität im Datenmaterial der einbezogenen Variablen anzusehen ist.

---

[12] Vgl. Nunnally, 1967, S. 280.
[13] Vgl. die Ausführungen in Kapitel 5 dieser Arbeit.

In der vorliegenden Studie wird das erste Regressionsmodell mittels des Verfahrens „Enter“ in SPSS ermittelt. Das Ergebnis der durchgeführten Regressionsanalyse zeigt Tabelle 27.

Erklärende Variablen	**Regressions-koeffizient unstandardisiert**	**Regressions-koeffizient standardisiert**
Konstante	-0,14	
Ideengenerierung und –akzeptierung	-0,09	-0,09
Informations- und Schnittstellenmanagement	0,05	0,03
Produktqualität	0,42 *	0,40 *
Projektmanagement	0,07	0,06
Produktionsprozeß	-0,12	-0,09
Marketing-Mix	0,30 *	0,31 *
Strategische Ausrichtung	0,40 **	0,37 **
	$r^2 = 0{,}894$***	

Tabelle 27: Ergebnis der multiplen Regression mit allen Variablen
($n = 16$; $r_{max} = 0{,}882$ (Projektmanagement; Marketing-Mix))

Bei der ermittelten Gleichung liegen Multikollinearitäten vor, wie der Wert für r_{max} zeigt. Hübler nennt Korrelationswerte von 0,8 bzw. 0,9 als kritische Werte für das Vorliegen von Multikollinearität.[14]

Zur Ermittlung einer „optimalen“ Regressionsgleichung, bei der die Anwendungsvoraussetzungen der Multiplen Regressionsanalyse nicht verletzt sind und keine Multikollinearitäten vorliegen, werden im nächsten Schritt verschiedene Vorgehensweisen angewendet[15]. Zuerst wird eine stufenweise Regression durchgeführt. Deren Ergebnisse werden mit den Ergebnissen der Verfahren „Forward“ und „Backward“ verglichen. Alle drei Vorgehensweisen kommen mit dem Datenmaterial der empirischen Studie zu einer Regressionsgleichung mit den signifikanten Variablen Produktqualität, Marketing-Mix und Strategische Ausrichtung. Auch beim Verfahren „Best Subset“, mit der Voreinstellung von drei unabhängigen Variablen, werden die drei genannten Variablen ermittelt.

Abschließend seien die Ergebnisse der stufenweisen Methode der multiplen Regression dargestellt, da diese in der Literatur oftmals als eine sinnvolle Vor-

---

[14] Vgl. Hübler, 1989, S. 99.

[15] Vgl. zu den verschiedenen Vorgehensweisen Kapitel 5.1 und die dort angegebene Literatur.

gehensweise bei der Ermittlung der „optimalen“ Regressionsgleichung genannt wird.[16]

Erklärende Variablen	**Regressions-koeffizient unstandardisiert**	**Regressions-koeffizient standardisiert**
Konstante	-0,25	
Produktqualität	0,30 **	0,29 **
Marketing-Mix	0,37 ***	0,38 ***
Strategische Ausrichtung	0,38 ***	0,35 ***
	$r^2 = 0{,}893^{***}$	

Tabelle 28: Ergebnis der stufenweisen multiplen Regression ($n = 16$; $r_{max} = 0{,}74$ (Produktqualität; Marketing-Mix))

Die Anwendungsvoraussetzung der Multikollinearität ist dabei nicht verletzt, wie der Wert r_{max} zeigt. Zur Überprüfung der Normalverteilung der Residuen wird der Kolmogorov-Smirnov-Test eingesetzt. Dabei ergeben sich keine Anhaltspunkte dafür, daß die Normalverteilungsannahme verletzt sein könnte ($z = 0{,}38$; $\alpha = 0{,}99$). Die Überprüfung der Heteroskedastizität mittels Residuenanalyse führt ebenfalls zu keinen Einschränkungen bezüglich der Anwendungsvoraussetzungen der multiplen Regressionsanalyse. Der Wert des Durbin/Watson-Tests von 1,94 führt zur Akzeptierung der Hypothese, daß die Beobachtungswerte nicht autokorreliert sind.[17]

Damit sind die Anwendungsvoraussetzungen der multiplen Regression nicht verletzt, und die in Tabelle 28 dargestellten Variablen und Werte können im Rahmen des Instrumentariums weiter verwendet werden. Die drei Variablen Produktqualität, Marketing-Mix und Strategische Ausrichtung sind für das untersuchte Unternehmen erfolgsrelevant. Der Erfolgsbeitrag der verbleibenden vier Variablen ist für das untersuchte Unternehmen nicht signifikant.

Die Bedeutung des unstandardisierten Regressionskoeffizienten ist wie folgt: Eine Veränderung z.B. der Variable Strategische Ausrichtung auf der Skala von 1 bis 7 um einen Punkt nach oben führt zu einer Verbesserung des wirtschaftlichen Gesamterfolges um 0,38 Punkte.

---

[16] Vgl. z.B. Draper/Smith, 1981, S. 341 und die dort genannten Anwendungsvoraussetzungen zum Einsatz der stufenweisen Regressionsmethode.

[17] Zweiseitiger Test mit Vertrauenswahrscheinlichkeit 95%. Vgl. zum Durbin/Watson-Test z.B. Hübler, 1989, S. 187 ff. und Backhaus/Erichson/Plinke/Weiber, 1994, S. 42 ff.

Bei der Betrachtung des standardisierten Regressionskoeffizienten, der eine direkte Vergleichbarkeit der Regressionswerte ermöglicht,[18] ergibt sich folgende Reihenfolge des Erfolgsbeitrages der betrachteten Variablen:

1. Marketing-Mix
2. Strategische Ausrichtung
3. Produktqualität.

Die Werte der standardisierten Regressionskoeffizienten der Variablen Marketing-Mix und Strategische Ausrichtung liegen dabei sehr nahe beieinander.

In der empirischen Untersuchung wurden nur Variablen identifiziert, die einen positiven Beitrag zum Gesamterfolg leisten. Bei Variablen im Modell mit einem negativen Regressionskoeffizienten liegen Mißerfolgsfaktoren vor, deren Verstärkung zu schlechteren Projektergebnissen führen.

Nachdem die entscheidenden erfolgsrelevanten Variablen bekannt sind, wird im nächsten Schritt die Frage beantwortet, wie Aufwand und Nutzen bei der Veränderung bzw. Verbesserung der drei Variablen im Verhältnis zueinander stehen.

6.2 Zukunftsorientierte Aufwand-Nutzen-Schätzung

Für die drei bei der Regressionsanalyse ermittelten Variablen wurde eine Aufwand-Nutzen-Schätzung durch das Management des Unternehmens durchgeführt. Dabei wurden zwei Geschäftsführer, der Vertriebs-, der Marketing-, der Entwicklungs- und der Produktionsleiter befragt. Aus den Antworten der sechs Befragten wurde pro Variable der Mittelwert gebildet und die sich daraus ergebenden Werte jeweils auf- oder abgerundet. Bei wesentlichen Abweichungen in den Antworten wurden diese diskutiert und es wurde jedem Befragten die Möglichkeit gegeben, die angegebenen Werte zu modifizieren.

Bei der Aufwand-Nutzen-Schätzung verteilt das Management jeweils 100 Punkte bei einem für alle Variablen durchgeführten vollständigen Paarvergleich. Zu schätzen ist der jeweilige Nutzen beim Einsatz einer Geldeinheit im direkten Vergleich zweier Variablen. Durch Karten, auf denen die Indikatoren der Variablen aufgeführt waren, wurde es den Befragten ermöglicht, bei jedem direkten Vergleich die Karten der Variablen mit den jeweiligen Indikatoren nebeneinander zu legen und einen direkten Vergleich der erfolgsrelevanten Ein-

[18] Vgl. zur Definition und Berechnung des standardisierten Regressionskoeffizienten Fußnote 52 des Kapitels 5.1.

flußfaktoren zu erhalten. Im Anhang sind die verwendeten Karten der Variablen Produktqualität, Marketing-Mix und Strategische Ausrichtung dargestellt.

Tabelle 29 zeigt die Ergebnisse der Aufwand-Nutzen-Schätzung für die drei Variablen Produktqualität, Marketing-Mix und Strategische Ausrichtung. Der genaue Fragentext ist im Anhang dargestellt.

Variable : Variable	**Antwortperson**						**Mittelwert**
	1	**2**	**3**	**4**	**5**	**6**	
Strategische Ausrichtung : Produktqualität	80 : 20	60 : 40	65 : 35	85 : 15	66 : 34	75 : 25	72 : 28
Produktqualität : Marketing-Mix	40 : 60	25 : 75	35 : 65	30 : 70	42 : 58	40 : 60	35 : 65
Marketing-Mix : Strategische Ausrichtung	45 : 55	40 : 60	30 : 70	35 : 65	44 : 56	50 : 50	41 : 59

Tabelle 29: Ergebnisse der Aufwand-Nutzen-Schätzung durch das Management

Die Ergebnisse der Aufwand-Nutzen-Schätzung werden abschließend zueinander ins Verhältnis gesetzt.[19] Je größer der dabei entstehende transformierte Wert, desto lohnenswerter ist eine Veränderung der Variablen. Abbildung 52 zeigt die Ergebnisse der Berechnung des transformierten Wertes für die drei Variablen.

Variable	**Transformierter Wert**
Strategische Ausrichtung	2,6
Marketing-Mix	1,7
Produktqualität	1,0

Abbildung 52: Transformierte Werte des Aufwand-Nutzen-Verhältnisses

Die Ergebnisse sind wie folgt zu interpretieren: Beim Einsatz von einer Geldeinheit bei der Variablen Strategische Ausrichtung ist der Nutzen 2,6mal höher, als beim Einsatz einer Geldeinheit bei der Variablen Produktqualität. Beim Einsatz von jeweils einer Geldeinheit ist bei der Variablen Marketing-Mix der Nut-

[19] Zur Berechnung der transformierten Werte aufbauend auf die Formeln von Comrey und Ekman vgl. Kapitel 5.2 dieser Arbeit.

zen 1,7mal höher als bei der Variablen Produktqualität, bzw. bei der Variablen Strategische Ausrichtung ist der Nutzen 1,5mal höher als beim Marketing-Mix.

Das Aufwand-Nutzen-Verhältnis für die Variable Strategische Ausrichtung hat den höchsten Wert, eine Veränderung hat also den positivsten Effekt der drei untersuchten Faktoren. Die Variablen Marketing-Mix und Produktqualität folgen in absteigender Reihenfolge.

6.3 Priorisierung

In diesem Kapitel wird die Priorisierung der untersuchten Variablen aufbauend auf die Ergebnisse der vorherigen Kapitel durchgeführt.

Basierend auf die Regressionsanalyse sind die Faktoren in folgender Reihenfolge erfolgsrelevant:

1. Marketing-Mix
2. Strategische Ausrichtung
3. Produktqualität.

Aufbauend auf die zukunftsorientierte Aufwand-Nutzen-Schätzung sind die Variablen jedoch in einer anderen Reihenfolge erfolgsrelevant:

1. Strategische Ausrichtung
2. Marketing-Mix
3. Produktqualität.

Es ist jetzt vom Management zu entscheiden, welche der Variablen in welcher Reihenfolge genauer analysiert und darauf aufbauend verändert werden. Wenn die Ressourcen vorhanden sind, ist es zu empfehlen, alle drei Variablen genauer zu untersuchen und erst dann Entscheidungen über die Priorisierung von Aktivitäten zu treffen. Sollte dies nicht möglich sein, wird vom Verfasser empfohlen, in diesem Fall die Variable Strategische Ausrichtung gegenüber dem Marketing-Mix zu priorisieren, da in dieser empirischen Untersuchung die zukunftsorientierten Ergebnisse der Aufwand-Nutzen-Schätzung als aussagekräftiger betrachtet werden können als die Ergebnisse der Regressionsanalyse. Dies hängt damit zusammen, daß die untersuchte Fallzahl relativ klein war und deshalb die Ergebnisse der multiplen Regression schon anhand weniger Ausreißer verzerrt werden können. Weiterhin weisen die standardisierten Beta Werte der Variablen Strategische Ausrichtung und Marketing-Mix nur sehr geringe Unterschiede beim Einfluß auf den Gesamterfolg auf. Als Priorisierungsvorschlag des Verfassers ergibt sich folgende Reihenfolge:

Priorität	Variable
1	Strategische Ausrichtung
2	Marketing-Mix
3	Produktqualität

Abbildung 53: Abschließende Priorisierung der Variablen

Die Vorschläge des Verfassers wurden im vorliegenden Fall vom Management bestätigt und angenommen. Es bleibt jedoch festzuhalten, daß die Entscheidung bezüglich der Priorisierung der Variablen bei abweichenden Ergebnissen der Regressionsanalyse und Aufwand-Nutzen-Schätzung das kritische Urteilsvermögen des Managements fordert und von diesem getroffen werden muß.

6.4 Ergebnisse der empirischen Untersuchung und Modellkritik

Mittels des Instrumentariums wurden in mehreren Schritten die wesentlichen Erfolgsfaktoren für das untersuchte Unternehmen ermittelt. Zuerst wurde die inhaltliche Konsistenz der Variablen überprüft. Die Variablen wurden dann in einer simultanen Betrachtung daraufhin untersucht, welchen Erfolgsbeitrag sie jeweils im Vergleich zu den anderen Variablen erbringen. Unterstützt durch eine Aufwand-Nutzen-Schätzung erfolgte abschließend eine Priorisierung der Variablen.

Bedingt durch zukunftsorientierte Betrachtungsweise bei der Aufwand-Nutzen-Schätzung erbringt eine Verbesserung der Variable Strategische Ausrichtung nach Meinung des Verfassers den höchsten Gesamterfolgsbeitrag für das Unternehmen. Die Variable Strategische Ausrichtung hat bisher, über alle Projekte betrachtet, eine durchschnittliche Ausprägung. Die Konzentration auf bestehende Geschäftsbereiche und Technologien sollte in Zukunft zu verbesserten Ergebnissen bei neuen Projekten führen. Dies wird die Übereinstimmung der Projektziele mit den Unternehmenszielen erhöhen, und eine Verbesserung des Gesamterfolges des Unternehmens wird sehr wahrscheinlich. Die vermehrte externe Beschaffung von technologischem Wissen, die Sicherung eines Wettbewerbsvorteils durch den Patentschutz sowie die systematische Planung des Markteintrittszeitpunktes sollten die Anzahl von erfolgreichen Innovationsprojekten weiter erhöhen.

Eine Veränderung der Variable Marketing-Mix wird die Ergebnisse im Innovationsprozeß ebenfalls deutlich verbessern. Durch eine Steigerung des bisher durchschnittlich ausgeprägten Vertriebs- und Distributions-Know-hows wird die Bearbeitung des Marktes intensiviert werden. Die heute bereits in breitem Umfang durchgeführte Marketingkommunikation in Form von Werbung, Verkaufsförderung und Messen sollte zur Erhöhung des Erfolges noch weiter ausgebaut werden. Auch durch regelmäßige und intensive Kundenschulungen im Rahmen der Produkteinführung sollten die Verkaufszahlen der innovierten Produkte nochmals ansteigen.

Im Rahmen der Produktqualität ist ein weiterer Fokus auf die Differenzierung des Produktes gegenüber dem Wettbewerb sinnvoll. Die bereits heute hohen Ergebnisse im Rahmen der technischen Funktionsfähigkeit des Produkte sind auch für zukünftige erfolgreiche Produkte ein wesentlicher Erfolgsfaktor. Das Qualitätsniveau der Produktion kann noch verbessert werden, und auch die Berücksichtigung von Kundenbedürfnissen bezüglich der Produktqualität bietet Verbesserungspotential für das untersuchte Unternehmen.

Die Ergebnisse der empirischen Studie stimmen insgesamt mit den Charakteristiken und der Struktur des Marktes überein, in dem das untersuchte Unternehmen tätig ist. Der Markt stagniert und weist eine langsame Innovationsgeschwindigkeit und wenig technologische Veränderungen auf.

In Abbildung 54 ist das Ergebnis der Priorisierung für die empirische Studie aus der Perspektive des Phasenmodells für die Indikatoren zusammengefaßt..

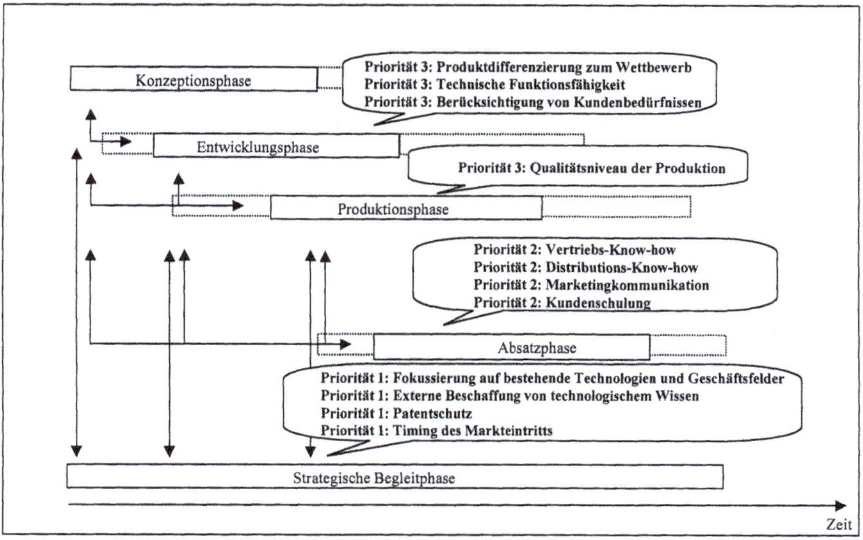

Abbildung 54: Ergebnisse des Modells auf Indikatorenebene

Die erfolgsrelevanten Indikatoren sind den Phasen des Modells zugeordnet. Durch den überwiegend funktionalen Grundrahmen des Phasenmodells wird es nun möglich, die verantwortlichen Bereiche für Veränderungsmaßnahmen darzustellen.

Für die Indikatoren der Entwicklungsphase liegt die Verantwortung überwiegend im Entwicklungsbereich, für die der Produktionsphase im Produktionsbereich und für die Absatzphase im Absatz- und Marketingbereich. Für die Strategische Begleitphase liegt die Verantwortung im wesentlichen beim Management des Unternehmens. Für die Konzeptionsphase ist eine funktionale Zuordnung schwierig, da zumindest das Management, die Entwicklungsabteilung und der Marketingbereich meistens in unterschiedlicher Intensität involviert sind.

Nach der Festlegung der Prioritäten und Zuständigkeiten für Veränderungen können jetzt die nächsten Schritte im Hinblick auf eine Verbesserung der einzelnen Variablen geplant werden. Für jede Variable, die gemäß der angegebenen Reihenfolge bearbeitet wird, ist eine Feinanalyse notwendig, um konkrete Maßnahmen zur Verbesserung zu definieren. Bei der genauen Analyse können die Indikatoren der Variablen als Unterstützung dienen. So können bei der Analyse der Variable Marketing-Mix die Ergebnisse der Indikatoren Vertriebs-Know-how, Distributions-Know-how, Marketingkommunikation und Marketingforschung in die weiteren Untersuchungen integriert werden. Die Zuordnung der Indikatoren zu den Phasen des Modells hilft, zeit- und funktionsorientiert vorzugehen. Die in Kapitel 3 dargestellten theoretischen Inhalte der Phasen bieten dabei eine Grundlage für die detaillierte Analyse. Auf die unternehmensspezifischen Einzelheiten und Folgemaßnahmen der Feinanalyse kann aufgrund des Umfangs und der Komplexität dieser Thematik im Rahmen dieser Arbeit nicht weiter eingegangen werden.

Als Kritik an dem Instrumentarium kann zunächst die additive Verknüpfung und Normierung der Indikatoren genannt werden, wobei alle Indikatoren gleich gewichtet werden. Diese Vorgehensweise unterstellt, daß alle Indikatoren die gleiche Bedeutung für die Variable aufweisen. Eine Überprüfung dieser Annahme kann derzeit nicht durchgeführt werden. Auch die inhaltliche Zuordnung der Indikatoren zu dem in dieser Arbeit entwickelten Modell ist in weiteren empirischen Untersuchungen zu überprüfen. Die Ergebnisse der ersten Studie unterstützen die vollzogene Einteilung, doch sind weitere konsistente Ergebnisse notwendig, um die Zuordnung als theoretisch gesichert zu betrachten.

Ein weiterer Kritikpunkt ist, daß der Betrachter bei der Durchführung der stufenweisen Regressionsanalyse „maschinell" die multiple Regressionsgleichung definiert, wenn das Ergebnis im ersten Schritt mittels der Methode „Enter" unbefriedigend war und z.B. Multikollinearitäten aufwies. Die empirische Erfolgsfaktorenforschung gibt allerdings wenig Hinweise darauf, wie die Erfolgsfaktoren miteinander verknüpft sind, was die Erstellung eines theoretisch fundierten Modells sehr erschwert. Durch eine Reihe von zukünftigen empirischen Studien wird es eventuell möglich, die Zusammenhänge zwischen den Faktoren besser zu analysieren und darauf aufbauend Annahmen über die Beziehungen der Faktoren zu treffen.

Der Umgang mit Multikollinearitäten bei der Regressionsanalyse erfordert Entscheidungen, bei denen Variablen unter Umständen für die weitere Betrachtung ausgeschlossen werden. Die Entscheidungsregel, zeitlich vorgelagerte Variablen in der Regressionsgleichung zu belassen und nachgelagerte auszuschließen, ist eine zweckmäßige Vorgehensweise, da der Erfolgsbeitrag bereits durch die vorgelagerte Variable erreicht wird. Doch welche Entscheidungsregel bietet sich bei multikollinearen Variablen der gleichen Phase an, bei denen keine zeitlich orientierte Auswahl getroffen werden kann? Hier wiederum empfiehlt sich das kritische Urteil des Untersuchers im Einzelfall. Eine allgemeingültige Entscheidungsregel erscheint schwer möglich.

Ein zusätzlicher Kritikpunkt ist die subjektive Entscheidung des Managements im Rahmen der Priorisierung. Abweichende Ergebnisse der vergangenheitsorientierten Regressionsanalyse und der zukunftsorientierten Aufwand-Nutzen-Schätzung werden im Rahmen des Instrumentariums bisher anhand subjektiver Einschätzung unter Berücksichtigung verschiedener Einflußfaktoren entschieden. Es ist anzustreben, anhand einer Priorisierungsmatrix zu einer standardisierten Entscheidungsregel zu kommen. Ein mögliches Entscheidungskriterium zur Bildung von Kategorien für die Ergebnisse der Regressionsanalyse könnte die Stärke des Zusammenhangs der Variablen mit dem Gesamterfolg sein (also der standardisierte Regressionskoeffizient), der gemäß einer allgemeinen Konvention in fünf Gruppen unterteilt werden kann.[20] Für die Bildung von verschiedenen Kategorien bei der Aufwand-Nutzen-Schätzung könnte der transformierte Wert der Aufwand-Nutzen-Schätzung als Kriterium dienen.[21] Durch die Verbindung der beiden Kategorien in Form einer Matrix und anschließender

---

[20] Die Stärke von Zusammenhängen kann nach Wittenberg per Konvention folgendermaßen sprachlich beschrieben werden (vgl. Wittenberg, 1991, S. 125):

- Beta $\leq$ 0,20 sehr geringer Zusammenhang
- Beta > 0,20 geringer Zusammenhang
- Beta > 0,50 mittlerer Zusammenhang
- Beta > 0,70 starker Zusammenhang
- Beta > 0,90 sehr starker Zusammenhang.

[21] Eine Unterteilung in verschiedene Kategorien kann anhand der Ergebnisse mehrerer Analysen, die mit dem Instrumentarium durchgeführt werden, explorativ ermittelt werden.

Priorisierung der Felder der Matrix könnten anschließend standardisierte Entscheidungsregeln definiert werden.

Ein allgemeiner Kritikpunkt am Modell ist, daß die Ableitung neuer, in der Erfolgsfaktorenforschung noch nicht bekannter Erfolgsfaktoren mittels des Instrumentariums nicht möglich ist, da es auf die bisherigen Ergebnisse der Forschung aufbaut und die explorative Erforschung noch nicht bekannter Erfolgsfaktoren nicht zum Ziel hat.

Als Kritik an der durchgeführten empirischen Untersuchung ist schließlich die durch den Untersuchungszweck beabsichtigte kleine Fallzahl untersuchter Innovationsprojekte zu nennen. Die Anzahl der betrachteten Projekte zu vergrößern ist für eine bessere statistische Aussagekraft wünschenswert.

Ungeachtet der genannten Kritikpunkte bestätigen die Ergebnisse der empirischen Untersuchung die Einsetzbarkeit des Instrumentariums, was dem untersuchten Unternehmen die Konzentration auf die wesentlichen Erfolgsfaktoren ermöglicht. Die angesprochenen Probleme können als Anregung für eine weitere Entwicklung des Instrumentariums in der Zukunft dienen.

7 Zusammenfassung und Ausblick

Zielsetzung dieser Arbeit war der Aufbau eines Instrumentariums zur Analyse des Erfolges von Innovationsprojekten. Diese Zielsetzung ergab sich einerseits aus der Bedeutung von erfolgreichen Innovationsprojekten für den langfristigen Unternehmenserfolg und andererseits daraus, daß es in der Literatur trotz dieser Tatsache bislang an einem theoretisch fundierten, zukunftsorientierten und praktisch einsetzbaren Instrumentarium zur Erfolgsanalyse mangelte.

Für die theoretische Fundierung des Instrumentariums wurde der Innovationsprozeß zunächst im Rahmen einer Komplexitätsreduktion in fünf integrale Teilphasen, bestehend aus Phaseninhalten und Befähigungsfaktoren, zerlegt. In einem zweiten Schritt wurden in früheren empirischen Studien ermittelte Erfolgsfaktoren den Phaseninhalten oder Befähigungsfaktoren zugeordnet, um so zu analysieren, welche Inhalte für den Erfolg der einzelnen Teilprozesse ausschlaggebend waren. Diese Variablen dienen als Grundlage des Instrumentariums. In einem weiteren Schritt wurden Kriterien zur Erfolgsmessung aus der Literatur abgeleitet.

Aufbauend auf den genannten Grundlagen wurde ein Instrumentarium entwikkelt, mit dem der Erfolg von Innovationsprojekten in einem einzelnen Unternehmen gemessen und analysiert werden kann. Dabei wird nach der Überprüfung der inneren Konsistenz der Variablen im Rahmen einer Regressionsanalyse der relative Einfluß der Variablen auf den wirtschaftlichen Gesamterfolg ermittelt. Unter Einbeziehung einer zukunftsorientierten Aufwand-Nutzen-Schätzung für die einzelnen, unternehmensspezifischen Erfolgsfaktoren erfolgt eine Priorisierung der Variablen, die zur Optimierung der Innovationsprozesse genauer analysiert werden sollten. Die Analyse wurde ergänzt, indem die Möglichkeit aufgezeigt wurde, bestimmte strukturähnliche Projektarten eines Unternehmens zu untersuchen.

Die Einsetzbarkeit des Instrumentariums wurde in einem Industrieunternehmen überprüft. Die empirische Studie hat gezeigt, daß durch das in dieser Arbeit entwickelte Instrumentarium eine Analyse des Erfolges von Innovationsprojekten möglich ist. Durch die Identifizierung und Priorisierung von unternehmensspezifischen Erfolgsfaktoren, die erfolgreiche von nicht erfolgreichen Innovationsprojekten unterscheiden, wird eine Fokussierung auf die für das jeweilige Unternehmen wesentlichen Faktoren erreicht. Damit ist eine eindeutige Abgrenzung zu den Erfolgsfaktorenstudien gegeben, die über Unternehmen, teilweise auch über Branchen hinweg, allgemeingültige Erfolgsfaktoren postulieren.

Die Kombination der vergangenheitsorientierten Regressionsanalyse mit einer Aufwand-Nutzen-Schätzung bietet neue Möglichkeiten, die Ergebnisse der empirischen Erfolgsfaktorenforschung in der Praxis anzuwenden, da die Erfahrungen der Innovationsprojekte der Vergangenheit mit den erwarteten Aufwand-Nutzen-Verhältnissen in der Zukunft verbunden werden können.

Die einfache Handhabung des Instrumentariums unterstreicht den praktischen Wert des Modells. In weiteren Untersuchungen wird zu überprüfen sein, inwieweit das Instrumentarium in verschiedenen Arten von Unternehmen und unterschiedlichen Branchen zu ähnlichen Ergebnissen kommt wie die empirische Studie dieser Arbeit.

Die vorliegende Arbeit stellt einen ersten Ansatz für ein integriertes Modell der Erfolgsanalyse von Innovationsprojekten dar, wobei noch vielfältige Erweiterungs- und Verbesserungsmöglichkeiten bestehen, von denen einige aufgezeigt seien:

Eine Langzeitstudie könnte sich darauf beziehen, inwieweit die Optimierungsaktivitäten bei den festgestellten Erfolgsfaktoren eines Unternehmens erfolgreich sind. Hierbei wäre folgendes Vorgehen möglich: Zunächst müßte wie in der obigen empirischen Studie eine Analyse der unternehmensbezogenen Erfolgsfaktoren durchgeführt werden. Anhand der Prioritätenliste würden bei diesen Variablen Veränderungen durchgeführt, wobei dafür ein angemessener Zeitraum von etwa ein bis zwei Jahren veranschlagt werden müßte. Danach sind neue Innovationsprojekte abzuwarten, die das Unternehmen unter den veränderten Bedingungen durchführt. Diese Projekte sind wiederum einer Erfolgsanalyse zu unterziehen. Die Ergebnisse der beiden Erfolgsanalysen sind abschließend zu vergleichen.

Das Instrumentarium ist weiterhin für die Erstellung von Konzernprofilen geeignet, bei denen dem Top Management ein grobes Entscheidungsraster über eine Vielzahl von Profilen der einzelnen Konzernunternehmen zur Verfügung gestellt wird. Weiterhin kann auf internationaler Ebene untersucht werden, inwieweit sich zwischen einzelnen Ländern Unterschiede bei den innovationsspezifischen Erfolgsfaktoren eines Unternehmens ergeben, indem in verschiedenen Ländern bei Unternehmen eines Konzerns Analysen durchgeführt werden.

Durch den Einsatz von phasenbezogenen Meßkriterien, die den Erfolg des Innovationsprojektes bereits auf Phasenebene messen, könnte man frühzeitige Signale für Erfolg oder Mißerfolg eines Projektes erhalten. Für einen langfristigen Einsatz des Instrumentariums ist eine Form von Innovationsaudit denkbar, bei dem sich im Rahmen einer wiederholten Anwendung im Zeitablauf stabile Erfolgsmeßkriterien zeigen.

Eine Anwendung des Instruments für den Dienstleistungsbereich erscheint nur dann möglich, wenn eine entsprechende Anpassung des Phasenmodells erfolgt. Dabei sind vor allem Besonderheiten des Prozesses der Erstellung einer Dienstleistungsinnovation zu betrachten; die Untersuchungsmethodik kann unverändert übernommen werden.

Das Instrumentarium hat seine Anwendbarkeit in der Praxis in einem ersten Schritt bewiesen, und die vorhandenen Ergebnisse ermutigen zu einem vermehrten und erweiterten Einsatz in der Zukunft.

Anhang

Die Operationalisierung der Indikatoren:

Variable **Indikator**	**Inhalt / Beschreibung**
Ideengenerierung und -akzeptierung	
Systematische Ideensuche	Ausmaß des Einsatzes von Kreativitätstechniken bei der Ideenfindung
Strukturierte Ideenbewertung und Projektauswahl	Ausmaß der systematischen Ideenbewertung und Projektauswahl
Informations- und Schnittstellenmanagement	
Projektanstoß durch Marktbedürfnisse	Umfang des Projektanstoßes durch Marktbedürfnisse
Frühe Marktanalyse	Ausmaß der Definition des Zielmarktes und der Marktbedürfnisse vor Beginn der Produktentwicklung
Marketingforschung	Ausmaß, in dem Marketingforschung eingesetzt wird
Schnittstelle Produktion und Entwicklung	Ausmaß der Effizienz der Kommunikation und Zusammenarbeit zwischen den Bereichen Produktion und Entwicklung
Schnittstelle Marketing und Entwicklung	Ausmaß der Effizienz der Kommunikation und Zusammenarbeit zwischen den Bereichen Marketing und Entwicklung
Produktqualität	
Produktdifferenzierung zum Wettbewerb	Ausmaß der Differenzierung des Produktes zu den Wettbewerbsprodukten Ausmaß, in dem das Produkt eine verbesserte Leistungserfüllung gegenüber den bisher bei den Abnehmern eingesetzten Produkten erbringt
Technische Funktionsfähigkeit	Ausmaß des Erreichens der Vorgaben für die technische Funktionsfähigkeit des Produktes Umfang des technischen Erfolges des Produktes
Berücksichtigung von Kundenbedürfnissen	Ausmaß des Einbezugs von Kundenvorschlägen und -wünschen bei der Definition der Anforderungen an das Produkt
Qualitätsniveau der Produktion	Ausmaß der Qualitätsschwankungen bei der Produktion Umfang der Probleme mit der Produktqualität bei Serieneinführung
Projektmanagement	
Systematische Projektplanung	Ausmaß der systematischen Projektplanung
Effiziente Prozeßsteuerung	Ausmaß der professionellen Prozeßsteuerung
Projektcontrolling	Ausmaß der Erfassung der Kosten und Zeiten des Projektes Umfang der Übertragung bestehender Controllingerfahrungen auf das Projekt
Zusammensetzung des Projektteams	Güte der Zusammensetzung des Projektteams Güte der Qualifikation des Projektteams
Kommunikation innerhalb des Projektteams	Ausmaß der Effizienz der Kommunikation und Zusammenarbeit zwischen allen Beteiligten im Projektteam Ausmaß der Information der Projektteammitglieder über Vorgänge, die von Bedeutung für den Projektverlauf sind

Tabelle 30: Operationalisierung der Variablen

Variable **Indikator**	**Inhalt / Beschreibung**
Projektmanagement (Fortsetzung)	
Einbezug des Top Managements	Ausmaß der Involvierung und Unterstützung durch das Top Management Ausmaß der Beteiligung eines Machtpromotors
Produktchampions und Fachpromotoren	Ausmaß der Beteiligung eines Produktchampions Ausmaß der Beteiligung eines Fachpromotors
Produktionsprozeß	
Nutzung bekannter Produktionsverfahren	Ausmaß, in dem das neue Produkt mit bestehenden oder ähnlichen Produktionsverfahren hergestellt werden kann
Analyse der Stärken der Produktion	Ausmaß, in dem die bisherigen Stärken der Produktion analysiert werden
Prozeßverbesserungen	Ausmaß, in dem nach Serieneinführung Prozeßverbesserungen in der Produktion durchgeführt werden Ausmaß, in dem das betriebliche Vorschlagswesen zu Prozeßverbesserungen in der Produktion führt
Marketing-Mix	
Vertriebs-Know-how	Güte des Vertriebs-Know-hows
Distributions-Know-how	Güte des Distributions-Know-hows
Marketingkommunikation	Umfang der Durchführung von Marketingkommunikationsmaßnahmen wie Messen, Werbung und Vorankündigung neuer Produkte
Kundenschulung	Ausmaß der Intensität, in der Kundenschulungen durchgeführt werden
Strategische Ausrichtung	
Fokussierung auf bestehende Technologien und Geschäftsfelder	Ausmaß der Übereinstimmung zwischen der strategischen Ausrichtung des Unternehmens und den Projektzielen Ausmaß der Synergieeffekte mit anderen Projekten
Externe Beschaffung von technologischem Wissen	Ausmaß des Wissensaustausches mit externen Informationsquellen
Patentschutz	Ausmaß des patentrechtlichen Schutzes des Neuproduktes
Timing des Markteintritts	Ausmaß der systematischen Planung des Markteintritts

Tabelle 30: Operationalisierung der Variablen (Fortsetzung)

Der in der Untersuchung verwendete Fragebogen:

Fragebogen

Innovationsmanagement

Innovative Produkte und Produktionsverfahren werden immer wichtiger für die Wettbewerbsfähigkeit von Unternehmen.

Ziel der Untersuchung ist die Ermittlung von Erfolgsfaktoren einzelner Innovationsprojekte. Die Bestimmung dieser Erfolgsfaktoren führt zu einer Konzentration auf wesentliche Prozesse und damit einer Verbesserung der Wettbewerbsfähigkeit.

Die Beantwortung des Fragebogens dauert etwa 20 Minuten. Bitte beantworten Sie alle Fragen. Die erhobenen Daten werden vertraulich und anonym behandelt. Die Ergebnisse dieses Fragebogens werden ausschließlich für wissenschaftliche Zwecke verwendet und sind Bestandteil einer Dissertation an der Universität Bern.

Bitte markieren Sie Ihre Antwort durch Ankreuzen der Ihrer Ansicht nach zutreffenden Antwortalternative bzw. des Ihrer Ansicht nach zutreffenden Skalenwertes von 1 bis 7.

Für eventuelle Rückfragen stehe ich Ihnen jederzeit gerne zur Verfügung.
Ich bedanke mich für Ihre Teilnahme an dieser Untersuchung!

Thomas Winkler

Abbildung 55: Fragebogen
Seite 1 von 6

1. Fragen zur Projektdurchführung

1.	Wurde das Projekt eher durch Bedürfnisse am Markt oder neue technische Möglichkeiten angestoßen?	eher technische Möglichkeiten – eher Markt-befürfnisse 1 2 3 4 5 6 7
2.	Von welcher Funktion des Unternehmens wurde das Innovationsprojekt überwiegend angestoßen? (Bitte nur eine Alternative ankreuzen).	∘ Marketing / Vertrieb ∘ Forschung / Entwicklung ∘ Produktion ∘ Sonstige
3.	Bevor die Produktentwicklung ernsthaft betrieben wurde, wie gut wurden der Zielmarkt und die Marktbedürfnisse definiert?	nicht definiert – exakt definiert 1 2 3 4 5 6 7
4.	Welche Aktivitäten zur Marktbeurteilung und Erschließung der Marktbedürfnisse wurden vor Projektbeginn durchgeführt? (Mehrfachnennungen möglich)	∘ Systematische Marktstudie und Marktbeurteilung ∘ Vertriebs-/Kundenbefragung ∘ Sonstiges ∘ Keine
5.	Wurden bei der Definition der Anforderungen an das Produkt Kundenvorschläge und -wünsche berücksichtigt?	in sehr geringem Ausmaß – in sehr hohem Ausmaß 1 2 3 4 5 6 7
6.	In welchem Ausmaß wurden Kreativitätstechniken (z.B. Brainstorming) bei der Ideenfindung eingesetzt?	1 2 3 4 5 6 7
7.	In welchem Umfang wurden die Ideen systematisch bewertet und die Projekte strukturiert ausgewählt?	1 2 3 4 5 6 7
8.	Wurden die benötigten Kosten und Zeiten des Projektes erfaßt?	1 2 3 4 5 6 7
9.	Wurden die Controllingerfahrungen aus anderen Projekten bei diesem Projekt genutzt?	1 2 3 4 5 6 7
10.	Inwiefern war in diesem Projekt ein Produktchampion involviert, der ein sehr hohes persönliches Engagement gezeigt hat?	1 2 3 4 5 6 7
11.	Inwiefern war ein Fachpromotor involviert, der die fachlichen Aspekte wesentlich geprägt und technisch Einfluß genommen hat?	1 2 3 4 5 6 7
12.	Inwiefern war ein Machtpromotor involviert, der das Projekt bei Problemen vorangetrieben hat und half, Widerstände zu überwinden?	1 2 3 4 5 6 7
13.	War das Top-Management in das Projekt involviert?	1 2 3 4 5 6 7
14.	Inwiefern wurde das Projekt von dem Top-Management unterstützt?	1 2 3 4 5 6 7
15.	Hatten Sie im Projektverlauf das Gefühl, daß die Projektteammitglieder über Vorgänge die von Bedeutung für den Projektverlauf waren, regelmäßig informiert wurden?	1 2 3 4 5 6 7

Abbildung 55: Fragebogen
Seite 2 von 6

16.	Wie professionell wurden die Prozesse im Verlaufe des Projektes gesteuert?	sehr wenig effizient – sehr effizient 1 2 3 4 5 6 7
17.	Wie beurteilen Sie die Zusammensetzung des Projektteams insgesamt?	sehr schlecht – sehr gut 1 2 3 4 5 6 7
18.	Wie beurteilen Sie die Qualifikation des Projektteams insgesamt?	sehr niedrig – sehr hoch 1 2 3 4 5 6 7
19.	Wie viele Mitglieder hatte das Projektteam überwiegend?	∘ 1 - 3 Personen ∘ 4 - 8 Personen ∘ mehr als 8 Personen
	Wie effizient war die Kommunikation und Zusammenarbeit zwischen den folgenden Gruppen und Bereichen im Projektverlauf:	sehr wenig effizient – sehr effizient
20.	Zwischen allen Beteiligten im Projektteam	1 2 3 4 5 6 7
21.	Zwischen den Bereichen Marketing und Entwicklung	1 2 3 4 5 6 7
22.	Zwischen den Bereichen Entwicklung und Produktion	1 2 3 4 5 6 7
		in sehr geringem Ausmaß – in sehr hohem Ausmaß
23.	Wurde das Projekt systematisch geplant?	1 2 3 4 5 6 7
24.	Inwiefern wurden die Vorgaben für die technische Funktionsfähigkeit des Produktes erreicht?	1 2 3 4 5 6 7
25.	Konnte das neue Produkt mit bestehenden oder ähnlichen Produktionsverfahren hergestellt werden?	1 2 3 4 5 6 7
26.	Wurden im Projektverlauf die bisherigen Stärken der Produktion analysiert?	1 2 3 4 5 6 7
27.	Inwiefern wurden nach Serieneinführung in der Produktion Prozeßverbesserungen durchgeführt?	1 2 3 4 5 6 7
28.	Inwiefern führte das betriebliche Vorschlagswesen zu Prozeßverbesserungen in der Produktion?	1 2 3 4 5 6 7
		in sehr hohem Ausmaß – in sehr geringem Ausmaß
29.	Gab es Probleme mit der Produktqualität nach der Serieneinführung?	1 2 3 4 5 6 7
30.	Wie konstant schätzen Sie das Qualitätsniveau der Produktion bei diesem Produkt ein? Es gab Qualitätsschwankungen ...	1 2 3 4 5 6 7

Abbildung 55: Fragebogen
Seite 3 von 6

		in sehr geringem Ausmaß … in sehr hohem Ausmaß
31.	Wie systematisch wurde der Markteintritt geplant?	1 2 3 4 5 6 7
32.	Sehen Sie das Produkt technisch als Erfolg an?	1 2 3 4 5 6 7
33.	In welchem Umfang bot das Produkt eine verbesserte Leistungserfüllung gegenüber den bisher bei den Abnehmern eingesetzten Produkten?	1 2 3 4 5 6 7
34.	Wie sehen Sie die Differenzierung des Produktes zu den Wettbewerbsprodukten? Das Produkt ist differenziert ...	1 2 3 4 5 6 7
35.	Wie ausgeprägt wurden Marketingkommunikationsmaßnahmen wie Messen, Werbung oder Vorankündigung neuer Produkte verfolgt?	1 2 3 4 5 6 7
36.	Wurde Marketingforschung, wie z.B. Testmärkte, durchgeführt?	1 2 3 4 5 6 7
37.	Wie intensiv wurden Kundenschulungen durchgeführt?	1 2 3 4 5 6 7
		sehr niedrig … sehr hoch
38.	Wie schätzen Sie das Distributions-Know-how Ihres Unternehmens in dem in diesem Projekt angestrebten Marktsegment ein?	1 2 3 4 5 6 7
39.	Wie schätzen Sie das Vertriebs-Know-how Ihres Unternehmens in dem in diesem Projekt angestrebten Marktsegment ein?	1 2 3 4 5 6 7
		in sehr geringem Ausmaß … in sehr hohem Ausmaß
40.	Wurden zum Zeitpunkt der Markteinführung Ihres Produktes bereits Produkte anderer Hersteller mit ähnlichen Eigenschaften auf dem Markt angeboten?	1 2 3 4 5 6 7
	Wenn ja, wie viele	o 1 bis 5 o 6 bis 10 o mehr als 10
		sehr niedrig … sehr hoch
41.	Wie hoch war die Übereinstimmung zwischen den bereits eingesetzten Technologien und bekannten Geschäftsfeldern des Unternehmens und dem innovierten Produkt?	1 2 3 4 5 6 7
		in sehr geringem Ausmaß … in sehr hohem Ausmaß
42.	Inwiefern bestanden Synergieeffekte mit anderen Innovationsprojekten, die parallel oder zu einem früheren Zeitpunkt durchgeführt wurden?	1 2 3 4 5 6 7
43.	Wie intensiv wurde der Wissensaustausch mit externen Informationsquellen durchgeführt, wie z.B. Universitäten und Beratern?	1 2 3 4 5 6 7

Abbildung 55: Fragebogen
Seite 4 von 6

44.	Sind das neue Produkt oder Teile davon patentrechtlich oder als Gebrauchsmuster geschützt?	in sehr geringem Ausmaß ... in sehr hohem Ausmaß 1 2 3 4 5 6 7
45.	Welche Forschungs- und Entwicklungsmaßnahmen wurden ergriffen, um neue Technologien in dem Neuprodukt einsetzen zu können? Mehrfachnennungen möglich.	∘ Lizenznahme ∘ Vergaben von F&E-Aufträgen ∘ Eigenentwicklung ∘ Kauf technischer Konzepte ∘ Gemeinschafts-F&E mit... o Abnehmern o Lieferanten o Wettbewerbern o Universitäten o Sonstigen

Abbildung 55: Fragebogen
Seite 5 von 6

2. Fragen zum Projekterfolg

		bei weitem nicht ... weit übertroffen
a.	In welchem Umfang erreichte das neue Produkt die geplanten Umsatzerwartungen?	1 2 3 4 5 6 7
b.	In welchem Umfang erreichte das neue Produkt das geplante Umsatzwachstum?	1 2 3 4 5 6 7
c.	In welchem Umfang erreichte das neue Produkt den geplanten Marktanteil?	1 2 3 4 5 6 7
d.	In welchem Umfang erreichte das neue Produkt die gesetzten Gewinnziele?	1 2 3 4 5 6 7
e.	In welchem Umfang erreichte das neue Produkt den geplanten Return on Investment?	1 2 3 4 5 6 7
f.	Inwiefern wurde die Zeitdauer von Projektbeginn bis zum geplanten Break-Even-Punkt des Projektes eingehalten?	weit unterschritten ... weit überschritten 1 2 3 4 5 6 7
g.	Inwiefern wurde der Gesamtumsatz des Unternehmens von dem neuen Produkt verändert?	Gesamtumsatz verkleinerte sich ... Gesamtumsatz vergrößerte sich 1 2 3 4 5 6 7
h.	Inwiefern wurde der Gesamtgewinn des Unternehmens von dem neuen Produkt verändert?	Gesamtgewinn verkleinerte sich ... Gesamtgewinn vergrößerte sich 1 2 3 4 5 6 7
i.	Inwiefern schätzen Sie das Innovationsprojekt insgesamt als wirtschaftlichen Erfolg oder Mißerfolg ein?	Wirtschaftlicher Mißerfolg ... Wirtschaftlicher Erfolg 1 2 3 4 5 6 7

Abbildung 55: Fragebogen
Seite 6 von 6

Der im Rahmen der Aufwand-Nutzen-Schätzung benutzte Fragentext:

Wie groß ist der Nutzen beim Einsatz von jeweils einer Geldeinheit im Vergleich der beiden Variablen?
Verteilen Sie pro Variablenpaar jeweils 100 Punkte.
Beispiel: Ein Wertepaar von 75 zu 25 bedeutet, daß beim Einsatz von einer Geldeinheit je Variable der Nutzen für die erstgenannte Variable dreimal so hoch ist wie für die zweitgenannte.

Strategische Ausrichtung	_____	:	_____	Produktqualität
Produktqualität	_____	:	_____	Marketing-Mix
Marketing-Mix	_____	:	_____	Strategische Ausrichtung

Zur genaueren Beschreibung der wesentlichen Inhalte der Variablen benutzen Sie bitte die zusätzlich verteilten Karten, welche die Indikatoren der Variablen genauer beschreiben.

Abbildung 56: Fragentext der Aufwand-Nutzen-Schätzung bei der empirischen Untersuchung

Die im Rahmen der Aufwand-Nutzen-Schätzung benutzten Karten:

Produktqualität

wird maßgeblich bestimmt durch folgende Indikatoren:

- **Produktdifferenzierung zum Wettbewerb**
- **Technische Funktionsfähigkeit**
- **Berücksichtigung von Kundenbedürfnissen**
- **Qualitätsniveau der Produktion**

Abbildung 57: Karte für die Variable Produktqualität

Marketing-Mix

wird maßgeblich bestimmt durch folgende Indikatoren:

- **Vertriebs-Know-how**
- **Distributions-Know-how**
- **Marketingkommunikation**
- **Kundenschulung**

Abbildung 58: Karte für die Variable Marketing-Mix

Strategische Ausrichtung

wird maßgeblich bestimmt durch folgende Indikatoren:

- **Fokussierung auf bestehende Technologien und Geschäftsfelder**
- **Externe Beschaffung von technologischem Wissen**
- **Patentschutz**
- **Timing des Markteintritts**

Abbildung 59: Karte für die Variable Strategische Ausrichtung

Literaturverzeichnis

Aiken, L. S.; West, S. G. (1991): Multiple Regression - Testing and Interpreting Interactions, Newsbury Park - CA.

Akao, Y. (1992): QFD – Quality Function Deployment, Landsberg a.L.

Albers, S.; Eggers, S. (1991): Organisatorische Gestaltungen von Produktinnovations-Prozessen - Führt der Wechsel des Organisationsgrades zu Innovationserfolg?, in: Zeitschrift für betriebswirtschaftliche Forschung, Band 43, S. 44 - 64.

Ansoff, I.; Stewart, J. M. (1967): Strategies for a Technology-Based Business, in: Harvard Business Review, Nr. 12/1967, S. 71 - 83.

Arnold, U. (1995): Beschaffungsmanagement, Stuttgart.

Arnolds, H.; Heege, F.; Tussing, W. (1993): Materialwirtschaft und Einkauf - Praxisorientiertes Lehrbuch, Wiesbaden.

Atteslander, P. (1984): Methoden der empirischen Sozialforschung, 5. Auflage, Berlin.

Backhaus, K.; Erichson, B.; Plinke, W.; Weiber, R. (1994): Multivariate Analysemethoden, 7. Auflage, Berlin et al.

Baker, N. R.; Green, S. G.; Bean, A. S. (1985): How Management can Influence the Generation of Ideas, in: Research Management, Vol. 28, S. 35 - 42.

Bamberg, G.; Baur, F. (1989): Statistik, 6. Auflage, München, Wien.

Bauer, F. (1986): Datenanalyse mit SPSS, 2. Auflage, Berlin.

Benninghaus, H. (1996): Einführung in die sozialwissenschaftliche Datenanalyse, München, Wien.

Berthel, J. (1982): Innovationsorientierung von Unternehmensführung und Personalmanagement, in: Betriebswirtschaftliche Forschung und Praxis, Band 34, S. 302 - 322.

Bieber, D.; Möll, G. (1993): Technikentwicklung und Unternehmensorganisation - Zur Rationalisierung von Innovationsprozessen in der Elektroindustrie, Frankfurt a.M. et al.

Bleicher, K. (1991): Das Konzept Integriertes Management, Frankfurt a.M. et al.

Böhler, H. (1985): Marktforschung, Stuttgart et al.

Booz; Allen; Hamilton (1982): New Products Management for the 80's, New York.

Bortz, J. (1993): Statistik, 4. Auflage, Berlin et al.

Boutellier, R.; Behrmann, N.; Bratzler, M. (1998): Patentsystem als Wissensfundus, Wissenschaftsmanagement, 4. Jahrgang, Heft 1, S. 50 - 60.

Boutellier, R.; Gassmann, O. (1996): Internationales Innovationsmanagement - Trends und Gestaltungsmöglichkeiten, in: Gassmann, O.; Zedtwitz, M. von (Hrsg.): Internationales Innovationsmanagement - Gestaltung von Innovationsprozessen im globalen Wettbewerb, München, S. 281 - 301.

Brinkmann, J. H. (1997): Betrieblicher Innovationsprozeß und Innovationserfolg am Beispiel medizinisch-technischer Hilfsmittel, Berlin.

Brockhoff, K. (1985): Abstimmungsprobleme von Marketing und Technologiepolitik, in: Die Betriebswirtschaft, 45/1985, Heft 6, S. 623 - 632.

Brockhoff, K. (1989): Schnittstellen-Management, Abstimmungsprobleme zwischen Marketing und Forschung und Entwicklung, Stuttgart.

Brockhoff, K. (1993): Produktpolitik, 3. Auflage, Stuttgart.

Brockhoff, K. (1994): Forschung und Entwicklung: Planung und Kontrolle, 4. Auflage, München.

Brockhoff, K. (1995): Schnittstellenmanagement für marktgerechte Innovationen. Vortrag auf dem Deutschen Wirtschaftsingenieurtag 1995 in München.

Brockhoff, K. (1996): Forschung und Entwicklung, in: Kern, W.; Schröder, H.-H.; Weber, J. (Hrsg.): Handwörterbuch der Produktionswirtschaft, 2. Auflage, Stuttgart, Sp. 539 - 554.

Brosius, G. (1995): SPSS. Base System and Professional Statistics, Bonn et al.

Bühl, A. (1996): Professionelle Datenanalyse mit SPSS für Windows, Bonn et al.

Bühl, A.; Zöfel, P. (1994): SPSS für Windows Version 6: Praxisorientierte Einführung in die moderne Datenanalyse, Bonn et al.

Bühl, A: (1996a): SPSS für Windows Version 6.1 - Praxisorientierte Einführung in die moderne Datenanalyse, Bonn et al.

Burns, T.; Stalker, G. M. (1961): The Management of Innovation, London.

Calantone, R.; Cooper, R. G. (1981): New Product Scenarios: Prospects for Success, in: Journal of Marketing, Vol. 45, S. 48 - 60.

Chakrabarti, A. K. (1974): The Role of Champion in Product Innovation, in: California Management Review, Vol. 17, Winter 1974, S. 58 - 62.

Chiesa, V.; Coughlan, P.; Voss, C. A. (1996): Development of a Technical Innovation Audit, in: Journal of Product Innovation Management, Vol. 13, S. 105 - 136.

Chmielewicz, K. (1970): Forschungskonzeptionen der Wirtschaftswissenschaft, Stuttgart.

Choffray, J. M.; Lilien, G. L.; Yoon, E. (1988): New Industrial Product Performance: Models and Empirical Analysis, in: Advances in Business Marketing, Vol. 3, S. 49 - 77.

Churchill, G. A. (1976): Marketing Research, Hinsdale, Illinois.

Churchill, G. A. (1981): A Paradigm for Developing Better Measures of Marketing Constructs, in: Journal of Marketing Research, Vol. 18, S. 64 - 73.

Clark, K. B.; Fujimoto, T. (1991): Product Development Performance, Boston.

Clausing, D. (1994): Total Quality Development, New York.

Coenenberg, A. G. (1992): Kostenrechnung und Kostenanalyse, Landsberg a.L.

Cohen, J.; Cohen, P. (1983): Applied Multiple Regression / Correlation Analysis for the Behavioral Sciences, Second Edition, Hillsdale, New Jersey.

Comrey, A. L. (1950): A proposed method for absolute ratio scaling, in: Psychometrica, Vol. 15, S. 317 - 325.

Cooper, R. G. (1979): Identifying Industrial New Product Success: Projekt NewProd, in: Industrial Marketing Management, Vol. 8, S. 124 - 135.

Cooper, R. G. (1979a): The Dimensions of Industrial New Product Success and Failure, in: Journal of Marketing, Vol. 43, S. 93 - 103.

Cooper, R. G. (1980): Project NewProd: Factors in New Product Success, in: European Journal of Marketing, Vol. 14. 5/6, S. 277 - 292.

Cooper, R. G. (1985): Selecting Winning New Product Projects: Using the NewProd System, in: Journal of Product Innovation Management, Vol. 2, S. 34 - 44.

Cooper, R. G.; Kleinschmidt, E. J. (1986): An Investigation into the New Product Process: Steps, Deficiencies, and Impact, in: Journal of Product Innovation Management, Vol. 3, S. 71 - 85.

Cooper, R. G.; Kleinschmidt, E. J. (1987) Success Factors in Product Innovation, in: Industrial Marketing Management, Vol. 16, S. 215 - 223.

Cordero, R. (1990): The Measurement of Innovation Performance in the Firm: An Overview, in: Research Policy, Vol. 19, S. 185 - 192.

Corsten, H. (1994): Produktionswirtschaft: Einführung in das industrielle Produktionsmanagement, 4. Auflage, München.

Crawford, C. M. (1983): New Products Management, Homewood (Illinois).

Cronbach, L. J. (1951): Coefficient Alpha and the Internal Structure of Tests, in: Psychometrica, Vol. 16, Nr. 3, S. 297 - 334.

Daniel, G. B. (1961): Management Information Crisis, in: Harvard Business Review, Nr. 5/1961, S. 111 ff.

De Brentani, U. (1989): Success and Failure in New industrial Services, in: Journal of Product Innovation Management, Vol. 6, S. 239 - 258.

Dellmann, K. (1993): Ziele der Unternehmung, in: Chmielewicz, K.; Schweitzer, M. (Hrsg.): Handwörterbuch des Rechnungswesens, 3. Auflage, Stuttgart, Sp. 2245 - 2252.

Dellmann, K.; Pedell, K. L. (1994): Controlling von Produktivität, Wirtschaftlichkeit und Ergebnis, Stuttgart.

Draper, N. R.; Smith, H. (1981): Applied Regression Analysis, 2. Auflage, New York et al.

Dreier, V. (1994): Datenanalyse für Sozialwissenschaftler, München, Wien.

Drosdowski, G.; Müller, W.; Scholze-Stubenrecht, W.; Wermke, M. (1990): Duden Fremdwörterbuch, Mannheim et al.

Dunn, O. J.; Clark, V. A. (1987): Applied Statistics: Analysis of Variance and Regression, 2. Auflage, New York et al.

Eckey, H. F.; Kosfeld, R.; Dreger, C. (1995): Ökonometrie, Wiesbaden.

Eckstein, P. (1997): Angewandte Statistik mit SPSS - praktische Einführung für Wirtschaftswissenschaftler, Wiesbaden.

Ehrlenspiel, K. (1985): Kostengünstig konstruieren: Kostenwissen, Kosteneinflüsse, Kostensenkung, Berlin et al.

Eichhorn, J.-P. (1996): Chancen- und Risikomanagement im Innovationsprozeß, Frankfurt a.M.

Ekman, G. (1958): Two generalized ratio scaling methods, in: The journal of Psychology, Vol. 45, S. 287 - 295.

Fearon, H. E.; Dobler, D. W.; Killen, K. H. (1992): The Purchasing Handbook, New York et al.

Foster, R. N.; Wood, P. M. (1978): Linking R & D to Strategy, in: McKinsey (Hrsg.): Strategic Leadership: The Challenge to Chairmen, London, S. 59 - 68.

Fox, J. (1997): Applied Regression Analysis, Linear Models, and Related Methods, Thousand Oaks, California.

Freeman, C. (1982): The Economics of Industrial Innovation, 2. Auflage, London.

Freund, B. (1989): Mit Qualität die Zukunft gestalten: Perspektiven für die Qualitätsarbeit bei Siemens, Vortrag anläßlich eines Kolloquiums der Siemens AG am 20.4.1989 in München, München.

Fritz, W. (1986): Determinanten der Produktinnovation - Eine empirische Untersuchung von Einflußgrößen industrieller Produktinnovationsstrategien, in: Die Unternehmung, 40. Jahrgang, Nr. 2, S. 134 - 147.

Fritz, W. (1993): Die empirische Erfolgsfaktorenforschung und ihr Beitrag zum Marketing - Eine Bestandsaufnahme, Braunschweig.

Fritz, W. (1995): Marketing-Management und Unternehmenserfolg - Grundlagen und Ergebnisse einer empirischen Untersuchung, Stuttgart.

Gabler Wirtschaftslexikon (1993): 13. Auflage, Wiesbaden.

Gälweiler, A. (1990): Strategische Unternehmensführung, 2. Auflage, Frankfurt a.M. et al.

Gassmann, O. (1997): Internationales F-&-E-Management - Potentiale und Gestaltungskonzepte transnationaler F-&-E-Projekte, München et al.

Geider, F. J. (1982): Einstieg in die Faktorenanalyse, Heidelberg.

Gerstenfeld, A. (1976): A Study of Successful Projects, Unsuccessful Projects and Projects in Process in West Germany, in: IEEE Transactions On Engineering Management, Vol. 23, S. 116 - 123.

Geschka, H. (1983): Innovationsmanagement, in: Management-Enzyklopädie: Das Managementwissen unserer Zeit, Band 4, 2. Auflage, Landsberg a.L., S. 823 - 837.

Geschka, H. (1984): Marketingkonzepte für Innovationen, in: Harvardmanager, Nr. IV, S. 7 - 16.

Geschka, H. (1998): Zufall ist bei Marktführern ein Fremdwort, in: Wissenschaftsmanagement, 4. Jahrgang, Heft 1, S. 15 - 21.

Geschka, H.; Yildiz, A. (1990): Kreativitätstechniken: Probleme in den Griff bekommen, Gabler's Magazin, 4/1990, S. 36 - 40.

Gierl, H. (1995): Marketing, Stuttgart, Berlin, Köln.

Gmeiner, T. (1997): Innovationsmanagement mit Teamstrukturen – Führung und Organisation interdisziplinärer Teams bei technologieorientierten Produktinnovationen, Aachen.

Gogoll, A.; Theden, P. H. (1994): Techniken des Quality Engineering, in Kamiske, G. F. (Hrsg.): Die Hohe Schule des Total Quality Managment, Berlin et al., S. 329 - 369.

Griffin, A. (1993): Metrics for Measuring Product Development Cycle Time, in: Journal of Product Innovation Management, Vol. 10, S. 112 - 125.

Griffin, A.; Page, A. L. (1993): An Interim Report on Measuring Product Development Success and Failure, in: Journal of Product Innovation Management, Vol. 10, S. 291 - 308.

Groebner, D. F.; Shannon, P. W. (1990): Business Statistics, 3. Auflage, New York.

Grünig, R.; Heckner, F.; Zeus, A. (1996): Methoden zur Identifikation strategischer Erfolgsfaktoren, in: Die Unternehmung, 40. Jahrgang, Nr. 1, S. 3 - 12.

Grunwald, H. (1993): Text- und Organisationshandbuch für den Einkauf, Freiburg.

Hahn, D.; Laßmann, G. (1990): Produktionswirtschaft, Controlling industrieller Produktion, Band 1: Grundlagen, Führung und Organisation, Produkte und Produktprogramm, Material und Dienstleistung, 2. Auflage, Heidelberg.

Hanssmann, F. (1988): Veränderung der Wettbewerbsposition durch Technologie-Programme - ein Versuch der Operationalisierung, in: Strategische Planung, Band 4, S. 53 - 59.

Harlander, N.; Platz, G. (1991): Beschaffungsmarketing und Materialwirtschaft: Einkaufsmärkte erforschen und gestalten, Stuttgart.

Harris, J. M.; Shaw, R. W.; Sommers, W. P. (1981): The Role of Technology in the 1980's, Outlook, in: Booz, Allen, Hamilton (Hrsg.): Nr. 5, S. 20 - 28.

Hauschildt, J. (1991): Zur Messung des Innovationserfolgs, in: Zeitschrift für Betriebswirtschaft, Band 61, S. 451 - 476.

Hauschildt, J. (1993): Innovationsmanagement, München.

Hauschildt, J. (1993a): Innovationsmanagement - Determinanten des Innovationserfolges, in: Hauschildt, J.; Grün, O.(Hrsg.): Ergebnisse empirischer betriebswirtschaftlicher Forschung: Zu einer Realtheorie der Unternehmung, Stuttgart, S. 295 - 326.

Hauser, J. R.; Clausing, D. (1988): The House of Quality, in: Harvard Business Review, May/June 1988, S. 63 - 73.

Heinen, E. (1991): Industriebetriebslehre als entscheidungsorientierte Unternehmensführung, in: Heinen, E.(Hrsg.): Industriebetriebslehre: Entscheidungen im Industriebetrieb, 9. Auflage, Wiesbaden, S. 1 - 72.

Henderson, B. D. (1974): Die Erfahrungskurve in der Unternehmensstrategie, Frankfurt a.M., New York.

Henzler, H. (1980): Strategisches Management als Impulsgeber der 80er Jahre, in: Zeitschrift für betriebswirtschaftliche Forschung, Sonderheft Nr. 11, S. 70 - 86.

Herzhoff, S. (1991): Innovations-Management - Gestaltung von Prozessen und Systemen zur Entwicklung und Verbesserung der Innovationsfähigkeit von Unternehmungen, Bergisch Gladbach, Köln.

Heyde, W.; Laudel, G.; Pleschak, F.; Sabisch, H. (1991): Innovationen in Industrieunternehmen, Wiesbaden.

Hübler, O. (1989): Ökonometrie, Stuttgart et al.

Hultink, E. J.; Robben, H. S. J. (1995): Measuring New Product Success: The Difference that Time Perspective Makes, in: Journal of Product Innovation Management, Vol. 12, S. 392 - 405.

Johne, F. A. (1984): How Experienced Product Innovators Organize, in: Journal of Product Innovation Management, Vol. 4, S. 210 - 223.

Johne, F. A.; Snelson, P. A. (1988): Success Factors in Product Innovation: A Selective Review of the Literature, in: Journal of Product Innovation Management, Vol. 5, S. 114 - 128.

Kaas, K. P. (1994): Marketing-Mix, in: Diller, H. (Hrsg.): Vahlens Großes Marketing Lexikon, München, S. 682 - 686.

Kaluza, B. (1994): Kostenmanagement bei neuen Technologien, in: Dellmann, K.; Franz, K. P. (Hrsg.): Neuere Entwicklungen im Kostenmanagement, Bern, Stuttgart, Wien, S. 371 - 421.

Kamiske, G. F. (Hrsg.) (1994): Die hohe Schule des Total Quality Management, Berlin et al.

Kamiske, G. F.; Theden, P. (1996): Qualitätstechniken als Instrumente des Qualitätscontrollings, in: Wildemann, H. (Hrsg.):Controlling im TQM - Methoden und Instrumente zur Verbesserung der Unternehmensqualität, Berlin et al., S. 33 - 64.

Kern, F. (1995): Einkaufsmarketing - Der Aufstieg zum Einkaufsmanagement, Freiburg.

Kern, W. (1979): Produktionsprogramm, in: Kern, W. (Hrsg.): Handwörterbuch der Produktionswirtschaft, 1. Auflage, Stuttgart, Sp. 1563 - 1572.

Kersten, G. (1996): FMEA (Fehler-Möglichkeits- und Einfluß-Analyse), in: Kern, W.; Schröder, H.-H.; Weber, J. (Hrsg.): Handwörterbuch der Produktionswirtschaft, 2. Auflage, Stuttgart, Sp. 512 - 525.

Kieser, A. (1974): Management der Produktinnovation: Strategie, Planung und Organisation, in: Grochla, E. (Hrsg.): Management: Aufgaben und Instrumente, Düsseldorf, Wien, S. 151 - 170.

Kirsch, W. (1971): Entscheidungsprozesse: Entscheidungen in Organisationen, Band 3, Wiesbaden.

Klapprott, J. (1975): Einführung in die psychologische Methodik, Stuttgart et al.

Klingebiel, N. (1989): Prozessinnovationen als Instrumente der Wettbewerbsstrategie, Berlin.

Köhler, R. (1972): Das Informationsverhalten im Entscheidungsprozeß vor der Markteinführung eines neuen Artikels, Wiesbaden.

Köhler, R. (1987): Informationen für die strategische Planung von Produktinnovationen, in: Klein-Blenkers, F. (Hrsg.): Distributionspolitik - Festgabe für Emil Sundhoff zum 75. Geburtstag, Köln, S. 79 - 102.

Köhler, R. (1991): Strategische Früherkennung für die Planung von Produktinnovationen, in: Thexis, Band 8, S. 9 - 14.

Kossbiel, H. (1984): Personalbedarfsbestimmung und Personalbereitstellung von Wissenschaftlern und Ingenieuren im Tätigkeitsbereich „Forschung und Entwicklung“ von Mittelbetrieben, in: Domsch, M.; Jochum, E. (Hrsg.): Personal-Management in der industriellen Forschung und Entwicklung (F&E), Köln et al., S. 114 - 127.

Kossbiel, H., et al. (1984a): Personalbereitstellung für industrielle Forschung und Entwicklung, in: Zeitschrift für betriebswirtschaftliche Forschung, 36. Jahrgang, S. 657 - 676.

Kotler, P. (1991): Marketing Management: Analysis, Planning, Implementation, and Control, 7. Auflage, Englewood Cliffs (N.J.).

Kotzbauer, N. (1992): Erfolgsfaktoren neuer Produkte - der Einfluß der Innovationshöhe auf den Erfolg technischer Produkte, Frankfurt a.M. et al.

Kroeber-Riel, W.; Weinberg, P. (1996): Konsumentenverhalten, 6. Auflage, München.

Krubasik, E. G. (1982): Technologie - Strategische Waffe, in: Wirtschaftswoche, 18.06.1982, S. 28 - 33.

Krüger, W. (1973): Konfliktsteuerung als Führungsaufgabe. Positive und negative Aspekte von Konfliktsituationen, München.

Kühn, R. (1983): Der Markenartikel - Vom Überlebenskampf zur gezielten Renaissance, in: Marketing Journal, Nr. 5, S. 374 - 376.

Kühn, R. (1983a): Heuristische Methode zur Berechnung des Marketing-Mix, in: Mazanec, J.; Scheuch, F. (Hrsg.): Marktorientierte Unternehmensführung, Wien, S. 183 - 202.

Kühn, R. (1987): Der Markt als Impulsgeber für das Produkt-Markt-Konzept, in: Die Unternehmung, 41. Jahrgang, Nr. 2, S. 134 - 147.

Kühn, R. (1995): Marketing-Mix, in: Tietz, B.; Köhler, R.; Zentes, J. (Hrsg.): Handwörterbuch des Marketing, 2. Auflage, Stuttgart, Sp. 1615 - 1628.

Kühn, R. (1995a): Markteintritts- und Marktaustrittsstrategien, in: Tietz, B.; Köhler, R.; Zentes, J. (Hrsg.): Handwörterbuch des Marketing, 2. Auflage, Stuttgart, Sp. 1756 - 1768.

Kühn, R. (1997): Marketing - Analyse und Strategie, Zürich.

Kühn, R.; Grünig, R. (1998): Grundlagen der strategischen Planung - Ein integraler Ansatz zur Bewertung von Strategien, Bern et al.

Kühner, M. (1990): Die Gestaltung des Innovationssystems - Drei grundlegende Ansätze, Bamberg.

Kupsch, P. U.; Marr, R.; Picot, A. (1991): Innovationswirtschaft, in: Heinen, E. (Hrsg.): Industriebetriebslehre: Entscheidungen im Industriebetrieb, 9. Auflage, Wiesbaden, S. 1069 - 1156.

Lienert, G. A. (1961): Testaufbau und Testanalyse, Weinheim.

Lilien, G. L.; Yoon, E. (1989): Determinants of New Industrial Product Performance: A Strategic Reexamination of the Empirical Literature, in: IEEE Transactions On Engineering Management, 1989, Vol. 36, S. 3 - 10.

Link, P. L. (1987): Keys to New Product Success and Failure, in: Industrial Marketing Management, Vol. 16, S. 109 - 118.

Litke, H.-D. (1995): Projektmanagement: Methoden, Techniken, Verhaltensweisen, 3. Auflage, Wien.

Little, A. D. (1985): Management im Zeitalter der strategischen Führung, Wiesbaden.

Madauss, B. J. (1990): Projektmanagement: ein Handbuch für Industriebetriebe, Unternehmensberater, Behörden, 3. Auflage, Stuttgart.

Maidique, M. A.; Patch, P. (1980): Corporate Strategy and Technological Policy, Working Paper, Harvard Business School 9-679-033, Nr. 3/1980.

Maidique, M. A.; Zirger, B. J. (1984): A Study of Success and Failure in Product Innovation: The Case of the U.S. Electronics Industry, in: IEEE Transactions On Engineering Management, Vol. 31, S. 192 - 203.

Majaro, S. (1993): Erfolgsfaktor Kreativität - Ertragssteigerung durch Ideen-Management, London.

Malhotra, N. K. (1993): Marketing Research, Englewood Cliffs, New Jersey.

Marr, R. (1973): Innovation und Kreativität, Wiesbaden.

Marr, R.; Picot, A. (1991): Absatzwirtschaft, in: Heinen, E. (Hrsg.): Industriebetriebslehre: Entscheidungen im Industriebetrieb, Wiesbaden, S. 623 - 728.

McCarthy, E. J. (1981): Basic Marketing: A Managerial Approach, Homewood, Illinois.

Meissner, W. (1989): Innovation und Organisation, Die Initiierung von Innovationsprozessen in Organisationen, Stuttgart.

Meyer, M. H.; Roberts, E. B. (1986): New Product Strategy in Small Technology-Based Firms: A Pilot Study, in: Management Science, Vol. 32, S. 806 - 821.

Michel, K. (1987): Technologie im strategischen Management - Ein Portfolio-Ansatz zur integrierten Technologie- und Marktplanung, Berlin.

Montoya-Weiss, M. M.; Calantone, R. (1994): Determinants of New Product Performance: A Review and Meta-Analysis, in: Journal of Product Innovation Management, Vol. 11/94, S. 397 - 417.

Morner, M. (1997): Organisation der Innovation im Konzern, Wiesbaden.

Müller, G. (1987): Strategische Suchfeldanalyse, Wiesbaden.

Müller, V.; Schienstock, G. (1978): Der Innovationsprozeß in westeuropäischen Industrieländern, Band 1: Sozialwissenschaftliche Innovationstheorie, Berlin, München.

Müller-Stewens, G. (1990): Strategische Suchfeldanalyse, 2. Auflage, Wiesbaden.

Murmann, P. (1994): Zeitmanagement für Entwicklungsbereiche im Maschinenbau, Wiesbaden.

Myers, S.; Marquis, D. G. (1969): Successful Industrial Innovations, Washington D. C.

Narin, F.; Noma, E.; Perry, R. (1987): Patents as Indicators of Corporate Technological Strength, in: Research Policy, Vol. 16, S. 143 - 155.

Neibecker, B. (1994): Operationalisierung, in: Diller, H. (Hrsg.): Vahlens Großes Marketing Lexikon, München, S. 837.

Newbold, P. (1991): Statistics for Business and Economics, 3. Auflage, Englewood Cliffs (N. J.).

Nieschlag, R.; Dichtl, E.; Hörschgen, H. (1991): Marketing, 16. Auflage, Berlin.

Nippa, M.; Reichwald, R. (1990): Theoretische Grundüberlegungen zur Verkürzung der Durchlaufzeit in der industriellen Entwicklung, in: Reichwald, R.; Schmelzer, H. J. (Hrsg.): Durchlaufzeiten in der Entwicklung, München, S. 65 - 114.

Nunnally, J. (1967): Psychometric Methods, New York.

Nyström, H.; Edvardsson, B. (1982): Product Innovation in Food Processing - a Swedish Survey, in: R & D Management, Vol. 12, S. 67 - 72.

o. V. (1979): Innovationen - Schwachstellen beim Mittelstand, in: Wirtschaftswoche, Nr. 18, 30.4.1979, S. 80 - 85.

Oppenländer, K. H. (1993): Akzente der Innovationsforschung, in: Oppenländer, K. H.; Popp, W. (Hrsg.): ifo Studien zur Innovationsforschung - Privates und staatliches Innovationsmanagement, München, S. 7 - 16.

Oppenländer, K. H. (1995): Innovation als Erfolgsfaktor des wirtschaftlichen Wachstums, in: Oppenländer, K. H.; Popp, W. (Hrsg.): Innovationen und wirtschaftlicher Fortschritt: betriebs- und volkswirtschaftliche Perspektiven, Bern, Stuttgart, Wien, S. 99 - 108.

Perillieux, R. (1987): Der Zeitfaktor im strategischen Technologiemanagement, Berlin.

Peter, J. P. (1979): Reliability: A Review of Psychometric Basics and Recent Marketing Practices, in: Journal of Marketing Research, Vol. 16, S. 6 - 17.

Peter, J. P. (1981): Construct Validity: A Review of Basic Issues and Marketing Practices, in: Journal of Marketing Research, Vol. 18, S. 133 - 145.

Pfeiffer, W.; Amler, R.; Schäffner, G. J.; Schneider, W. (1982): Technologie-Portfolio zum Management strategischer Zukunftsgeschäftsfelder, in: Pfeiffer, W. (Hrsg.): Innovative Unternehmensführung, Band 7, Göttingen.

Pfeiffer, W.; Amler, R.; Schäffner, G. J.; Schneider, W. (1983): Technologie-Portfolio-Methode des strategischen Innovationsmanagements, in: Zeitschrift für Organisation, Nr. 5/6, S. 252 - 261.

Pfeiffer, W.; Schneider, W.; Dögl, R. (1986): Technologie-Portfolio-Management, in: Staudt, E. (Hrsg.): Das Management von Innovationen, Frankfurt a.M., S. 107 - 124.

Pfeiffer, W.; Staudt, E. (1975): Innovation, in: Grochla, E.; Wittmann, W. (Hrsg.): Handwörterbuch der Betriebswirtschaft, Band 2, 4. Auflage, Stuttgart, Sp. 1943 - 1953.

Picot, A.; Reichwald, R. (1991): Informationswirtschaft, in: Heinen, E. (Hrsg.): Industriebetriebslehre: Entscheidungen im Industriebetrieb, 9. Auflage, Wiesbaden, S. 241-394.

Piechottka, S. (1991): Personale Erfolgsfaktoren von Innovationsmanagement und Innovationsführung, Berlin.

Platz, J.; Schmelzer, H. J. (1986): Projektmanagement in der industriellen Forschung und Entwicklung, Berlin et al.

Pleschak, F. (1991): Prozeßinnovationen, Stuttgart.

Pleschak, F.; Sabisch, H. (1996): Innovationsmanagement, Stuttgart.

Popp, W. (1988): Zur Planung von F & E Projekten, in: Die Betriebswirtschaft, 6/1988, S. 735 - 749.

Popp, W. (1989): Controlling im F & E Bereich, in: Controller Magazin, 3/1989, S. 133 - 138.

Popp, W. (1989a): F & E Management unter Berücksichtigung des Risikos, in: Kall, P.; Kohlas, J.; Popp, W.; Zehnder, K. A. (Hrsg.): Quantitative Methoden in den Wirtschaftswissenschaften, Berlin, Heidelberg, S. 211 - 225.

Popp, W. (1991): Risikomanagement im Innovationsprozeß, in: Oppenländer, K. H.; Popp, W. (Hrsg.): Innovationsprozesse im europäischen Raum, München, S. 103 - 110.

Popp, W. (1993): Strategisches Geschäftsfeldmanagement als ein Problem des Projektmanagements mit explizitem Ausweis von Gefahren- und Chancenpotentialen, Arbeitspapier, Bern.

Popp, W. (1994): Neuere Entwicklungen in der Strategieplanung für Universalbanken, in: Popp, W. (Hrsg.): Strategieplanung der Universalbanken: Soll und Ist, Bern et al., S. 9 - 25.

Popp, W. (1995): Zur Beurteilung von Innovationen als integrales Problem, in: Oppenländer, K. H.; Popp, W. (Hrsg.): Innovationen und wirtschaftlicher Fortschritt: betriebs- und volkswirtschaftliche Perspektiven, Bern, Stuttgart, Wien, S. 59 - 71.

Popp, W. (1995a): Systemgestützte Evaluation von Innovationsvorhaben und ihre Bedeutung für die Unternehmensentwicklung - Vortrag im Rahmen der interdisziplinären Reihe „Kreativität, Wirtschaft und Recht" an der Eidgenössischen Technischen Hochschule und der Universität Zürich im Sommersemester 1995, Bern; weiterhin nachgedruckt in: Harabi, N. (Hrsg.): Kreativität, Wirtschaft, Recht, Zürich, 1996, S. 25 - 44.

Popp, W. (1995b): Mehrzielsysteme bei der strategischen Führung unter Berücksichtigung strategischer Projekte, in: Krystek, U.; Link, J. (Hrsg.): Führungskräfte und Führungserfolg, Wiesbaden, S. 221 - 230.

Popp, W.; Kruse, K.-O.; Schalch, O.; Sommer, T. (1994): Innovations Management System IMS - eine Beschreibung, Arbeitspapier am Institut für internationales Innovationsmanagement der Universität Bern, Bern.

Porter, M. E. (1980): Competitive Strategy - Techniques for Analyzing Industries and Competitors, New York, London.

Porter, M. E. (1982): The Technological Dimensions of Competitive Strategy, Harvard Business School, Working Paper Nr. 82-19; ebenfalls enthalten in: Rosenbloom, R. S. (Hrsg.): Research on Technological Innovation, Management and Policy, Vol. 1, 1983, Greenwich (Conn.), S. 1 - 33.

Porter, M. E. (1987): Wettbewerbsstrategie, 4. Auflage, Frankfurt a.M., New York.

Porter, M. E. (1990): Wettbewerbsstrategie, 6. Auflage, Frankfurt a.M., New York.

Porter, M. E. (1992): Wettbewerbsvorteile, 3. Auflage, Frankfurt a.M., New York.

Preukschat, U. D. (1993): Vorankündigung von Neuprodukten: Strategisches Instrument der kommunikationspolitischen Markteinführung, Wiesbaden.

Reichmann, T.; Fröhling, O. (1994): Produktlebenszyklusorientierte Planungs- und Kontrollrechnungen als Bausteine eines dynamischen Kosten- und Erfolgscontrolling, in: Dellmann, K.; Franz, K. P. (Hrsg.): Neuere Entwicklungen im Kostenmanagement, Bern, Stuttgart, Wien, S. 281 - 333.

Reichwald, R.; Dietel, B. (1991): Produktionswirtschaft, in: Heinen, E. (Hrsg.): Industriebetriebslehre: Entscheidungen im Industriebetrieb, 9. Auflage, Wiesbaden, S. 395 - 622.

Reidenbach, R. E.; Moak, D. L. (1986): Exploring Retail Bank Performance and New Product Development: A Profile of Industry Practices, in: Journal of Product Innovation Management, Vol. 3, S. 187 - 194.

Reiß, M. (1996): Projektmanagement, in: Kern, W.; Schröder, H.-H.; Weber, J. (Hrsg.): Handwörterbuch der Produktionswirtschaft, 2. Auflage, Stuttgart, Sp. 1656 - 1668.

Renn, H. (1975): Nichtparametrische Statistik, Stuttgart.

Roberts, E. B.; Berry, C. A. (1985): Entering New Business - Selecting Strategies for Success, in: Sloan Management Review, Spring 1985, S. 3 - 17.

Rockart, J. F. (1979): Chief Executives Define Their Own Data Needs, in: Harvard Business Review, March/April 1979, S. 81 - 92.

Rogers, E. M. (1962): Diffusion of Innovations, London

Rothwell, R.; Freeman, C.; Horsley, A.; Jervis V. T. P.; Robertson, A. B.; Townsend, J. (1974): SAPPHO updated - Project SAPPHO Phase II, in: Research Policy, Vol. 3, S. 258 - 291.

Rubenstein, A. H.; Chakrabarti, A. K.; O'Keefe, R. D.; Souder, W. E.; Young, H. C. (1976): Factors Influencing Innovation Success at the Project Level, in: Research Management, Vol. 19, S. 15 - 20.

Rutt, H. N. (1990): Die flexible Organisation - eine zeitoptimale Vielzweckmaschine, in: Harvardmanager, Vol. 3 (1990), S. 62 - 72.

Sachs, L. (1992): Angewandte Statistik: Anwendung statistischer Methoden, 7. Auflage, Berlin et al.

Sands, S. (1979): Innovate or Imitate? in: Management Review, Vol. 22 (Winter 1979), S. 44 - 46.

Schendel, D.; Hofer, C. (1979): Strategic Management, Boston, Toronto.

Schewe, G. (1991): Key Factors of Successful Innovation Management, Manuskript Nr. 274, Universität Kiel.

Schildknecht, R. (1992): Total Quality Management, Frankfurt a.M.

Schlicksupp, H. (1992): Innovation, Kreativität und Ideenfindung, 4. Auflage, Würzburg.

Schmelzer, H. J. (1992): Organisation und Controlling von Produktentwicklungen: Praxis des wettbewerbsorientierten Entwicklungsmanagements, Stuttgart.

Schmitt-Grohé, J. (1972): Produktinnovation, Verfahren und Organisation der Neuproduktplanung, Wiesbaden.

Schrader, S. (1996): Innovationsmanagement, in: Kern, W.; Schröder, H.-H.; Weber, J. (Hrsg.): Handwörterbuch der Produktionswirtschaft, 2. Auflage, Stuttgart, Sp. 744 - 758.

Schröder, H.-H. (1996): Technologiemanagement, in: Kern, W.; Schröder, H.-H.; Weber, J. (Hrsg.): Handwörterbuch der Produktionswirtschaft, 2. Auflage, Stuttgart, Sp. 1994 - 2011.

Schröder, H.-H.; Zenz, A. (1996): QFD (Quality Function Deployment), in: Kern, W.; Schröder, H.-H.; Weber, J. (Hrsg.): Handwörterbuch der Produktionswirtschaft, 2. Auflage, Stuttgart, Sp. 1697 - 1711.

Schubert, U. (1972): Der Management-Kreis, in: Management für alle Führungskräfte in Wirtschaft und Verwaltung, Band 1, Stuttgart.

Schuchard-Ficher, C. (1980): Multivariate Analysemethoden, Berlin et al.

Schülin, P. (1995): Strategisches Innovationsmanagement - Ein konzeptioneller Ansatz zur strategischen Steuerung der betrieblichen Innovationstätigkeit - dargestellt am Beispiel pharmazeutischer Unternehmen, Hallstadt.

Seidel, M. (1996): Zur Steigerung der Marktorientierung der Produktentwicklung - Analyse der Interaktion zwischen F&E und Marketing im Innovationsprozeß, Bamberg.

Seiler, A. (1986): Zentrale Bausteine in der strategischen Planung, in: Management-Zeitschrift, Nr. 55/1986, S. 11 ff.

Sherman, P. M. (1982): Strategic Planning for Technological Industries, Reading (Mass.).

Silberer, G. (1979): Warentest, Informationsmarketing, Verbraucherverhalten, Berlin.

Sondermann, J. P. (1994): Instrumente des Total Quality Managment: Ein Überblick, in: Stauss, B. (Hrsg.): Qualitätsmanagement und Zertifizierung, Wiesbaden, S. 223 - 254.

Souder, W. E. (1987): Managing New Product Innovations, Lexington Mass.

Souder, W. E.; Chakrabarti, A. K. (1978): The R&D/Marketing Interface: Results from an Empirical Study of Innovation Projects, in: IEEE Transactions On Engineering Management, Vol. 25, S. 88 - 92.

Specht, G.; Beckmann, C. (1996): F&E-Management, Stuttgart.

Specht, G.; Schmelzer, H. J. (1991): Qualitätsmanagement in der Produktentwicklung, Stuttgart.

Staehle, W. (1991): Management, 6. Auflage, München.

Stich, A. (1997): Herkunftszeichen als Qualitätssignal - Eine Erklärung der Nutzung eines extrinsischen Produktmerkmals als Qualitätssignal durch Konsumenten am Beispiel von Herkunftszeichen, Lohmar, Köln.

Susen, S. (1995): Innovationsmarketing - Marketing als Erfolgsfaktor im Innovationsmanagement mittelständischer Unternehmen, Frankfurt a.M., Berlin.

Teubal, M.; Arnon, N.; Trachtenberg, M. (1976): Performance in Innovation in the Israeli Electronics Industry: A Case Study of Biomedical Electronics Instrumentation, in: Research Policy, Vol. 5, S. 354 - 379.

Thom, N. (1976): Zur Effizienz betrieblicher Innovationsprozesse - Vorstudie zu einer empirisch begründeten Theorie des Betrieblichen Innovationsmanagements, Köln.

Thom, N. (1980): Grundlagen des betrieblichen Innovationsmanagements, 2. Auflage, Königstein/Ts.

Thom, N. (1992): Innovationsmanagement, Schriftenreihe "Die Orientierung", Band 100, Bern.

Thom, N. (1993): Betriebliches Vorschlagswesen: Ein Instrument der Betriebsführung, 4. Auflage, Bern.

Thom, N. (1996): Vorschlags- und Verbesserungswesen, in: Kern, W.; Schröder, H.-H.; Weber, J. (Hrsg.): Handwörterbuch der Produktionswirtschaft, 2. Auflage, Stuttgart, Sp. 2226 - 2238.

Trinkfass, G. (1997): The Innovation Spiral - Launching New Products in Shorter Time Intervals, Wiesbaden.

Trommsdorff, V. (1990): Innovationsmanagement, München.

Trommsdorff, V.; Kube, C. (1990): Erfolgsfaktorenforschung, Produktinnovation und Schnittstelle Marketing - F&E, Diskussionspapier Nr. 143 der Technischen Universität Berlin, Berlin.

Tryon, R. C. (1957): Reliability and Behavior Domain Validity: Reformation and Historical Critique, in: Psychological Bulletin, Vol. 54, May 1957, S. 229 - 249.

Twiss, B. (1992): Managing Technological Innovation, 4. Auflage, London.

Uhlman, L. (1978): Der Innovationsprozeß in westeuropäischen Industrieländern, Berlin et al.

Urban, C. (1993): Das Vorschlagswesen und seine Weiterentwicklung zum europäischen KAIZEN: Das Vorgesetztenmodell, Konstanz.

Utterback, J. M. (1971): The Process of Innovation: A Study of the Origination and Development of Ideas for New Scientific Instruments, in: IEEE Transactions On Engineering Management, Vol. 18, S. 124 - 131.

Utterback, J. M.; Allen, T. J.; Hollomon, J. H.; Sirbu, M. A. (1976): The Process of Innovation in Five Industries in Europe and Japan, in: IEEE Transactions On Engineering Management, Vol. 23, S. 3 - 9.

VDI-Gemeinschaftsausschuß Produktplanung (1976): Systematische Produktplanung - ein Mittel zur Unternehmenssicherung, Düsseldorf.

VDI-Gesellschaft Konstruktion und Entwicklung (1978): Arbeitshilfen zur systematischen Produktplanung, Düsseldorf.

Vedin, B. A. (1980): Radical Product Innovation, Lund.

Vonlanthen, J.-M. (1995): Innovationsmanagement in Schweizer Unternehmen - Ausgewählte organisatorische und personalwirtschaftliche Betrachtungen - Konzeptionelle Grundlagen - Drei Explorativstudien, Bern.

Warnecke, H.-J. (1993): Der Produktionsbetrieb, Band 1: Organisation, Produkt und Planung, 2. Auflage, Berlin et al.

Warnecke, H.-J. (1993a): Der Produktionsbetrieb, Band 2: Produktion, Produktionssicherung, 2. Auflage, Berlin et al.

Weiss, E.; Nyer, B. (1990): Determinanten erfolgreicher technologischer Innovationen - Eine methodenkritische Analyse ausgewählter empirischer Studien, in: Pfeiffer, W.; Weiß, E. (Hrsg.): Technologie-Management, Philosophie, Methodik, Erfahrungen, Göttingen, S. 43 - 125.

Wheelwright, S. C. (1988): Product Development and Manufacturing Start-Up, in: Tushman, M. L.; Moore, W. L. (Hrsg.): Readings in the Management of Innovation, New York, S. 444 - 453.

Winkler, M. (1997): Qualitätscontrolling, in: ITB, Nr. 1, S. 34 - 36.

Witte, E. (1973): Organisation für Innovationsentscheidungen - Das Promotoren-Modell, Göttingen.

Wittenberg, R. (1991): Grundlagen computerunterstützter Datenanalyse, Stuttgart.

Wittenberg, R.; Cramer, H. (1992): Datenanalyse mit SPSS, Stuttgart.

Wöhe, G. (1986): Einführung in die allgemeine Betriebswirtschaftslehre, 16. Auflage, München.

Wolf, R. (1967): Evaluation of Several Formulae for Correction of Item-Total Correlations in Item Analysis, in: Journal of Educational Measurement, Vol. 4, Nr. 1, S. 21 - 26.

Wolfrum, B. (1994): Schnittstellenprobleme zwischen F&E und Marketing im Innovationsmanagement, in: Das Wirtschaftsstudium, 12/94, S. 1016 - 1022.

Zahn, E. (1979): Strategische Planung zur Steuerung der langfristigen Unternehmensentwicklung, Berlin.

Zahn, E. (1987): Produktionstechnologien als Element internationaler Wettbewerbsstrategien, in: Dichtl, E.; Gerke, W.; Kieser, A. (Hrsg.): Innovation und Wettbewerbsfähigkeit, Wiesbaden, S. 475 - 496.

Zanger, C. (1996): Produkt- und Prozeßentwicklung, in: Kern, W.; Schröder, H.-H.; Weber, J. (Hrsg.): Handwörterbuch der Produktionswirtschaft, 2. Auflage, Stuttgart, Sp. 1426 - 1438.

Zink, K. J. (1989): Qualität als Herausforderung, in: Zink, K. J. (Hrsg.): Qualität als Managementaufgabe, Total Quality Management, Landsberg a.L., S. 10 - 46.

Zink, K. J. (1992): Total Quality Management, in: Zink, K. J. (Hrsg.): Qualität als Managementaufgabe: Total Quality Management, 2. Auflage, Landsberg a.L., S. 9 - 52.

Zink, K. J.; Schildknecht, R. (1992): Total Quality Konzepte - Entwicklungslinien und Überblick, in: Zink, K. J. (Hrsg.): Qualität als Managementaufgabe: Total Quality Management, 2. Auflage, Landsberg a.L., S. 73 - 108.

Zur, E. (1993): Projektmanagement, in: Gabler Wirtschaftslexikon, 13. Auflage, Wiesbaden, S. 2687 - 2693.